Rolf Schönfeld

Bewegungssteuerungen

Springer-Verlag Berlin Heidelberg GmbH

Rolf Schönfeld

Bewegungssteuerungen

Digitale Signalverarbeitung, Drehmomentsteuerung,
Bewegungsablaufsteuerung, Simulation

Unter Mitarbeit von N.P. Quang und V. Müller

Mit 194 Abbildungen

Springer

Prof. Dr.-Ing. Rolf Schönfeld
Technische Universität Dresden
Elektrotechnisches Institut
Mommsenstraße 13
01062 Dresden

Die Deutsche Bibliothek - CIP-Einheitsaufnahme
Schönfeld, Rolf:
Bewegungssteuerungen: digitale Signalverarbeitung, Drehmomentsteuerung, Bewegungsablauf-
steuerung, Simulation / Rolf Schönfeld. Unter Mitarb. von N.P. Quang; V. Müller.
Berlin; Heidelberg; NewYork; Barcelona; Budapest; Hongkong; London; Mailand; Paris; Santa Clara;
Singapur; Tokio: Springer, 1998

ISBN 978-3-540-63872-8   ISBN 978-3-642-72070-3 (eBook)
DOI 10.1007/978-3-642-72070-3

Einband-Entwurf: Struve & Partner, Heidelberg
Satz: Reproduktionsfertige Vorlage des Autors
SPIN: 10538063   68/3020 -5 4 3 2 1 0 Gedruckt auf säurefreiem Papier

Vorwort

Bewegungssteuerungen bestimmen heute das technische Niveau von Maschinen, Fertigungs- und Transportanlagen. Durch Integration mechanischer und elektrischer Komponenten sowie durch Nutzung der Möglichkeiten der Mikrorechentechnik und Informatik ergeben sich neue Lösungsmöglichkeiten und verfeinerte Konzepte. Große internationale Tagungen und eine Vielzahl von Einzelveröffentlichungen belegen die Aktualität des Gegenstandes.

Das Buch ist eine erste umfassende Darstellung dieses Fachgebietes aus der Sicht des Elektrotechnikers. Die Hauptteile des Buches behandeln

Digitale Signalverarbeitung im Mikrorechner
Drehmomenteinprägung und Drehmomentsteuerung
Steuerung des Bewegungsablaufs
Simulation und rechnergestützter Entwurf.

Die Erläuterung allgemeiner Wirkprinzipien wird ergänzt durch eine größere Anzahl zahlenmäßig durchgerechneter Beispiele. Das Buch schließt Erfahrungen ein, die die Autoren in einer größeren Zahl von Industrieprojekten gesammelt haben. Im Sinne des Mechatronik-Gedankens stehen

- Systemorientiertheit und
- Ergebnisorientiertheit

im Vordergrund.

Der Leser soll befähigt werden, progressive Lösungsmöglichkeiten für Aufgaben der Bewegungssteuerung zu erkennen sowie Gerätetechnik, Hardware und Software dafür zu entwerfen.

Ich danke allen Mitarbeitern und Doktoranden des Lehrstuhls für Automatisierte Elektroantriebe an der Technischen Universität Dresden, die durch die Bearbeitung von Projekten und durch viele anregende Diskussionen zur Konzeption und zum Inhalt des vorliegenden Buches beigetragen haben. Besonders danke ich Herrn Dr.-Ing. habil. Nguyen Phung Quang und Herrn Dr.-Ing. V. Müller für die Mitarbeit am vorliegenden Buch. Herr Dr. Quang hat den Abschnitt 3 und Herr Dr. Müller den Abschnitt 10 gestaltet. Herr Dipl.-Ing. Lutz, Stuttgart, hat freundlicherweise das Beispiel 10 zur Verfügung gestellt. Ich danke Herrn Dipl.-Ing. Nguyen Pham Cuong und Herrn Dipl.-Ing. Ingo Biermann für die Gestaltung des Computermanuskriptes. Herrn Dipl.-Ing. Lehnert, Berlin, danke ich stellvertretend für alle Mitarbeiter des Springer-Verlages für die angenehme Zusammenarbeit, die zu einer raschen Herausgabe des Buches geführt hat.

Dresden, im Februar 1998

Prof. Dr.-Ing. habil. R. Schönfeld

Inhaltsverzeichnis

Verzeichnis der Beispiele

Formelzeichenverzeichnis

Schreibweise der Formelzeichen,
erläutert am beispiel einer Größe g

G	zeitlich konstanter Wert oder Effektivwert der Größe g
$\overline{G}, \overline{g}$	Mitellwert
$\mathbf{G}, \mathbf{g}$	Ortszeiger; komplexer Augenblickswert; Zeigergröße
g	Augenblickswert; Scheitelwert
Δg	kleine zeitabhängige Änderung der Größe g
$dg, \partial g$	Differential der Größe g

$$g = \begin{vmatrix} g_1 \\ g_2 \\ \vdots \\ g_n \end{vmatrix} = \begin{vmatrix} g_1 & g_2 & \cdots & g_n \end{vmatrix}^T$$

Spaltenvektor

Formelzeichen

a	Ausgangsgröße
b	Beschleunigung
c	Federkonstante
d	Dämpfungsfaktor
e	Eingangsgröße
f	Frequenz
f	Funktion
f_N	Netzfrequenz
f_p	Pulsfrequenz
G	Übertragungsfunktion; Frequenzgang
g	Funktion
h	Funktion
I, i	Strom
J	Trägheitsmoment
j	imaginäre Einheit
k_M	Motorkonstante
k_r	Kopplungsfaktor, rotorseitig
k_s	Kopplungsfaktor, statorseitig
L	Induktivität
L_h	Hauptinduktivität
L_r	Rotorinduktivität
L'_r	transiente Induktivität, betrachtet von der Rotorseite
$L_{r\sigma}$	Streuinduktivität des Rotors
L_s	Ständerinduktivität
L'_s	transiente Induktivität, betrachtet von der Ständerseite
$L_{s\sigma}$	Streuinduktivität des Ständers
L_σ	Gesamtstreuinduktivität
M, m	Drehmoment
M_B	Bremsmoment
M_b, m_b	Beschleunigungsmoment
m_d	dynamisches Moment
M_K	Kippmoment
M_N	Motornennmoment
M_w, m_w	Widerstandsmoment
$\underline{m}$	Masse
m	Strangzahl
N, n	Drehzahl
N_N	Nenndrehzahl
P, p	Leistung
P_M, p_M	Mechanische Leistung
P_N	Nennleistung
P_V, p_V	Verlustleistung
p	Laplace-Operator
p	Pulszahl
Q	Gütevariable
R	Regelfaktor
R, r	Wirkwiderstand

S, s	Schlupf
T	Abtastperiode
T	Periodendauer
T	Pulsdauer
T	Taktperiode
T_a	Ausschaltdauer
T_{an}	Anregelzeit
T_e	Einschaltzeit
T_m	Meßzeit
T_t	Totzeit
t	Zeit
t_a	Anlaufzeit
$\ddot{u}$	Übersetzungsverhältnis
u	Stellgröße
V	Verstärkungsfaktor
v	Geschwindigkeit
w	Führungsgröße
X	Reaktanz
X_h	Hauptreaktanz
X_r	Rotorreaktanz
$X_{r\sigma}$	Streureaktanz des Rotors
X_s	Statorreaktanz
$X_{s\sigma}$	Streureaktanz des Stators
z	Z-Operator
η	Wirkungsgrad
θ , ϑ	Temperatur
σ	Streuziffer ($1 - k_r k_s$)
τ	Zeitkonstante
φ	Drehwinkel der Motorwelle
φ	Phasenwinkel
Ψ , ψ	Flußverkettung
ω	Winkelgeschwindigkeit
ω_d	Durchtrittfrequenz

0   Einführung

Bewegungssteuerungen bewirken Fertigungs- und Transportprozesse in technologischen Anlagen. Sie bestimmen das technische Niveau und die Produktivität dieser Anlagen. Teilaufgaben sind:

- Aufbau der Drehmomente bzw. Kräfte der Einzelbewegungen unter Nutzung elektromagnetischer, in Ausnahmefällen auch hydraulischer oder pneumatischer Prinzipien
- Steuerung der Drehmomente bzw. Kräfte durch Steuerung der elektrischen Ströme und Spannungen mit leistungselektronischen Einrichtungen
- Steuerung der Bewegung eines einzelnen Antriebsstranges unter Nutzung leistungsfähiger Reglerhardware und Software
- Steuerung der Bewegung einer Antriebsgruppe unter Beachtung der Synchronisation der Einzelbewegungen und des Gleichlaufs

In Bewegungssteuerungen arbeiten mechanische, elektrische und elektronische Komponenten zusammen. Der Prozeß der zunehmenden funktionellen und konstruktiven Integration führte zur Bezeichnung „Mechatronik". Entscheidend für die Entwicklung waren die Fortschritte auf dem Gebiet der Mikrorechner Hard- und Software sowie die Möglichkeiten der Informationsübertragung über größere Entfernungen.

Abb. 0.1 charakterisiert die Steuerung einer Mehrkomponentenbewegung über eine Leitwelle, über eine zentrale elektronische Leiteinrichtung und über intelligente Einzelantriebe.

Bewegungen verlaufen zyklisch, angepaßt an den Fertigungs- und Transportzyklus in der Maschine. Die unmittelbar mit der Stoffverarbeitung bzw. dem Stofftransport verbundenen Bewegungen verlaufen entsprechend einer kontinuierlichen Zeitfunktion. Hilfsbewegungen in Bezug auf die Stoffverarbeitung bzw. den Stofftransport sind nur in vergleichsweise sehr kurzer Zeit wirksam. Obwohl diese Bewegungen in sich auch kontinuierlich verlaufen, sind sie doch in Bezug auf die Hauptbewegung diskontinuierlich. Bewegungsabläufe werden aus kontinuierlichen und diskontinuierlichen Komponenten aufgebaut. Das Zusammenwirken dieser Komponenten unter Beachtung notwendiger Synchronisationsbedingungen kennzeichnet den Bewegungsablauf. Die mögliche Vielfalt der Kombinationen zwischen kontinuierlichen und diskontinuierlichen Bewegungen ist außergewöhnlich groß. Beschränkt man die Betrachtung auf jeweils zwei zusammenwirkende Bewegungen, erhält man die in Abb. 0.2 zusammengestellten Grundkombinationen.

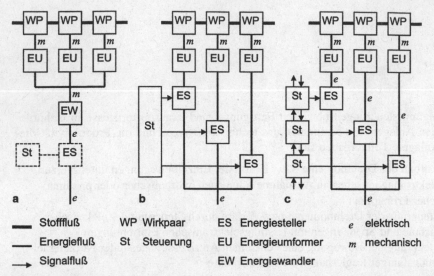

▬ Stofffluß	WP Wirkpaar	ES Energiesteller	e elektrisch
▬ Energiefluß	St Steuerung	EU Energieumformer	m mechanisch
→ Signalfluß		EW Energiewandler	

Abb. 0.1 Bewegungssteuerung, Strukturen. **a** Zentraler Antrieb mit zentraler Steuerung; **b** Dezentraler Antrieb mit zentraler Steuerung; **c** Dezentraler Antrieb mit dezentraler Steuerung

Der Bewegungsablauf ist aus Sicht der Theorie ein ereignisdiskret-zeitkontinuierlicher Prozeß. Äußere Ereignisse und Grenzzustände als innere Ereignisse steuern den Übergang zwischen Zeitbereichen, innerhalb deren sich der Systemzustand kontinuierlich ändert. Zeitablaufdiagramm und hybrider Funktionsplan dienen der anschaulichen Beschreibung des Bewegungsablaufs.

Die Steuerung der Bewegungen erfolgt mit programmierbaren digitalen Einrichtungen. Controller- Schaltkreise und Signalprozessoren realisieren die Signalverarbeitung. Im Unterschied zu klassischen mechanischen Anordnungen ist durch Programmierung eine Anpassung des Bewegungssystems an unterschiedliche Fertigungsprogramme möglich.

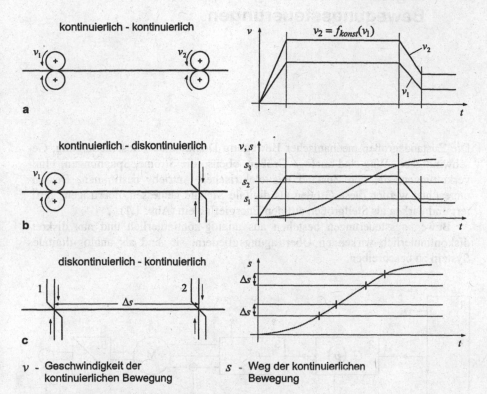

kontinuierlich - kontinuierlich

$v_2 = f_{konst}(v_1)$

a

kontinuierlich - diskontinuierlich

b

diskontinuierlich - kontinuierlich

c

v - Geschwindigkeit der kontinuierlichen Bewegung

s - Weg der kontinuierlichen Bewegung

Abb. 0.2 Zur Systematisierung von Bewegungsabläufen, Grundkombinationen. **a** kontinuierlich-kontinuierlich; **b** kontinuierlich-diskontinuierlich; **c** diskontinuierlich-diskontinuierlich

1 Digitale und analoge Signale in Bewegungssteuerungen

Die Zustandsgrößen mechanischer Bewegung Drehmoment, Beschleunigung, Geschwindigkeit, Weg sind analoge Größen, ebenso die Ströme, Spannungen, Flußverkettungen, die den Zustand des elektrischen Antriebs bestimmen. Dessenungeachtet werden diese Größen als digitale Signale gemessen, übertragen, gefiltert und wirken als Stellgrößen auf den Energiefluß ein (Abb. 1.1).

Bewegungssteuerungen bestehen aus analog-kontinuierlich und aus diskret-diskontinuierlich wirkenden Übertragungsgliedern, sie sind als analog-digitales System zu beschreiben.

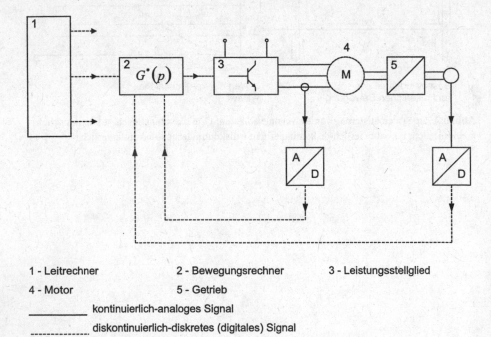

1 - Leitrechner   2 - Bewegungsrechner   3 - Leistungsstellglied

4 - Motor   5 - Getrieb

———————— kontinuierlich-analoges Signal

---------------- diskontinuierlich-diskretes (digitales) Signal

Abb. 1.1 Bewegungssteuerung, Wirkprinzip

1.1 Abtastung, Zeitsynchronisation, Ereignissynchronisation digitaler Signale

Ein kontinuierlich veränderliches Signal $u(t)$ wird im konstanten Taktabstand T abgetastet und dadurch in eine Folge äquidistanter Impulse verwandelt (Abb. 1.2).

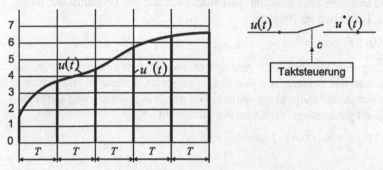

Abb. 1.2 Abtastung eines kontinuierlich-analogen Signals $u(t)$ im Taktabstand T mit dem Taktsignal c

$$u^*(t) = u(t) \cdot \sum_{k=0}^{\infty} \delta(t - kT), \qquad k = 1, 2, 3 \cdots \tag{1.1}$$

Der Informationsparameter des Signals ist nur in den Abtastzeitpunkten kT verfügbar. Das Signal ist zeitlich diskontinuierlich veränderbar. Informationen zwischen den Abtastzeitpunkten gehen verloren. Dadurch gehen aber Signalanteile verloren, die eine Signalfrequenz

$$f_{Sig} \geq \frac{1}{2T} \tag{1.2}$$

haben. Daraus resultiert einerseits eine Beschränkung der möglichen Schnelligkeit digitaler Regelungen, andererseits werden aber auch höherfrequente Störsignale unterdrückt. Das abgetastete Signal wird im Unterbereich der Laplace-Transformation beschrieben durch

$$u^*(p) = \sum_{k=0}^{\infty} u(kT) \cdot e^{-kTp} \tag{1.3}$$

Der Verschiebeoperator e^{-pT} beschreibt die zeitliche Verschiebung der Einzelimpulse gegenüber dem Nullpunkt. Setzt man zur Vereinfachung der Schreibweise

$$e^{-pT} = \frac{1}{z} \tag{1.4}$$

ergibt sich für das abgetastete Signal im Unterbereich der z-Transformation

$$u(z) = \sum_{k=0}^{\infty} u(kT) \cdot z^{-k} \qquad (1.5)$$

Eine besondere Kennzeichnung des abgetasteten Signals kann nun entfallen. Die Taktsteuerung der Abtastung und Verarbeitung digitaler Signale erfolgt durch den Rechner. Die Taktzeiten sind konstant. Mit Rücksicht auf die Dynamik der Regelung liegen die Taktzeiten im Bereich

$$T = 0,01 \cdots 1,0\,\text{ms}$$

Die Entwicklung der Mikrorechner ermöglicht zunehmend kürzere Taktzeiten. Externe Ereignisse wie Änderungen des Eingangssignals, Parameterumschaltung, können nur in den Abtastzeitpunkten wirken. Bei der Ereignissteuerung auftretende Laufzeiten sind ganzzahlige Vielfache der Abtastzeit

$$T_L = kT\,, \qquad\qquad k = 1, 2, 3 \cdots$$

1.2   Quantisierung, Kodierung und Übertragung digitaler Signale

Der Informationsparameter eines digitalen Signals ist quantisiert, er liegt als ganzzahliges Vielfaches eines Elementarschrittes vor. Der Informationsparameter kann nur bis auf diese Elementarschritte aufgelöst werden. Bezeichnet man mit

N :   den Gesamtvorrat an Elementarschritten
α :   das Auflösungsvermögen

dann gilt

$$\alpha = \frac{1}{N} \qquad (1.6)$$

Digitale Signale werden als Bündel von Binärkomponenten realisiert. Der Informationsparameter des digitalen Signals ergibt sich aus dem Informationsparameter dieser Komponenten unter Berücksichtigung ihrer Wertigkeit. Diese ist nach einem zu vereinbarenden Kode festzulegen. Digitale Signale tragen den Informationsparameter stets in kodierter Form. Für die interne Signalverarbeitung im Rechner wird so vorzugsweise der Dualkode verwendet. Der resultierende Informationsparameter ergibt sich entsprechend zu

$$I = a_0 \cdot 2^0 + a_1 \cdot 2^1 + a_2 \cdot 2^2 + \ldots + a_n \cdot 2^n \qquad (1.7)$$

Die Zahl n kennzeichnet die Wortbreite des Signals. Der Zusammenhang zum Gesamtvorrat an Elementarschritten ist

$$N = 2^0 + 2^1 + 2^2 + ... + 2^{(n-1)} = 2^n - 1 \tag{1.8}$$

Das für eine bestimmte Aufgabe notwendige Auflösungsvermögen α des Signals bestimmt die notwendige Wortbreite. Typisch wird gewählt

für Stromregelungen: $n = 10 \cdots 12$,
für Drehzahlregelungen: $n = 14 \cdots 16$
für Lageregelungen: $n = 16 \cdots 32$

In Abb. 1.3 ist ein digitales Signal (a) durch Paralleldarstellung seiner Komponenten beschrieben (b). Daneben ist aber auch eine serielle Darstellung des Signals möglich (c). Der Informationsparameter des Signals wird repräsentiert durch eine Pulsfolge innerhalb der Periode T. Die Wertigkeit der Komponenten resultiert aus der Stellung des Pulses innerhalb der Periode. Die Signalübertragung erfolgt seriell. Die Verarbeitung und Übertragung paralleler Signale erfolgt durch n parallele Datenleitungen, einem sogenannten Parallelbus, praktisch unverzögert. Die Übertragung serieller Signale erfolgt prinzipiell über eine Zweidrahtleitung. Für die Übertragung ist grundsätzlich eine Zeit notwendig. Integrierte Schaltkreise ermöglichen den Übergang von parallelen Signalen in serielle Signale und umgekehrt (Abb. 1.4).

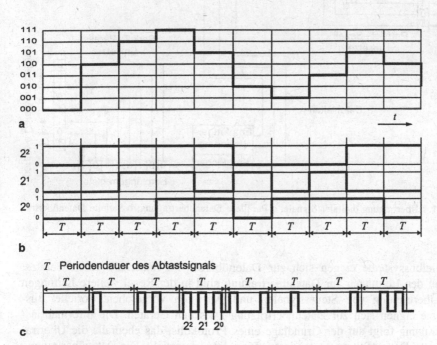

Abb. 1.3 Signaldarstellung. **a** digitales Signal; **b** Signaldarstellung für parallele Übertragung; **c** Signaldarstellung für serielle Übertragung

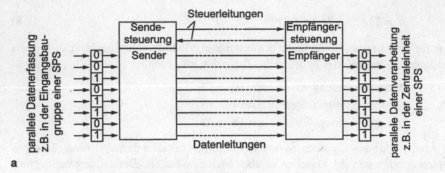

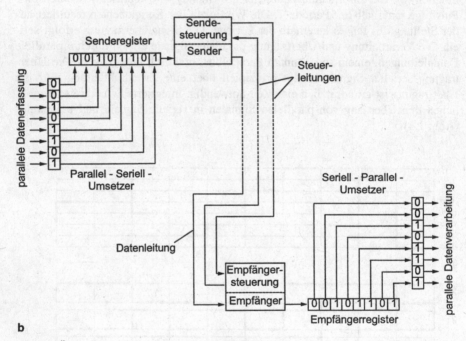

Abb. 1.4 Übertragung digitaler Signale. **a** Parallele Datenübertragung; **b** Serielle Datenübertragung

Parallelbussysteme eignen sich zur Datenübertragung innerhalb eines Gerätes. Neben den Leitungen zur Datenübertragung sind in der Regel weitere Leitungen für Übertragung von Steuersignalen und Adressen vorgesehen. Serielle Bussysteme eignen sich zur Datenübertragung zwischen Geräten. Die Informationsübertragung folgt auf der Grundlage eines Protokolls, das ebenfalls die Übertragung von Daten, Steuer- und Adressinformationen vorsieht. Die Datenübertragung muß mit der Abtastung des Signals synchronisiert werden.

1.3 Digitale Filter

Ein digitales Filter (Abb. 1.5) antwortet auf ein digitales (zeitdiskretes) Eingangs-

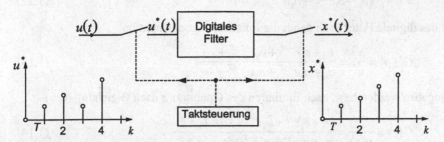

Abb. 1.5 Digitales Filter, Prinzip

signal $u^*(t)$ mit einem digitalen (zeitdiskretem) Ausgangssingnal $x^*(t)$. Eingangssignal ist die Eingangsimpulsfolge

$$u^*(t) = \sum_{k=0}^{\infty} u(kT) \cdot \delta_0(t - kT) \qquad (1.9)$$

Ausgangssignal ist die Ausgangsimpulsfolge

$$x^*(t) = \sum_{k=0}^{\infty} x(kT) \cdot \delta_0(t - kT) \qquad (1.10)$$

Das Ausgangssignal x^* zum Zeitpunkt kT ist eine Funktion des Eingangssignals u^* zum Zeitpunkt kT sowie der Werte des Eingangs- und Ausgangssignals in den vorangegangenen Abtastzeitpunkten. Der Zustand des Systems zum Zeitpunkt kT; $(k-1)T$ usw. wird dadurch implizit berücksichtigt. Das digitale Filter befriedigt allgemein die Differenzengleichung

$$a_0 x^*(k) + a_1 x^*(k-1) + a_2 x^*(k-2) + \cdots$$
$$= b_0 u^*(k) + b_1 u^*(k-1) + b_2 u^*(k-2) + \cdots \qquad (1.11)$$

Durch Übergang in den Unterbereich der Laplace-Transformation erhält man unter Berücksichtigung des Verschiebungssatzes [1]

$$x^*(p)\left(a_0 + a_1 e^{-pT} + a_2 e^{-2pT} + \cdots\right)$$
$$= u^*(p)\left(b_0 + b_1 e^{-pT} + b_2 e^{-2pT} + \cdots\right) \tag{1.12}$$

Für das digitale Filter kann damit die Pulsübertragungsfunktion

$$G^*(p) = \frac{x^*}{u^*} = \frac{b_0 + b_1 e^{-pT} + b_2 e^{-2pT} + \cdots}{a_0 + a_1 e^{-pT} + a_2 e^{-2pT} + \cdots} \tag{1.13}$$

angegeben werden bzw. nach Einführen des Operators z nach Gleichung (1.5)

$$G(z) = \frac{x(z)}{u(z)} = \frac{b_0 + b_1 z^{-1} + b_2 z^{-2} + \cdots + b_m z^{-m}}{a_0 + a_1 z^{-1} + a_2 z^{-2} + \cdots + a_n z^{-n}} \tag{1.14}$$

Die Übertragungsfunktion kennzeichnet das digitale Filter als einen sequentiellen Automaten, der in den Tastzeitpunkten die Ausgangsgröße als Funktion des aktuellen Wertes der Eingangsgröße und der Vergangenheitswerte von Ausgangsgröße und Eingangsgröße berechnet. Der allgemeine Signalflußplan des digitalen Filters ergibt sich durch Umformen der Übertragungsfunktion (1.14)

$$G(z) = \frac{x(z)}{u(z)} = \frac{\dfrac{1}{a_0}\left(b_0 + b_1 z^{-1} + \cdots + b_m z^{-m}\right)}{1 + \dfrac{1}{a_0}\left(a_1 z^{-1} + \cdots + a_n z^{-n}\right)} \tag{1.15}$$

und Einführen einer Hilfsvariablen $v(z)$, so daß gilt

$$\left. \begin{aligned} x(z) &= \frac{1}{a_0}\left(b_0 + b_1 z^{-1} + \ldots + b_m z^{-m}\right) \cdot v(z) \\ v(z) &= u(z) - v(z)\frac{1}{a_0}\left(a_1 z^{-1} + \ldots + a_n z^{-n}\right) \end{aligned} \right\} \tag{1.16}$$

---

[1] Entsprechend der Definition der Laplace-Transformierten $F_1(p)$ einer Funktion $f_1(t)$

$$F_1(p) = \int\limits_0^\infty e^{-pT} f_1(t)dt$$

gilt für eine zeitlich um T verspätete Funktion $f_2(t)$

$$F_2(p) = \int\limits_0^\infty e^{-pT} f_2(t)dt = \int\limits_0^\infty e^{-pT} f_1(t-T)dt$$

Durch Einführen einer neuen Zeitvariablen $t^* + T$ anstelle von t erhält man unter der Voraussetzung, daß die Funktion f_2 Null ist, für $t \leq T$

$$F_2(p) = \int\limits_0^\infty e^{-p(t^* + T)} f_1(t^*)dt = e^{-pT} F_1(p)$$

wie im Abb. 1.6 a dargestellt. Die Hilfsvariable $v(z)$ wird aus der Eingangsgröße und ihren eigenen Vergangenheitswerten unter Berücksichtigung von Bewertungsfaktoren gebildet. Die Ausgangsgröße $x(z)$ wird aus dem aktuellen Wert und aus Vergangenheitswerten der Hilfsvariablen $v(z)$ ebenfalls unter Berücksichtigung von Bewertungsfaktoren gebildet.

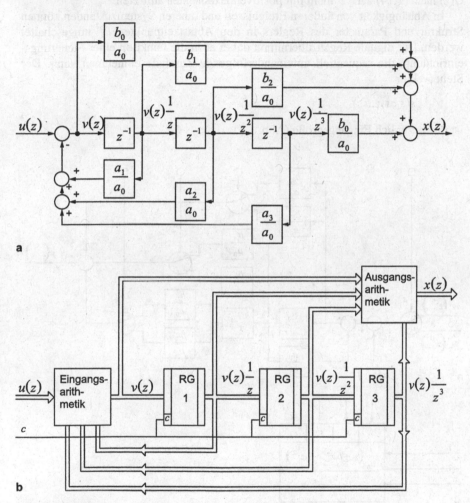

a

b

Abb. 1.6 Digitales Filter. **a** Wirkungsplan; **b** Gerätemäßige Realisierung

Die prinzipielle gerätemäßige Realisierung wird in Abb. 1.6 b veranschaulicht. Der aktuelle Wert und die Vergangenheitswerte der Variablen $v(z)$ werden in Registern gespeichert. Die jeweiligen Werte werden, gesteuert mit der Taktzeit T, weitergeschoben. Die Eingangsarithmetik bildet, praktisch unverzögert, die Hilfsvariable $v(z)$ in den Tastzeitpunkten. Die Breite der Register und der Arithmetikeinheiten ist entsprechend der Breite des Eingangs- und Ausgangssignals festzulegen, um unbeabsichtigte Signalbegrenzungen zu vermeiden. Deutlich wird, daß nur solche Übertragungsfunktionen $G(z)$ realisiert werden können, die neben den aktuellen Werten der Signale lediglich Vergangenheitswerte benötigen. Zukünftige Werte der Signale sind nicht verfügbar, d.h., in der Übertragungsfunktion $G(z)$ nach (1.14) darf z nicht mit positiven Exponenten auftreten.

In Abhängigkeit von äußeren Ereignissen und inneren Systemzuständen können Struktur und Parameter des Reglers in den Abtastzeitpunkten kT umgeschaltet werden. Der digitale Regler übernimmt dabei auch die Funktion einer Steuerungseinrichtung, die sequentiell aufeinanderfolgende Zustände einnehmen kann. Der Steuervektor

$$\underline{s}(s_1; s_2; \dots s_n)$$

ist diesbezüglich Eingangsgröße (Abb. 1.7).

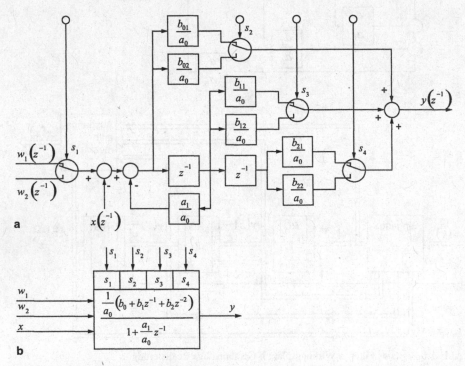

Abb. 1.7 Digitales Filter mit ereignisabhängiger Parameterumschaltung. **a** ausführliche Darstellung; **b** zusammengefaßte Darstellung

1.4   Analog-Digital-Wandler, Sensoren

Die Funktion des Bewegungssensors ist mit der Funktion des Analog-Digital-Wandlers unmittelbar verbunden (vergl. Abb. 1.1). Zur Messung des Drehwinkels bzw. der Winkelgeschwindigkeit dient eine Strichscheibe, die mit der zu messenden Welle unmittelbar oder über Getriebe verbunden ist (Abb. 1.8).

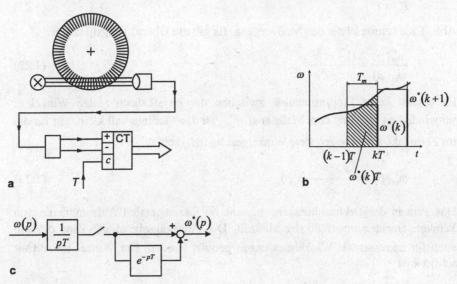

Abb. 1.8 Messung des Drehwinkels und der Winkelgeschwindigkeit. **a** Prinzip; **b** Zeitverhalten; **c** Wirkungsplan

Durch optische oder magnetische Abtastung wird von der Scheibe eine Impulsfrequenz f_m abgeleitet, die der zu messenden Winkelgeschwindigkeit ω_m proportional ist.

$$f_m = k_m \omega_m \tag{1.17}$$

k_m =Maßstabsfaktor

Die Impulse werden während der Meßzeit T_m in einen Zähler eingezählt. Am Ende der Meßzeit ist der Zählerinhalt

$$Z = \int_0^{T_m} f_m dt = k_m \omega_m^* T_m \tag{1.18}$$

Die Größe ω_m^* repräsentiert den Mittelwert der Winkelgeschwindigkeit im vorangegangenen Meßintervall

$$\omega_m^* = \frac{1}{T_m} \int_{-T_m}^{0} \omega_m dt \tag{1.19}$$

$$\omega_m^*(p) = \frac{1}{pT_m}(1 - e^{-pT_m}) \cdot \omega(p) \tag{1.20}$$

Die Meßzeit wird vorzugsweise gleich der Abtastzeit des digitalen Signals gewählt

$$T_m = T \tag{1.21}$$

Abb. 1.8 c kennzeichnet den Meßvorgang. Es gilt die Übertragungsfunktion

$$\frac{\omega_m^*(p)}{\omega_m(p)} = \frac{(1 - e^{-pT})}{pT} \tag{1.22}$$

Es besteht keine Proportionalität zwischen der physikalisch realen Winkelgeschwindigkeit ω_m und dem Meßsignal ω_m^*. Ist das Meßintervall klein, gilt für die im Zeitpunkt $t = 0$, abgetastete Winkelgeschwindigkeit ω_m^*

$$\omega_m^*(p) = \frac{1 + e^{-pT}}{2} \cdot \omega(p) \tag{1.23}$$

Das Prinzip der Drehzahlmessung besteht im inkrementalen Aufsummieren von Winkelelementen innerhalb der Meßzeit. Das Ausgangssignal ω_m^* kann deshalb auch für inkrementale Winkelmessungen genutzt werden. Der Winkel im Abtastschritt k ist

$$\varphi(k) = \varphi(k-1) + \omega^* \cdot T \tag{1.24}$$

Die Abtastzeit der Drehzahl- und Winkelmessung liegt heute im Bereich $0.1 \cdots 1.0$ ms.

Zur Messung des Drehmoments wird ersatzweise im allgemeinen eine Strommessung angewandt. Das Stromsignal i_m muß vom Leistungskreis potentialgetrennt sein (Abb. 1.9). Es wird einem Spannungs-Frequenz-Wandler zugeführt. Für die Meßfrequenz gilt

$$f_m = k_m \cdot i_m \tag{1.25}$$
k_m: Maßstabsfaktor

Die Impulse der Meßfrequenz f_m werden während der Meßzeit T_m in einem Zähler eingezählt. Am Ende der Meßzeit ist der Zählerinhalt

$$Z = \int_{0}^{T} f_m dt$$

verfügbar, der dem Mittelwert des Stromes während der Meßzeit T_m repräsentiert

$$i_m^* = \frac{1}{T_m} \int_{-T_m}^{0} i_m dt \qquad (1.26)$$

$$i_m^*(p) = \frac{1}{pT_m}(1 - e^{-pT}) \cdot i(p) \qquad (1.27)$$

Die Meßzeit wird vorzugsweise gleich der Abtastzeit des digitalen Signals gewählt

$$T_m = T \qquad (1.28)$$

Das Strommeßglied hat also die Übertragungsfunktion

$$\frac{i_m^*(p)}{i_m(p)} = \frac{(1 - e^{-pT})}{pT} \qquad (1.29)$$

Die Abtastzeit der Stromregelung und Strommessung liegt heute im Bereich $20° \cdots 200° \ \mu s$, so daß aus der Mittelwertbildung kein wesentlicher Fehler entsteht.

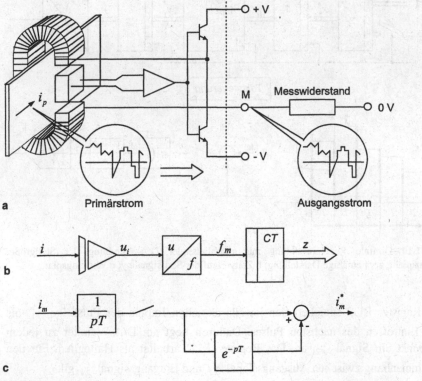

Abb. 1.9 Strommessung. **a** Prinzip der potentialgetrennten Stromerfassung; **b** Blockschaltung; **c** Wirkungsplan

Unbeschadet großer Fortschritte auf dem Gebiet der Sensorik ist man in praktischen Anwendungen bemüht, schwer meßbare Größen indirekt aus leicht meßbaren Größen abzuleiten. Dies geschieht mit Hilfe eines „Beobachters" d.h. einer Modellanordnung, welche die inneren Gleichungen der Regelstrecke wiedergibt. Für Präzisionsmessungen ist ein Sensor notwendig.

1.5   Digital-Analog-Wandler, Aktoren

An der Schnittstelle zwischen digital und analog arbeitenden Teilen eines Antriebes erfolgt eine Signalwandlung, die mit einer Filterung des Signals verbunden ist. Das Ausgangssignal des digitalen Filters wird in einem Ausgangsregister RG2 gespeichert und von einem Digital-Analog-Wandler trägheitsfrei in ein kontinuierliches Signal umgesetzt (Abb. 1.10).

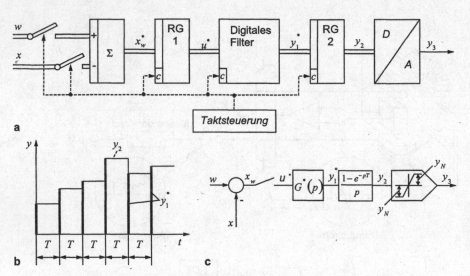

Abb. 1.10 Digitale Regeleinrichtung mit anschließender D/A-Wandlung der Stellgröße. **a** Prinzipielle gerätemäßige Darstellung; **b** Zeitverlauf der Stellsignale y; **c** Wirkungsplan

Das Register RG2 speichert den jeweils aktuellen Impuls der Pulsfolge y_1^* bis zum Eintreffen des nächsten Pulses. Dadurch liegt am D/A-Wandler zu jedem Zeitpunkt ein Signal y_2 an. Das Register RG2 arbeitet als Halteglied. Für den Zusammenhang zwischen Ausgangssignal y_2 und Eingangssignal y_1 gilt

$$y_2 = \int\limits_{(k-1)T}^{kT} y_1 dt \qquad (1.30)$$

entsprechend im Unterbereich der Laplace-Transformation

$$\frac{y_2(p)}{y_1(p)} = \frac{1 - e^{-pT}}{p} \tag{1.31}$$

Der dem Regler nachgeschaltete D/A-Wandler bewirkt eine Dekodierung des digitalen Signals. Er wertet den Registerinhalt entsprechend seiner Wortbreite aus, stellt also eine Signalbegrenzung auf seinen Nennwert y_N dar. Das Ausgangssignal ist eine Gleichspannung. Es hat also den Charakter eines diskreten, diskontinuierlich veränderbaren Signals. Es besitzt dementsprechend ein definiertes, begrenztes Auflösungsvermögen

$$\alpha_y = \frac{1}{y_N} \tag{1.32}$$

In Antrieben mit digitaler Regelung wird die Funktion des Digital-Analog-Wandlers vom leistungselektronischem Stellglied übernommen. Im folgenden wird das leistungselektronische Stellglied als Vierquadrantensteller vorausgesetzt wie er beispielsweise für Gleichstromstellantriebe Anwendung findet. Abb. 1.11 gibt die Grundschaltung wieder und beschreibt die Arbeitsweise als Folge von vier Zuständen. Der Vierquadrantensteller ist ein nichtlineares diskontinuierliches Übertragungsglied. Eingangssignal ist eine äquidistante Pulsfolge im Taktabstand T. Es wird Synchronisation mit dem vorgeschalteten digitalen Filter vorausgesetzt. Ausgangsgröße ist eine Verschiebung der absteigenden Pulsflanke entlang der Zeitachse, d.h. eine Änderung der Spannungszeitfläche. Die Änderung der Spannungszeitfläche ist als Impuls zu interpretieren, der gegenüber dem zugehörigen Eingangsimpuls um die arbeitspunktabhängige Zeit T_α verschoben ist. Die Änderung des Informationsparameters der Eingangspulsfolge sei Δy. Die Änderung des Informationsparameters der Ausgangspulsfolge sei Δu_L.

Für die Änderung der Spannungszeitfläche gilt

$$2U_N \cdot \Delta t = \Delta u_L \cdot T \tag{1.33}$$

Die Ansteuereinrichtung des Stellers wandelt die Änderung des Informationsparameters Δy in eine Zeitverschiebung der absteigenden Pulsflanke um Δt. Sie hat den Verstärkungsfaktor

$$K_{St} = \frac{\Delta t}{\Delta y} \tag{1.34}$$

Der Steller selbst wandelt die Zeitverschiebung Δt in eine Änderung des Mittelwertes der Ausgangsspannung um

$$\Delta u_L = \frac{2U_N}{T} \cdot \Delta t \tag{1.35}$$

Der nachgeschaltete Motor reagiert auf die Änderung des Mittelwertes der Ausgangsspannung. Er verhält sich bezüglich der impulsförmigen Änderung der Stellerausgangsspannung wie ein Integrator. Für das Stellglied ergibt sich die Übertragungsfunktion

$$G_S(p) = \frac{\Delta u_L}{\Delta y} = K_{St} \cdot \frac{2U_N}{T} \cdot e^{-pT_\alpha} = K \cdot e^{-pT_\alpha} \qquad (1.36)$$

Die Laufzeit T_α ist arbeitspunktabhängig. Sie ist im Mittel gleich der halben Pulsperiode (Abb. 1.12).

Digitale Stromregelung und Pulssteller müssen synchron getaktet arbeiten. Dann gilt Schaltungsprinzip und Wirkungsweise nach Abb. 1.13.

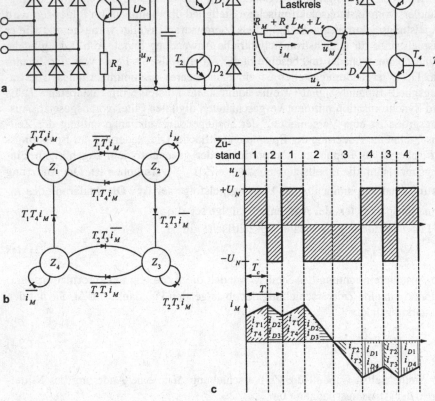

Abb. 1.11 Arbeitsweise des Vierquadrantenstellers. **a** Schaltung; **b** Zustandsgraph; **c** Zeitverlauf der Spannung und des Stromes

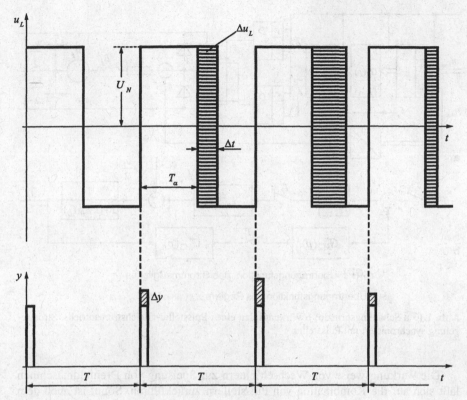

Abb. 1.12 Übertragungsverhalten des Vierquadrantenstellers bei kleinen Änderungen der Stellgröße um Δy

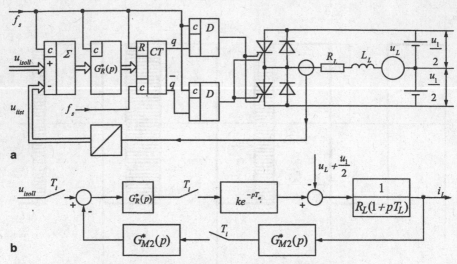

a

b

$G_{M1}; G^*_{M2}$ Übertragungsfunktion des Strommeßgliedes

G^*_R Übertragungsfunktion des Reglers

Abb. 1.13 a Schaltungsprinzip; **b** Wirkungsplan eines Pulssteller-Gleichstromantriebs, Stromregelung synchronisiert mit Pulssteller

Die Wirkungsweise von Wechselrichtern zur Speisung von Drehfeldmaschinen läßt sich auf die Kombination von Pulsstellern zurückführen. Somit ist auch dem Wechselrichter eine Laufzeit gleich der halben Pulsperiode zuzuordnen. Im Einzelnen ist das Steuerregime des Wechselrichters zu beachten.

Beispiel 1   Berechnung der Lageregelung eines Stellantriebes

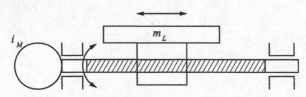

Abb.1.14 Stellantrieb

Von einem Stellantrieb nach Abb. 1.14 sind folgende Daten gegeben:

Motor: Maximaldrehzahl: n_{ma} = 2000U/min

Trägheitsmoment: J_M = 6,8kgcm^2

Motornennmoment: M_N = 1,2Nm

Gewindespindel: Spindelsteigung: h = 4mm

Trägheitsmoment: J_{sp} = 0,39 kgcm^2

Wirkungsgrad: η = 0,9

Last: Masse: m_L = 10kg

Reibkoeffizient; Stahl: μ = 0,15

Der Antrieb wird als mechanisch starr vorausgesetzt. Die Motorwelle trägt zur Drehzahl- und Lagemessung einen Impulsgeber mit

K_G = 5000 Impulse/Umdrehung.

Es erfolgt eine elektronische Impulsvervierfachung.

Berechnung der mechanischen Parameter

Das Gesamtträgheitsmoment des Antriebs ergibt sich als Summe der Einzelträgheitsmomente, bezogen auf die Motorwelle zu

$$J = J_M + J_{Sp} + J_L = J_M + J_{Sp} + m_L \left(\frac{v}{\omega_M} \right)^2 = 7{,}23 \text{ kgcm}^2$$

Das Verhältnis der Lineargeschwindigkeit des Tisches v zur Winkelgeschwindigkeit der Motorwelle ω_M ergibt sich aus der Spindelsteigung h zu

$$\frac{v}{\omega_M} = \frac{h}{2\pi}$$

Die Reibungskraft F_R, die bei Linearbewegung des Tisches überwunden werden muß, ist

$$F_R = m_L \cdot g \cdot \mu = 14{,}7 \text{N}$$
$$g = 9{,}81 \text{m/s}^2 = \text{Erdbeschleunigung}$$

Daraus folgt das an der Motorwelle geforderte Reibmoment zu

$$m_R = \frac{1}{\eta} \frac{F_R \cdot v}{\omega_M} = 0{,}01 \text{Nm}$$
$$\omega_M = 2\pi \cdot u_M = \text{Winkelgeschwindigkeit der Motorwelle}$$

Die Maximalgeschwindigkeit des Tisches ergibt sich zu

$$v_{max} = n_{max} \cdot h = 8000 \frac{\text{mm}}{\text{min}} = 133{,}3 \frac{\text{mm}}{\text{s}}$$

Der Antrieb kann mit Nennmoment $n_M = M_M$ aus dem Stillstand diese Maximalgeschwindigkeit in

$$t_b = \frac{I \cdot 2\pi \cdot n_{max}}{m_N - m_R} = 127 \text{ ms}$$

erreichen. Dem entspricht eine Beschleunigung von

$$a_{max} = \frac{v_{max}}{t_b} = 1050 \frac{\text{mm}}{\text{s}^2}$$

Berechnung der Drehzahl- und Lagemessung

Das Auflösungsvermögen der Lageregelung beträgt

$$4 \cdot 5000 \; \frac{\text{Impulse}}{\text{Umdrehung}} = \frac{20000}{360°} = 55,55 \; \frac{\text{Impulse}}{\text{Grad}} \; .$$

Einem Impuls entspricht

$$\frac{60}{55,55} = 1,08 \; \text{Bogenminuten}$$

Unter Berücksichtigung der Spindelsteigung h entspricht dem eine Längenauflösung von

$$\frac{4 \text{ mm}}{20000 \text{ Imp.}} = 2 \cdot 10^{-4} \text{ mm} = 0,2 \; \mu\text{m}$$

Der Maximaldrehzahl n_{max} entspricht eine Impulsfrequenz

$$f_{m\,max} = 20000 \cdot 2000 \cdot \frac{1}{60} \cdot \frac{1}{\text{s}} = 0,667 \cdot 10^6 \cdot \frac{1}{\text{s}} = 667 \text{ kHz}$$

Die Impulse werden während der Meßzeit $T_m = 1,5\text{ms}$ in den Zähler eingezählt. Der Maximaldrehzahl n_{max} entspricht der Zählerinhalt

$$Z_{max} = f_{m\,max} \cdot T_m = 1000$$

Einem Impuls entsprechen $2U/\text{min}$. Eine höhere Auflösung der Drehzahl kann mit Hilfe von Verfahren zur Impulsvervielfachung erreicht werden (Abschn. 5).

Wirkungsplan und Parameter der Regelstrecke

Es gilt der Wirkungsplan nach Abb. 1.15

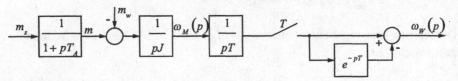

Abb. 1.15 Wirkungsplan

Die Einprägung des Motormoments erfolgt verzögert mit der Zeitkonstante T_A. T_A liegt in der Größenordnung $T_A = 0{,}5 \cdots 2{,}0$ ms (vergl. Abschn. 4). Die Übertragung des Beschleunigungsmomentes $(m\text{-}m_w)$ auf die Winkelgeschwindigkeit ω_M wird beschrieben durch das Trägheitsmoment J. Die Größe T_m ist die Meßzeit der Drehzahlmeßeinrichtung. Sie wird im allgemeinen gleich der Abtastzeit T der Regelung gewählt, hier ist $T = 1{,}5$ms. Die resultierende Übertragungsfunktion lautet

$$G_S(p) = \frac{\omega_M^*(p)}{m_S(p)} = \frac{1}{pJ(1+pT_A)} \frac{1-e^{-pT}}{pT}$$

Dem entspricht die z-Übertragungsfunktion

$$G_S(z) = \frac{\omega_M^*(z)}{m_S(z)} = \left(1 - \frac{1}{z}\right) \mathscr{Z}\left\{\frac{1}{p^2 T \cdot J(1+pT_A)}\right\}$$

Zum Übergang in den z-Bereich müssen zunächst alle kontinuierlichen Glieder die nicht durch Taster getrennt sind zusammengefaßt werden. Nach Partialbruchzerlegung erhält man mit einer Korrespondenzentabelle

$$\mathscr{Z}\left\{\frac{1}{p^2 T \cdot J(1+pT_A)}\right\} = \mathscr{Z}\left\{\frac{1}{p^2 T \cdot J}\right\} - \mathscr{Z}\left\{\frac{T_A}{pT \cdot J}\right\} + \mathscr{Z}\left\{\frac{T_A^2}{T \cdot J(1+pT_A)}\right\}$$

$$= \frac{T \cdot z}{T \cdot J(z-1)^2} - \frac{T_A \cdot z}{T \cdot J(z-1)} + \frac{T_A}{T \cdot J} \cdot \frac{z}{z - e^{-T/T_A}}$$

mit $\lambda = e^{-T/T_A}$

$$= \frac{T \cdot z(z-\lambda) - T_A \cdot z(z-1)(z-\lambda) + T_A \cdot z(z-1)^2}{T \cdot J(z-1)^2(z-\lambda)}$$

Daraus folgt

$$G_S(z) = \frac{T \cdot (z-\lambda) + T_A \cdot (z-1)(\lambda-1)}{T \cdot J \cdot (z-1)(z-\lambda)}$$

oder nach Umformung

$$G_S(z) = \frac{Z_S\left(\frac{1}{z}\right)}{N_S\left(\frac{1}{z}\right)} = \frac{\frac{1}{z}\left[T_A\left(1-\frac{1}{z}\right)(\lambda-1) + T\left(1-\frac{\lambda}{z}\right)\right]}{T \cdot J \cdot \left(1-\frac{1}{z}\right)\left(1-\frac{\lambda}{z}\right)}$$

Diese Regelstrecke wird im Beispiel 2 den Optimierungsrechnungen zu Grunde gelegt.

2 Berechnung digitaler Regelschleifen

2.1 Grundregelkreis

Die Arbeitsweise des digitalen Grundregelkreises wird durch die synchrone Abtastung aller Signale im Takt T gekennzeichnet. Führungsgröße w, Regelgröße x und Störgröße z sind analoge Größen, die abgetastet und in Registern gehalten werden. Die abgetasteten Größen werden mit w^*, x^* und z^* bezeichnet (Abb. 2.1). Die Regelabweichung $w^* - x^*$ wird in jedem Fall digital gebildet. Der Regler wird als digitales Filter mit der Übertragungsfunktion $G_R^*(p)$ vorausgesetzt. Die Stellgröße y^* wirkt auf die Regelstrecke $G_{S1}(p)^*G_{S2}(p)$. Die Übertragungsfunktion des Stellgliedes ist Bestandteil der Regelstrecke.

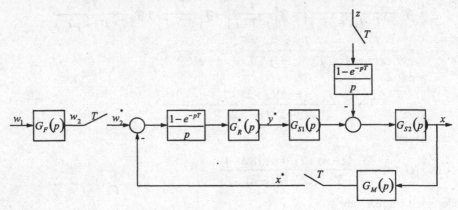

Abb. 2.1 Digitaler Grundregelkreis, Wirkungsplan

Der Grundregelkreis besteht aus diskreten und aus kontinuierlichen Übertragungsgliedern. Diskrete Übertragungsglieder sind digitale Filter entsprechend Abschn. 1.3. Kontinuierliche Übertragungsglieder sind ebenfalls als Übertragungsglied für Impulsfolgen zu interpretieren. Die Eingangspulsfolge

$$u^* = \sum_{k=0}^{\infty} u(kt) \cdot \delta_0(t - kT) \qquad (2.1)$$

führt durch Abtastung des Ausgangssignals $x(t)$ auf die Ausgangspulsfolge

$$x^* = \sum_{k=0}^{\infty} x(kt) \cdot \delta_0(t - kT) \tag{2.2}$$

Jedem kontinuierlichem Übertragungsglied $G(p)$ ist eine diskrete Übertragungsfunktion

$$G^*(p) = \frac{x^*(p)}{u^*(p)} \tag{2.3}$$

zuzuordnen.

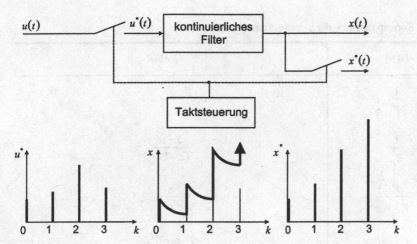

Abb. 2.2 Pulsübertragungsfunktion kontinuierlicher Übertragungsglieder

Eine Zusammenstellung typischer Übertragungsfunktionen enthält Tafel 2.1. Es ist zu beachten, daß alle kontinuierlichen Übertragungsglieder, die nicht durch Taster voneinander getrennt sind, zusammengefaßt und gemeinsam in den diskreten Bereich transformiert werden müssen. Ist die Abtastzeit klein gegenüber den Eigenzeitkonstanten der Übertragungsglieder, können die einzelnen Glieder der Übertragungsfunktionen auch getrennt in den diskreten Bereich transformiert werden, was zu wesentlich anschaulicheren, annähernd richtigen Ergebnissen führt.

Die Frequenzgangmethode kann ebenfalls auf die Behandlung diskreter Systeme angewandt werden. An die Stelle des kontinuierlichen Frequenzgangs tritt der diskrete Frequenzgang

$$G^*(j\omega) = \frac{1}{T} \sum_{n=-\infty}^{+\infty} G\left(j\omega + j n \Omega_p\right) \qquad (2.4)$$

$$\Omega_p = \frac{2\pi}{T}$$

$$n = -\infty \cdots -1;\ 0;\ +1; \cdots +\infty$$

ω : Signalkreisfrequenz

Ω_p: Abtastkreisfrequenz

Tafel 2.1 Korrespondenzen der p- und z-Transformation

$G(p)$	$G(z)$
$\dfrac{1}{p}$	$\dfrac{z}{z-1}$
$\dfrac{1}{p^2}$	$\dfrac{T \cdot z}{(z-1)^2}$
$\dfrac{1}{p+a}$	$\dfrac{z}{z-e^{-aT}}$
$\dfrac{1}{(p+a)^2}$	$\dfrac{T \cdot z \cdot e^{-aT}}{\left(z-e^{-aT}\right)^2}$
$\dfrac{1}{(p+a)(p+b)}$	$\dfrac{T \cdot z\left(e^{-aT} + e^{-bT}\right)}{(a-b)\left(z-e^{-aT}\right)\left(z-e^{-bT}\right)}$
$\dfrac{a}{p(p+a)}$	$\dfrac{\left(1-e^{-aT}\right)z}{(z-1)\left(z-e^{-aT}\right)}$
$\dfrac{a}{p^2(p+a)}$	$\dfrac{z\left(e^{-aT}(z-a-1) + z(a-1)+1\right)}{a(z-1)^2\left(z-e^{-aT}\right)}$
$\dfrac{a}{p(p+a)(p+b)}$	$\dfrac{z\left((a-b)\cdot e^{(-a-b)T} + (bz+a)\cdot e^{-aT} - (az-b)\cdot e^{-bT} + (a-b)\cdot z\right)}{b\cdot(a-b)\cdot(z-1)\cdot\left(z-e^{-aT}\right)\cdot\left(z-e^{-bT}\right)}$

Ist die Signalfrequenz hinreichend klein gegenüber der Pulsfrequenz, dann ist wegen der Tiefpaßeigenschaft des Übertragungsgliedes für alle $n \neq 0$

$$G\left(j\omega + jn\Omega_p\right) << G(j\omega), \tag{2.5}$$

und es gilt als Näherung

$$G^*(j\omega) \approx \frac{1}{T} G(j\omega) \tag{2.6}$$

Bei der praktischen Berechnung ist das Halteglied zu berücksichtigen. So gilt für den offenen Kreis nach Abb. 2.1

$$G_o(j\omega) = G_H(j\omega) \cdot G_R(j\omega) \cdot G_S(j\omega) \tag{2.7}$$

Für das Halteglied wird unter Annahme tiefer Signalfrequenzen

$$G_H(j\omega) = \frac{1 - e^{-j\omega T}}{j\omega} \approx T \cdot e^{-j\omega \frac{T}{2}} \tag{2.8}$$

sodaß sich der diskrete Frequenzgang ergibt zu

$$G_o^*(j\omega) = e^{-j\omega \frac{T}{2}} \cdot G_R(j\omega) \cdot G_S(j\omega) \tag{2.9}$$

Er ist gleich dem kontinuierlichen Frequenzgang des offenen Kreises multipliziert mit einem Laufzeitglied. Die Laufzeit ist gleich der halben Abtastperiode. Diese Näherung gilt im Bereich

$$\frac{\omega}{\Omega_p} \leq \frac{1}{6} \tag{2.10}$$

oder für

$T \leq 2T_\Sigma$

T : Abtastzeit

T_Σ : Summe aller nicht kompensierten Zeitkonstanten des offenen Kreises

Sie ermöglicht die quasikontinuierliche Berechnung digitaler Regelungen.

Die technische Entwicklung ist gekennzeichnet durch zunehmend schnellere Mikroprozessoren. Die Abtastzeiten der stromrichternahen Signalverarbeitung wie Stromregelung, Ansteuerung liege heute bei $T_i = (0,2\cdot\cdot 0,02)\,\text{ms}$. Für die stromrichterferne Signalverarbeitung wie Drehzahlregelung, Lageregelung sind Abtastzeiten $T_\omega \leq 1\,\text{ms}$ gebräuchlich. Dementsprechend erfolgt eine genaue Berechnung der Stromregelung auf der Grundlage der Theorie diskreter Systeme, vorzugsweise unter Anwendung der z-Transformation. Drehzahl- und Lageregelungen werden überwiegend als quasikontinuierliche Regelung berechnet, vorzugsweise unter Anwendung der Laplace-Transformation.

2.2   Reglereinstellung nach dem Betragsoptimum

Das „Betragsoptimum" ist eine Einstellvorschrift zunächst für kontinuierliche Regler, die gewährleistet, daß der Betrag des Frequenzgangs des geschlossenen Kreises für einen möglichst großen Frequenzbereich gleich eins ist. Es wird also angestrebt für die Führungsübertragungsfunktion

$$|G_w(j\omega)| \Rightarrow 1 \qquad (2.11)$$

und für die Störübertragungsfunktion

$$|G_z(j\omega)| \Rightarrow 0. \qquad (2.12)$$

Auf der Grundlage einer Taylorentwicklung des Frequenzganges in der Nähe von $\omega = 0$

$$\lim_{\omega \to 0}\left(\frac{d}{d\omega}|G_w(j\omega)|\right) = 0 \qquad (2.13)$$

$$\lim_{\omega \to 0}\left(\frac{d^2}{d\omega^2}|G_w(j\omega)|\right) = 0 \qquad (2.14)$$

$$\vdots$$

lassen sich Bestimmungsgleichungen für die Parameter des Reglers in Abhängigkeit von den Parametern der Regelstrecke angeben [2.1]. Das Betragsoptimum läßt sich auch auf diskrete Regelschleifen nach Abb. 2.3 anwenden.

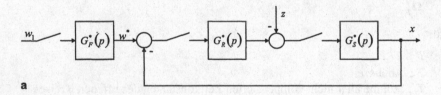

a

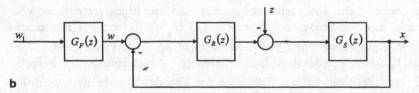

b

Abb. 2.3 Digitaler Grundregelkreis. **a** Wirkungsplan im p-Bereich; **b** Wirkungsplan im z-Bereich

Der Regelstrecke mit der Übertragungsfunktion

$$G_S(p) = \frac{Z_S(p)}{N_S(p)} = \frac{V_S}{(1+pT_1)(1+pT_2)} \cdot e^{-npT} \cdot \frac{1-e^{-pT}}{p} \tag{2.15}$$

entspricht die diskrete Übertragungsfunktion

$$G_S(z) = \frac{V_S(az+b)}{z^n(z-\lambda_1)(z-\lambda_2)} = \frac{Z_S(z)}{N_S(z)} \tag{2.16}$$

mit

$$\lambda_1 = e^{-\frac{T}{T_1}}; \quad \lambda_2 = e^{-\frac{T}{T_2}}$$

$$a = 1 + \frac{T_1}{T_2-T_1} \cdot e^{-\frac{T}{T_1}} - \frac{T_2}{T_2-T_1} \cdot e^{-\frac{T}{T_2}}$$

$$b = e^{-\frac{T}{T_1}} \cdot e^{-\frac{T}{T_2}} + \frac{T_1}{T_2-T_1} \cdot e^{-\frac{T}{T_2}} - \frac{T_2}{T_2-T_1} \cdot e^{-\frac{T}{T_1}}$$

Für den Regler wird der Ansatz gemacht

$$G_R(z) = \frac{V_R(z-\tau_1)(z-\tau_2)}{z(z-1)} = \frac{Z_R(z)}{N_R(z)} \tag{2.17}$$

Für den geschlossenen Kreis ohne Führungsgrößenfilter, $G_F(z)=1$ gilt

$$G_g(z) = \frac{Z_R(z) \cdot Z_s(z)}{N_R(z) \cdot N_S(z) + Z_R(z) \cdot Z_S(z)} \tag{2.18}$$

Für das Störungsverhalten gilt entsprechend

$$G_z(z) = \frac{Z_S(z) \cdot N_R(z)}{N_R(z) \cdot N_S(z) + Z_R(z) \cdot Z_S(z)} \tag{2.19}$$

Für

$$z = e^{j\omega T} = \cos(\omega T) + j\sin(\omega T) \tag{2.20}$$

ergibt sich daraus der Frequenzgang $G_g(j\omega)$. Mit den Optimierungsreglern nach (2.13, 2.14) erhält man ein Betragsoptimum für diskontinuierliche Systeme. Optimales Führungsverhalten des Kreises für ungefilterte Führungsgrößen, d.h. für $G_F(z)=1$, ergibt sich, wenn die Linearfaktoren im Nenner der Regelstrecke $(z-e^{t/T_1})\cdots(z-e^{t/T_m})$ durch entsprechende Faktoren $(z-\tau_1)\cdots(z-\tau_m)$ im Zähler der Übertragungsfunktion des Reglers kompensiert werden.

Für einige typische Regelstrecken enthält Tafel 2.2 die Zuordnung der Reglerübertragungsfunktion und den berechneten optimalen Verstärkungsfaktor.

Tafel 2.2 Optimierung des Führungsverhaltens

$G_S(p)$	$G_S(z)$	$G_R(z)$	V_S $V_{R_{opt}}$
$\dfrac{(1-e^{-pT})}{p}\dfrac{V_S}{(1+pT_1)}$	$\dfrac{V_S a}{(z-e^{-T/T_1})}$	$V_R\dfrac{(z-e^{-T/T_1})}{(z-1)}$ a)	$\dfrac{1}{a}$
$\dfrac{V_S}{T_0 p(1+pT_1)}\cdot\dfrac{1-e^{pT}}{p}$	$\dfrac{V_S a(z+b)}{(z-1)(z-e^{-T/T_1})}$	$\dfrac{(1+e^{-T/T_1})^2-4e^{-T/T_1}}{V_S a\left[(1+e^{-T/T_1})(1-b)+4b\right]}$ b)	$\dfrac{(1+e^{-T/T_1})^2-4e^{-T/T_1}}{a\left[(1+e^{-T/T_1})(1-b)+4b\right]}$
$\dfrac{(1-e^{-pT})}{p}\dfrac{V_S}{(1+pT_1)}e^{-pT}$	$\dfrac{V_S a}{z(z-e^{-T/T_1})}$	$V_R\dfrac{(z-e^{-T/T_1})}{(z-1)}$ a)	$\dfrac{1}{3a}$
$\dfrac{(1-e^{-pT})}{p}\dfrac{V_S}{(1+pT_1)(1+pT_2)}$	$\dfrac{V_S(az+b)}{(z-e^{-T/T_1})(z-e^{-T/T_2})}$	$V_R\dfrac{(z-e^{-T/T_1})(z-e^{-T/T_2})}{z(z-1)}$ c)	$\dfrac{1}{a+3b}$
$\dfrac{(1-e^{-pT})}{p}\dfrac{V_S}{(1+pT_1)(1+pT_2)}e^{-pT}$	$\dfrac{V_S(az+b)}{z(z-e^{-T/T_1})(z-e^{-T/T_2})}$	$V_R\dfrac{(z-e^{-T/T_1})(z-e^{-T/T_2})}{z(z-1)}$ c)	$\dfrac{1}{3a+5b}$
$\dfrac{(1-e^{-pT})^2}{p^2 T}\dfrac{V_S}{(1+pT_1)}$	$\dfrac{V_S(az+b)}{z(z-e^{-T/T_1})}$	$V_R\dfrac{(z-e^{-T/T_1})}{(z-1)}$ d)	$\dfrac{1}{a+3b}$
$\dfrac{(1-e^{-pT})^2}{p^2 T}\dfrac{V_S}{(1+pT_1)}e^{-pT}$	$\dfrac{V_S(az+b)}{z^2(z-e^{-T/T_1})}$	$V_R\dfrac{(z-e^{-T/T_1})}{(z-1)}$ d)	$\dfrac{1}{3a+5b}$

a) $a=(1-e^{-T/T_1})$

b) $a=\dfrac{T}{T_0}(1-e^{-T/T_1})\left(1-\dfrac{T_1}{T}\right)$; $b=\dfrac{T_1}{T-T_1}$

c) $a=1+\dfrac{T_1}{T_2-T_1}e^{-T/T_1}-\dfrac{T_2}{T_2-T_1}e^{-T/T_2}$; $b=e^{-T/T_1}\cdot e^{-T/T_2}+\dfrac{T_1}{T_2-T_1}e^{-T/T_2}+\dfrac{T_2}{T_2-T_1}e^{-T/T_1}$

d) $a=1-e^{-T_1/T}(1-e^{-T/T_1})$; $b=e^{-T_1/T}\cdot(1-e^{-T/T_1})-e^{-T/T_1}$

Allgemein ist einer Regelstrecke der Übertragungsfunktion

$$G_s(z^{-1}) = \frac{n_0}{m_0} \frac{\left(1 + n_1 z^{-1} + \dots + n_n z^{-n}\right) z^{-k_t}}{\left(1 + m_1 z^{-1} + \dots + m_m z^{-m}\right)} \tag{2.21}$$

ein Regler der Übertragungsfunktion

$$G_R(z^{-1}) = \frac{V_R\left(1 + d_1 z^{-1} + \dots + d_p z^{-q}\right)}{\left(1 - z^{-1}\right)\left(1 + b_1 z^{-1} + \dots + b_q z^{-q}\right)} \tag{2.22}$$

zuzuordnen.

Nach den Regeln des Betragsoptimums ergibt sich

$$b_1 = b_2 = \dots = b_q = 0 \tag{2.23}$$

$$d_j = m_j \qquad \text{mit } 0 \le j \le m \tag{2.24}$$

(technisch sinnvoll für $m \le 3$)

$$V_R = \frac{m_0}{n_0} \frac{1}{\left(k_0 + \sum_{v=1}^{n} k_v n_v\right)}; \; 0 \le v \le n \tag{2.25}$$

$$k_v = \left\{[2(v + k_1) - 1]] + [2(v + k_1) - 3]x\right\} \tag{2.26}$$

Wird die kleinste Zeitkonstante der Regelstrecke kompensiert ist $x = 0$. Wird die kleinste Zeitkonstante der Regelstrecke nicht kompensiert, schreibt man die Regelstrecke in der Form

$$G_S(z^{-1}) = \frac{n_0}{m_0} \frac{\left(1 + n_1 z^{-1} + \dots + n_n z^{-n}\right) z^{-k_t}}{\left(1 + \overline{m}_1 z^{-1} + \dots + \overline{m}_n z^{-(m-1)}\right)\left(1 + \overline{m}_m z^{-m}\right)} \tag{2.27}$$

Der Regler entspricht (2.22) mit

$$b_1 = b_2 = \dots = b_q = 0 \tag{2.28}$$

$$d_j = \overline{m}_j \qquad \text{mit } 0 \le j \le m \tag{2.29}$$

(technisch sinnvoll für m≤4)

$$V_R = \frac{m_0}{n_0} \frac{(1 + x)^2}{\left(k_0 + \sum_{v=1}^{n} k_v n_v\right)}; \; 0 \le v \le n \tag{2.30}$$

mit $x = -e^{-\frac{T}{T_M}}$ und k_v nach (2.26).

Die genannten Reglereinstellungen ergeben schwach überschwingende Übergangsfunktionen des geschlossenen Kreises (Abb. 2.4).

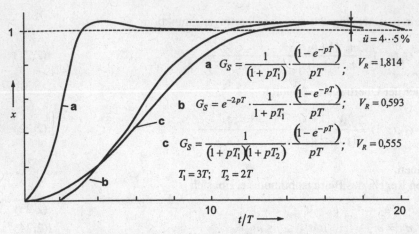

Abb. 2.4 Führungsübertragungsfunktion des für Führungsgrößenänderungen optimierten Regelkreises

Die Analogie zu kontinuierlichen Regelungen mit betragsoptimaler Reglereinstellung ist offensichtlich. Für $T \leq 0,1\,T_1$ und $T \leq T_2$ führen die Einstellregeln auf das klassische Betragsoptimum für kontinuierliche Systeme.

Zur Untersuchung des Störverhaltens kann in allen wichtigen praktischen Fällen von der Gültigkeit einer quasikontinuierlichen Betrachtungsweise ausgegangen werden.

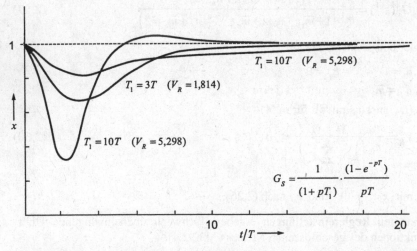

Abb.2.5 Störübertragungsfunktion des für Führungsgrößenänderungen optimierten Regelkreises

2.3   Optimierung auf endliche Einstellzeit

Während mit kontinuierlichen Reglern eine vollständige Übereinstimmung zwischen Führungsgröße und Regelgröße theoretisch erst nach unendlich langer Zeit erreicht werden kann, ermöglichen diskontinuierliche Regler die vollständige Übereinstimmung von Führungsgröße und Regelgröße nach einer endlichen Anzahl von Schritten. Für die Regelabweichung kann mit dem Ansatz

$$x_w(z^{-1}) = w(z^{-1}) - x(z^{-1}) = \sum_{v=0}^{m-1} c_v z^{-v} \qquad (2.31)$$

m Anzahl der Anregelschritte (m ist endlich)

ein beliebiger Verlauf vorgegeben werden (Abb. 2.6).

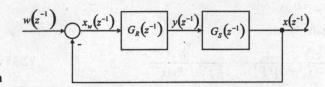

a

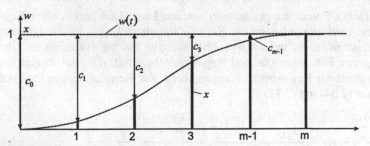

b

Abb. 2.6 Optimierung auf endliche Einstellzeit. **a** Wirkungsplan des Regelkreises; **b** Zeitverlauf von Führungsgröße und Regelgröße

Setzt man eine sprungförmige Änderung der Führungsgröße als charakteristisch voraus

$$w(z^{-1}) = \frac{1}{1 - z^{-1}}, \qquad (2.32)$$

erhält man für die allgemeine Regelstrecke

$$G_S(z^{-1}) = \frac{Z_S(z^{-1})}{N_S(z^{-1})} \qquad (2.33)$$

$Z_S(z^{-1})$: Zählerpolynom der Regelstrecke

$N_S(z^{-1})$: Nennerpolynom der Regelstrecke

die Reglergleichung

$$G_R(z^{-1}) = \frac{y(z^{-1})}{x_w(z^{-1})} = \frac{1-\left(1-z^{-1}\right)\sum\limits_{v=0}^{m-1} c_v z^{-v}}{\left(1-z^{-1}\right)\sum\limits_{v=0}^{m-1} c_v z^{-v}} \cdot \frac{N_S(z^{-1})}{Z_S(z^{-1})}$$

$$= \frac{b_0 + b_1 z^{-1} + b_2 z^{-2} + \dots + b_m z^{-m}}{a_0 + a_1 z^{-1} + a_2 z^{-2} + \dots + a_n z^{-n}}. \tag{2.34}$$

Der Regler ist ein digitales Filter (vergl. Abschn. 4). Er ist realisierbar, solange in der Übertragungsfunktion keine positiven Exponenten von z auftreten. Ist $b_0 \neq 0$, darf nicht $a_0 = 0$ sein. Ein Sonderfall des Reglers nach (2.34) ist der sog. Dead-beat-Regler für einen Anregelschritt. Dieser gewährleistet, daß bereits nach einem Schritt Führungsgröße und Regelgröße übereinstimmen

$$c_0 = 1, \quad c_1 \dots c_\infty = 0$$

Er hat die Übertragungsfunktion

$$G_{RDB}(z^{-1}) = \frac{z^{-1}}{1-z^{-1}} \cdot \frac{1}{G_S(z^{-1})} = \frac{z^{-1}}{1-z^{-1}} \cdot \frac{N_S(z^{-1})}{Z_S(z^{-1})} \tag{2.35}$$

Er ist realisierbar, solange aus dem Zählerpolynom $Z_S(z^{-1})$ der Faktor z^{-1} höchstens in einfacher Potenz ausgeklammert werden kann. Das ist bei allen Regelstrecken ohne Laufzeitglied gegeben. Hat Die Regelstrecke ein Laufzeitglied mit n-facher Abtastzeit ($n>0$), werden $n+1$ Abtastschritte bis zur vollständigen Übereinstimmung von Führungsgröße und Regelgröße benötigt, d.h., der Regler kann nicht die Laufzeit der Regelstrecke kompensieren. Zur Berechnung der Stellgröße ergibt sich aus (2.34) mit (2.31)

$$y(z^{-1}) = x(z^{-1}) \cdot \frac{N_S(z^{-1})}{Z_S(z^{-1})} = \frac{1-\left(1-z^{-1}\right)\sum\limits_{v=0}^{m-1} c_v z^{-v}}{\left(1-z^{-1}\right)} \cdot \frac{N_S(z^{-1})}{Z_S(z^{-1})} \tag{2.36}$$

Von einem praktischen Regler ist zu fordern, daß, nachdem die Regelgröße $x(z^{-1})$ ihren Endwert erreicht hat, die Stellgröße $y(z^{-1})$ nicht mehr schwingt. Das ist nur dann der Fall, wenn die Koeffizienten c_v so bestimmt werden, daß das Polynom $Z_S(z^{-1})$ gekürzt werden kann. Für den Dead-beat-Regler mit $c_0 = 1, c_1 \cdots c_\infty = 0$ muß $Z_S(z^{-1}) = V_S(z^{-1})$ sein, um ein praktisch brauchbares Regelverhalten zu erreichen. Das ist beispielsweise bei einer Regelstrecke mit zwei Zeitkonstanten ohne Halteglied möglich. An komplizierten Regelstrecken kann der Dead-beat-Regler nach (2.35) nicht eingesetzt werden. Auch ein Regler, der mehrere zeitlich verschobene Deat-beat-Algorithmen verwirklicht, führt zu Stellgrößenchwingngen und ist deshalb praktisch nicht brauchbar.

Für einen technisch brauchbaren Regler ohne Stellgrößenschwingungen muß gelten

$$1 - (1 - z^{-1})\sum_{v=0}^{m-1} c_v z^{-v} = V_R Z_S(z^{-1}) \tag{2.37}$$

V_R : Verstärkungsfaktor des Reglers

Für den Regler ergibt sich damit die Minimalfunktion

$$G_R(z^{-1}) = \frac{V_R N_S(z^{-1})}{(1 - z^{-1})\sum_{v=0}^{m-1} c_v z^{-v}} \tag{2.38}$$

wobei die Koeffizienten c_v als Funktion des Zählerpolynoms der Regelstrecke nach (2.37) zu bestimmen sind. Die minimal mögliche Anzahl von Anregelschritten entspricht damit dem Grad des Zählerpolynoms der Regelstrecke. Der allgemeine Regler für endliche Einstellzeit realisiert die vollständige Übereinstimmung von Führungsgröße und Regelgröße in einer beliebig wählbaren Schrittzahl durch zeitlich versetzte Überlagerung von Minimalformalgorithmen. Sollen Δm mehr Schritte als minimal notwendig vorgesehen werden, so ergibt sich die Übertragungsfunktion des allgemeinen Reglers zu

$$G_R = \frac{V_R N_S(z^{-1})\sum_{v=0}^{\Delta m} d_v z^{-v}}{(1 - z^{-1})\sum_{v=0}^{m-1} c_v z^{-v}} \tag{2.39}$$

2.4 Diskrete Zustandsregelungen

Der Einsatz eines Rechners als Regler ermöglicht die Regelung des Zustandsvektors. Der Steuervektor

$$\underline{u}^*(t) = \begin{pmatrix} u_1(t) \\ \vdots \\ u_p(t) \end{pmatrix} \tag{2.40}$$

wird als abgetastet vorausgesetzt. Die abgetasteten Komponenten werden in Haltegliedern gehalten. Der Zustandsvektor

$$\underline{x}^*(t) = \begin{pmatrix} x_1(t) \\ \vdots \\ x_n(t) \end{pmatrix} \tag{2.41}$$

beschreibt den Systemzustand, der Ausgangsvektor

$$\underline{y}^*(t) = \begin{pmatrix} y_1(t) \\ \vdots \\ y_q(t) \end{pmatrix} \tag{2.42}$$

wird als zeitsynchron zum Eingangsvektor abgetastet vorausgesetzt (Abb. 2.7)

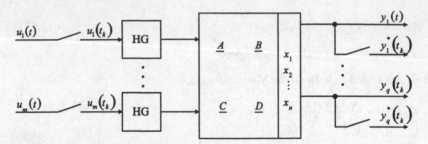

Abb 2.7 Zur Ableitung der diskreten Zustandsgleichungen

Die Komponenten des Eingangsvektors sind innerhalb eines Abtastintervalls

$$kT \leq t \leq (k+1)T \tag{2.43}$$

konstant. Innerhalb eines Intervalls wird das Systemverhalten durch die kontinuierlichen Zustandsgleichungen

$$\dot{\underline{x}} = \underline{A} \cdot \underline{x} + \underline{B} \cdot \underline{u} \tag{2.44}$$
$$\underline{y} = \underline{C} \cdot \underline{x} \tag{2.45}$$

bestimmt. Für den Zustandsvektor gilt

$$\underline{x}(t) = \underline{\phi}(t - t_k) \cdot \underline{x}(t_k) + \underline{H}(t - t_k) \cdot \underline{u}(t_k) \tag{2.46}$$

Es ist

$$\underline{\phi}(t) = e^{\underline{A}t} \tag{2.47}$$

die Übertragungsmatrix und

$$\underline{H}(t - t_k) = \int_{t_k}^{t} \underline{\phi}(t - \tau) \cdot \underline{B} \, d\tau \tag{2.48}$$

die Störmatrix. Das betrachtete Abtastintervall beginnt zur Zeit $t = t(k)$ und endet zur Zeit $t = t(k+1)$. Für den Zustandsvektor am Ende dieses Intervalls gilt

$$\underline{x}(t(k+1)) = \underline{\phi}(t(k+1) - t(k)) \cdot \underline{x}(t(k)) \tag{2.49}$$

bzw. mit (2.47)

$$\underline{x}(k+1) = e^{\underline{A}T} \cdot q(k) + \int_{kT}^{(k+1)T} \left[e^{\underline{A}[(k+1)T - \tau]} \right] d\tau \cdot \underline{B} \cdot \underline{u}(k) \tag{2.50}$$

Allgemein formuliert gilt die vektorielle Differerenzengleichung

$$\underline{x}(k+1) = \underline{A}^* \underline{x}(k) + \underline{B}^* \underline{u}(k) \tag{2.51}$$
$$\underline{y}(k) = \underline{c}^* + \underline{x}^*(k) \tag{2.52}$$

Die diskreten Matrizen $\underline{A}^*$; $\underline{B}^*$; $\underline{C}^*$ können aus den kontinuierlichen Matrizen $\underline{A}$; $\underline{B}$; $\underline{C}$ allgemein berechnet werden zu

$$\underline{A}^* = e^{\underline{A}T} \tag{2.53}$$

$$\underline{B}^* = \int_{kT}^{(k+1)T} \left[e^{\underline{A}[(k+1)\cdot T - \tau]} \right] d\tau \cdot \underline{B} = \int_0^T e^{\underline{A}(T-\tau)} \, d\tau \cdot \underline{B} \tag{2.54}$$

$$\underline{C}^* = C \tag{2.55}$$

Zur praktischen Durchführung der Berechnung dienen Rechenprogramme. In den meisten praktischen Anwendungen ist die Stellgröße u eindimensional. Im Regelkreis gilt dann

$$u(k) = w(k) - \underline{R}^* \cdot \underline{x}(k) \tag{2.56}$$

mit der Reglermatrix

$$\underline{R}^* = \begin{pmatrix} r_1 & 0 & \cdots & 0 \\ 0 & r_2 & & \vdots \\ \vdots & & \ddots & \\ 0 & \cdots & & r_n \end{pmatrix} . \tag{2.57}$$

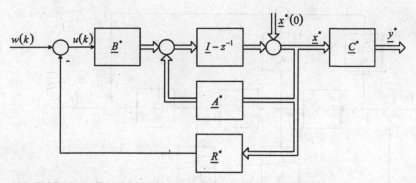

Abb. 2.8 Diskrete Zustandsregelung mit eindimensionaler Stellgröße

Die charakteristische Gleichung des Systems folgt aus

$$\underline{x}^*(k+1) = \underline{A}^* \underline{x}(k) - \underline{B}^* \underline{R}^* \underline{x}(k) \tag{2.58}$$

für

$$\det\left[z\underline{I} - \left(\underline{A}^* - \underline{B}^* \cdot \underline{R}^* \right) \right] = 0 \tag{2.59}$$

Beispiel 2   Optimale Einstellung digitaler Regler

Die Regelstrecke nach Beispiel 1 mit der Übertragungsfunktion

$$G_S(p) = \frac{1}{pJ(1+pT_1)} \cdot \frac{1-e^{-pT}}{pT} \quad \text{bzw.}$$

$$G_S(z^{-1}) = \frac{Z_S\left(\dfrac{1}{z}\right)}{N_S\left(\dfrac{1}{z}\right)} = \frac{\dfrac{1}{z}\left[T_A\left(1-\dfrac{1}{z}\right)(\lambda-1)+T\left(1-\dfrac{\lambda}{z}\right)\right]}{T \cdot J \cdot \left(1-\dfrac{1}{z}\right)\left(1-\dfrac{\lambda}{z}\right)}$$

arbeitet mit einem Regler der Normalform

$$G_R(z^{-1}) = \frac{b_0 + b_1 \dfrac{1}{z} + b_2 \dfrac{1}{z^2} + \cdots}{a_0 + a_1 \dfrac{1}{z} + a_2 \dfrac{1}{z^2} + \cdots}$$

zusammen. (Abb. 2.9)

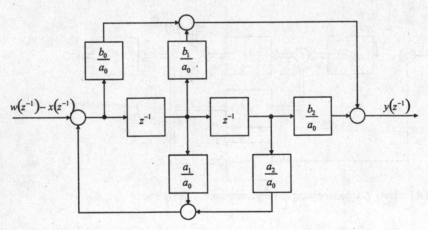

Abb. 2.9 Signalflußplan des Reglers

In Übereinstimmung mit Beispiel 1 ist

$$T = 1{,}5\,\text{ms},$$

$$T_A = 0{,}5 \cdots 2{,}0\,\text{ms}$$

Zur Optimierung nach dem digitalen Betragsoptimum wird Tafel 2.2 angewandt. Für die Regelstrecke

$$G_S(p) = \frac{V_S}{pT_0(1+pT_1)} \cdot \frac{1-e^{-pT}}{pT} \text{ mit}$$

$$T_0 = T_2 = T_M = \frac{J \cdot \Omega_0}{M_{St}}; \quad T_1 = T_A$$

wird mit Tafel 2.2

$$G_S(z) = \frac{V_S \cdot a(z+b)}{(z-1)(z-e^{-T/T_A})} \text{ mit}$$

$$a = \frac{T}{T_2}\left(1-e^{-T/T_1}\right)\left(1-\frac{T}{T_1}\right) \text{ und } b = \frac{T_1}{T-T_1}$$

Für optimale Einstellung ergibt sich nach Tafel 2.2

$$V_S \cdot V_{Ropt} = \frac{\left(1+e^{-T/T_1}\right)^2 - 4e^{-T/T_1}}{a\left[\left(1+e^{-T/T_1}\right)(1-b)+4b\right]}$$

Der betragsoptimal angepaßte Regler ergibt sich zu

$$G_R(z) = V_R = \frac{\left(1+e^{-T/T_1}\right)^2 - 4e^{-T/T_1}}{V_z\left[\left(1+e^{-T/T_1}\right)(1-b)+4b\right]} = 0{,}4319 \text{ mit}$$

$$V_z = V_S \cdot \frac{T}{T_0}\left(1-e^{-T/T_1}\right)\left(1-\frac{T_1}{T}\right)$$

Zur Reglereinstellung auf endliche Einstellzeit wird ein Minimalformregler nach Gleichung (2.38) verwendet. Mit

$$Z_S = \frac{1}{z}\left[T_A\left(1-\frac{1}{z}\right)(\lambda-1)+T\left(1-\frac{\lambda}{z}\right)\right] \cdot \frac{1}{T_0 T} \text{ und}$$

$$N_S = \left(1-\frac{1}{z}\right)\left(1-\frac{\lambda}{z}\right)$$

erhält man für den Regler in Normalform

$$a_0 = V_S \frac{1-\lambda}{T_0} = 0{,}777; \; a_1 = V_S \frac{1-2\lambda}{T_0} = 0{,}554 \text{ und}$$

$$b_0 = 1; \; b_1 = -\lambda = -0{,}2231$$

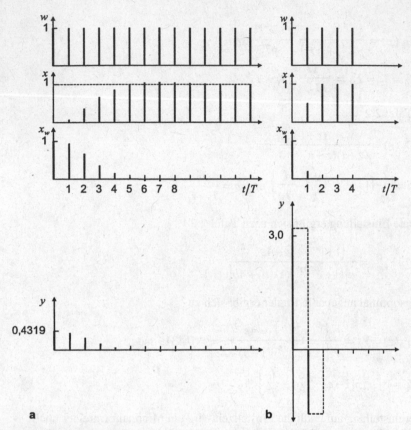

Abb. 2.10 Signalverläufe des Reglers auf endliche Einstellzeit. **a** Reglereinstellung nach dem Betragsoptimum für digitale Systeme; **b** Reglereinstellung auf endliche Einstellzeit

Abb. 2.10 zeigt die Signalverläufe der Reglereinstellungen nach dem Betragsoptimum (Abb. 2.10 a) und für endliche Einstellzeit (Abb. 2.10 b). Während der auf endliche Einstellzeit entworfene Regler nach zwei Abtastschritten die Regelabweichung x_w vollständig abbauen kann, benötigt der betragsoptimal eingestellte Regler wesentlich mehr (genau genommen unendlich viele) Abtastschritte, um die Regelabweichung abzubauen. Beim betragsoptimal eingestellten Regler zeigt die Regelgröße x ein Überschwingen von 4,1% auf. Der auf endliche Einstellzeit eingestellte Regler erreicht die Stellgröße eine größere Amplitude als der betragsoptimal eingestellte Regler.

3 Hard- und Softwarerealisierung digitaler Regler

Die Realisierung digitaler Regler beinhaltet den Entwurf einer den Qualitäts- und Preisvorstellungen für den Antrieb entsprechenden Hardware und die softwaremäßige Umsetzung der Algorithmen auf der entworfenen Hardware. Zu den Algorithmen gehören vor allem die Echzeit-Regelungen, die technologischen Regelungen, die Überwachungsaufgaben, die Bedienoberfläche sowie die Kommunikation mit übergeordneten Ebenen. Die beiden Aufgaben beeinflußen sich gegenseitig, z.B. eine gute Hardwarerealisierung würde in vielen Fällen sehr helfen, die Softwarerealisierung zu erleichtern.

Beim Hardware-Design kommt es vor allem darauf an, zunächst den richtigen Mikroprozessor bzw. die richtige Kombination von Mikroprozessoren sowie die richtigen Peripheriekomponenten zu wählen und dann diese Elemente richtig miteinander zu einer funktionierenden Einheit zu kombinieren. In diesem Kapitel werden Informationen geliefert, die eine Entscheidung bei der Wahl erleichtern, und Punkte diskutiert, die beim Design beachtet werden müssen.

Bei der Software-Realisierung muß als erstes die Frage der Softwarestruktur, der die Algorithmen zugrunde liegen, geklärt sein. Anhand der Hardware mit dem gewählten Prozessor bzw. der gewählten Prozessorkombination kann eine Entscheidung über die Werkzeuge zur Software-Erstellung getroffen werden.

3.1 Hardwarerealisierung

3.1.1 Überblick

Die Hardware - oft auch als Regel- oder Informationselektronik (IE) bezeichnet - enthält zwei Teile:

- im Kern einen oder zwei Mikroprozessoren (μP) zur Durchführung der Antriebsregelungen, zur Steuerung der Bedienung und der Kommunikation.
- eine entsprechende Peripherie zur Ankopplung des Reglers an den technologischen Prozeß und zur Kommunikation mit den übergeordneten Prozeßebenen.

Bei den Reglern, wo die IE hauptsächlich die Regelaufgaben und nur in geringem Umfang die Kommunikation mit dem Umfeld übernehmen soll, wird ein Einprozessor-System bevorzugt. Wenn der Regler nicht nur die Echtzeit-Regelaufgaben, sondern auch die technologischen Aufgaben, durchzuführen hat und gleichzeitig in einen automatisierten technologischen Prozeß - z.B. Feldbusankopplung, Bedien-oberfläche usw. - voll integrierbar sein muß, kommt eine Doppeltprozessor-Konfiguration vorteilhafter zum Einsatz. Der starke Preisverfall bei gleichzeitigem Zuwachs an Rechenleistung bei den Prozessoren in den letzten Jahren ermöglicht die kostengünstige Realisierung solcher Doppelprozessor-Systeme.

Wenn eine Doppelprozessor-Konfiguration in Frage kommt, dann muß einer der beiden Prozessoren zur Reduzierung der gesamten Kosten weitgehend die Aufgaben der Peripherie - z.B. Modulation, A/D-Converter usw. - übernehmen können. D.h. ein Mikrocontroller (µC) soll eingesetzt werden. In diesem Fall könnte die Hardwarestruktur wie im Bild 3.1 aussehen

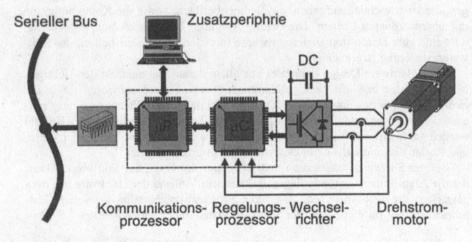

Abb. 3.1 Die hardwaremäßige Struktur eines Antriebsreglers

Als Antriebsregler muß die Hardware unbedingt folgende Peripheriekompo-nenten enthalten:

- PWM-Einheiten (abgekürzt von Puls Width Modulation) zur Realisierung von Raumzeiger- bzw. von Vektormodulation mit der bestmöglichen Zeitauflösung.
- mindestens zweikanalige Stromistwert-Erfassung mit der Auflösung 10...12 Bit. Für hochwertige Antriebe müsste unbedingt 12-Bit-ADC sein.
- Drehzahlistwert-Erfassung mit Inkrementalgeber (IGR) oder Resolver.
- Erfassung der Zwischenkreisspannung mit 10...12-Bit-ADC
- Zusatzelektronik zur Feldbus-Ankopplung, zur Schutz- und Überwachung der Leistungselektronik und des Motors. Diese Komponenten sind allerdings nicht Gegenstand des Kapitels.

3.1.2 Realisierung des Rechnerkerns

Folgende Mikroprozessoren bzw. Mikrocontroller werden wegen des günstigen Preis-/Leistungsverhältnisses z.Z. in der Antriebstechnik am meisten eingesetzt.

- Mikrocontroller von Siemens: SAB 80C166, SAB C167.
- Digitale Signalprozessoren (DSP) von Texas Instruments: TMS 320C25, TMS 320C32 und TMS 320C240. Dabei ist TMS 320C240 als Mikrocontroller ausgeführt, d.h. ein DSP mit integrierter Peripherie.
- Der VeCon-Chipsatz mit getrenntem digitalem und analogem Chip. Der digitaler VeCon-Chip enthält im Kern eine Doppelprozessor-Konfiguration.
- Mikrocontroller von NEC: µPD78365/366
- Prozessorsatz von Analog Devices: ADSP-2100, ADMC200/205.

Da nur ein bestimmter Anwenderkreis, der am VeCon-Projekt beteiligt war, das Recht zum Einsatz des VeCon-Chipsatzes besitzt, wird diese Lösung hier nicht weiter behandelt. Ebenfalls wird der Prozessorsatz von Analog Devices nicht behandelt, weil er allein noch keine geschlossene Reglerlösung ermöglicht und in Kombination mit anderen Prozessoren keine weiteren Vorteile bringt.

Sollte ein Einprozessorsystem realisiert werden, so kommt jeder der o.g. µC's zur Disskusion. Neben dem Preis sollten folgende Gesichtpunkte zur Wahl berücksichtigt werden.

1. *Die PWM-Einheit*: die Modulationsarten und vorallem die Zeitauflösung, die für die Genauigkeit der Spannungsausgabe wichtig ist. Wenn eine Zeitauflösung von 400ns bei 1kHz-Pulsfrequenz einer Spannungsauflösung von ca. 0,3V entspricht und deshalb als gut gilt, gilt sie mit der Spannungsauflösung von 3,0V bei 10kHz-Pulsfrequenz als zu grob. Für hochwertige Antriebsregler mit Pulsfrequenz $\geq$10kHz ist z.Z. die Zeitauflösung von 50ns der Standard. Bei höheren Pulsfrequenzen ist eine kleinere Zeitauflösung als 50ns jedoch vorteilhafter, was momentan mit den prozessorinternen PWM-Einheiten der auf dem Markt verfügbaren µC's noch unmöglich ist. Bei vielen Anwendungen mit langsameren Schaltern ist noch die Frage relevant, ob aufgrund der Struktur der PWM-Einheiten die Halbleiterventile des Wechselrichters auch getrennt oder nur gepaart ansteuerbar sind. Die für die Ventile getrennte Ansteuerbarkeit ermöglicht eine einfache, softwaremäßige Kompensation der Schutzzeiten.

2. *Die ADC:* die Analog/Digital-Converter werden für die Erfassung der zwei statorseitigen Phasenströme und der Zwischenkreisspannung U_{zk} - insgesamt also drei Kanäle - benötigt. Im Fall, daß ein Resolver zur Drehzahlmessung zum Einsatz kommt, müssen noch zwei Kanäle für die Sin-/Cos-Signale vorgesehen werden. Alle verfügbaren µC's bieten intern nur 10-Bit-ADC mit unterschiedlichen Kanalzahlen und fast gleichen Umwandlungszeiten an. Während die 10-Bit-Auflösung für die U_{zk}-Erfassung völlig ausreicht, muß für die Erfassung der Resolver-Signale unbedingt die 12-Bit-Auflösung eingesetzt werden. Für den Strom ist es allerdings unterschiedlich und kann eine Auflösung im Be-

reich 10...12 Bits zum Einsatz kommen. Wenn man das Vorzeichen-Bit berücksichtigt, dann beträgt die effektive Auflösung für die Stromamplitude nur
noch 9...11 Bits. Werden zur Stromerfassung z.B. die prozessorinternen ADC's
eingesetzt, beträgt die Stromauflösung für einen 10kVA-Motor ca. 42mA, was
vernünftig ist. Bei einem 200kVA-Motor beträgt sie aber ca. 837mA., was
nicht unbedingt als akzeptabel gilt. Für Servoanwendungen, wo die Drehmo-
mentwelligkeit eine wichtige Rolle spielt, ist allerdings eine Auflösung von 12
Bit unbedingt zu empfehlen. Es werden also im maximalen Fall fünf Kanäle
benötigt. Hier muß man genau überlegen, wie weit die prozessorinternen
ADC's nutzbar sind und ob externe ADC's zusätzlich benötigt werden. Auch
wenn externe ADC's zur Stromerfassung zum Einsatz kommen, können die
internen zu anderen Zwecken sinnvoll verwendet werden, z.B. für zusätzliche
analoge Sollwert-Eingänge, was bei den modernen Antriebsreglern nicht selten
der Fall ist. Für die Stromregelung ist die Möglichkeit zur zeitgleichen Erfassung der beiden Phasenströme äußerst wichtig. Deshalb sind zwei getrennte
ADC's vorteilhafter als ein mehrkanaliger ADC. Dies gilt auch im Fall des Re-
solvereinsatzes, wo zwei Resolversignale zeitgleich zu erfassen sind.

3. *Die Drehzahlerfassung:* Da bei einem Resolver-Einsatz sowieso externe
   ADC's eingesetzt werden, sollen bei einem IGR-Einsatz Überlegungen gemacht werden, ob der in Frage kommende µC die Möglichkeit zur Erfassung
   der IGR-Signale unterstützt. Zu diesem Zweck werden die Capture-Einheiten
   benötigt. Sollte bei sehr langsamen Drehzahlen eine vernünftige Drehzahlge-
   nauigkeit erreicht werden, muß geprüft werden, ob mit den vorhandenen Registern - z.B. CAP/COM bei SAB 80C166, SAB C167, oder IGR-Interface bei
   TMS 320C240 - eine Pulsbreiten- bzw. eine Zeitmessung machbar ist.

4. *Die Prozessorstruktur und die Rechengeschwindigkeit:* Diese beiden Fragen
   sind ineinander verwurzelt und nur bedingt zu beantworten. Die sehr viel Aufmerksamkeit genießenden Operationen sind die Multiplikation und Division.
   Es werden daher fast immer die Rechenzeiten für diese Operationen angegeben, worauf man schon achten soll. Nun soll man sich die Frage stellen, wie
   und wo z.B. das 32-Bit-Ergebnis einer 16x16-Bit-Multiplikation abgelegt wird.
   Es ist bekannt, daß von dem 32-Bit-Ergebnis meistens nur 16 MSB (most si-
   gnificant bits) weiter verwendet werden. D.h. vor Weiterverwendung muß das
   Ergebnis noch abgeschnitten, gerundet und eventuell geschoben werden. Sollte
   das Ergebnis in zwei separaten 16-Bit-Registern gesichert sein, würde die Zeit,
   bis man das endgültige genaue Ergebnis erhält, das 2- bis 3-fache betragen, im
   Vergleich zu den Zeiten, die in Datenblättern angegeben werden. Hier bieten
   die DSP's Vorteile, weil die 32-Bit-Multikationsergebnisse immer in einem
   einzigen 32-Bit-Akkumulator abgelegt werden, bereiten die Rundung und die
   Schiebung keine Schwierigkeiten mehr. Bei Regelalgorithmen mit mehrfacher
   Multiplikation und Akkumulation spielt diese Frage eine sehr wichtige Rolle.

5. *Das Speicherangebot:* Alle µC's bieten extern einen sehr großen, linearen
   Speicherraum an, so daß für die Antriebsregler diesbezüglich keine Bedenken
   bestehen. Die Frage richtet sich jedoch nach dem On-Chip-Speicher. Für man-
   che Anwendungen könnte der On-Chip-RAM/ROM für Programme und Daten

schon ausreichen, sodaß man auf externe Speicher verzichten dürfte. Nicht zu-
letzt sollte die Frage nach On-Chip-Flash EPROM auch gestellt werden, denn
die damit verbundene Flexibilität kann einiges ersparen.

Die 5 genannten Gesichtspunkte sind die Ausschlaggebenden bei Überlegungen zur
Wahl des geeigneten Prozessors für ein Einprozessorsystem. Die folgende Tabelle
fasst die wichtigsten Merkmale der für die Antriebstechnik interessanten µC's
zusammen.

Tabelle 3.1. Die für Antriebsregler relevanten Merkmale der meist eingesetzten Mikrocontroller

Merkmal	SAB 80C166	SAB C167	TMS 320C240/F240	µPD78365/366
1. Puls Width Modulation	mit CAP/COM-Registern $ZA^{1)}$: 400ns getr. $AS^{2)}$: möglich	mit PWM-Einheit $ZA^{1)}$: 50ns getr. $AS^{2)}$: nicht möglich	mit PWM-Einheit $ZA^{1)}$: 50ns getr. $AS^{2)}$: möglich	PWM-Einheit: vorhanden $ZA^{1)}$: 62,5ns getr. $AS^{2)}$: möglich
2. A/D-Converter	ein 10-kanäliger 10-Bit-ADC $WZ^{3)}$: 9,7µs/Kanal $ZE^{4)}$: nur mit externer Beschaltung möglich	wie beim SAB 80C166	zwei 8-kanäliger 10-Bit-ADC $WZ^{3)}$: 10µs $ZE^{4)}$: für 2 Signale möglich	ein 8-kanäliger 10-Bit-ADC $WZ^{3)}$: 14µs $ZE^{4)}$: nicht möglich
3. IGR-Unterstützung	durch CAP/COM-Einheiten	wie beim SAB 80C166	durch Encoder-Auswerteeinheit	durch Up/Down-Countereinheit
4. Multiplikation und Division	Mult.: 500ns Div.: 1µs $ME^{5)}$ in 2 getrennten Registern abgelegt	wie beim SAB 80C166	Mult.: 50ns Div.: ca. 16×50ns $ME^{5)}$ im 32-Bit-Akkumulator abgelegt	Mult.: 0,88µs Div.: 2,69µs $ME^{5)}$ im 32-Bit-Akkumulator abgelegt
5. On-Chip-Speicher	1kB RAM 32kB Mask ROM oder 32kB Flash ROM oder ROM-less	2kB RAM 32kB Mask ROM oder 32kB Flash ROM oder ROM-less	544 Words RAM 16kW ROM oder 16kW Flash ROM	2kB RAM 32kB ROM oder ROM-less

[1] ZA: Zeitauflösung   [2] getr. AS: getrennte Ansteuerbarkeit der Wechselrichterventile
[3] WZ: Wandlungszeit   [4] ZE: zeitgleiche Erfassung   [5] ME: Multiplikationsergebnis

Für hochwertige Antriebsregler können heute preiswerte und jedoch sehr leistungsfähige Doppelprozessorsysteme entworfen werden. Eine mögliche Kombination zeigt die Abb. 3.2.

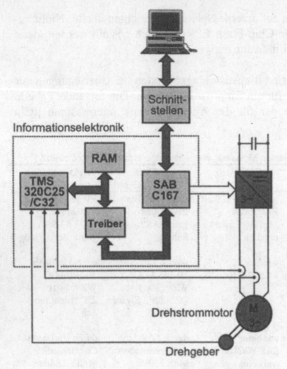

Abb. 3.2 Beispiel einer möglichen Doppelprozessorkonfiguration

In der Doppelprozessorkombination TMS 320C25/SAB C167 übernimmt der µC die Master-Funktion. Die Aufgaben der Prozessoren werden z.B. wie folgt aufgeteilt. Der Controller realisiert in unterschiedlichen Zeitscheiben:

- die Ausgabe der vom DSP berechneten PWM-Schalt-zeiten,
- die Drehzahlmessung im Fall des IGR-Einsatzes,
- die Parametrierung der gewählten DSP-Regelungskonfiguration sowie die Steuerung des DSP und
- sämtliche überlagerte Aufgaben wie: Abarbeitung der technologischen Regelungen, SPS-Funktionen, Schutz- und Überwachung für Motor und Leistungselektronik, Bedienoberfläche, Kommunikation mit dem Umfeld (Feldbus, Bedien-PC, Handeingabegerät, Klemmenleiste usw.).

Der Signalprozessor bearbeitet die Echtzeit-Aufgaben auf der Motorebene. Dazu gehören:

- die Erfassung der Drehzahl beim Resolver-Einsatz, der Zwischenkreisspannung, der Phasenströme sowie deren Verarbeitung,
- die Koordinatentransformationen für die Ströme und Spannungen,
- die Abarbeitung der vektoriellen Stromregelung und der Flußregelung,

- die Berechnung der Vektormodulation,
- die Berechnung des Rotorflusses mit Hilfe eines Flußmodells oder eines Fluß-beobachters und die Berechnung des Feldwinkels,
- die Berechnung des Kalman-Filters oder der anderen Algorithmen zur drehsen-sorlosen Regelung,
- die drehmomentoptimale Zustandssteuerung bzw. die Vorgabe des Rotorfluß-Sollwertes und
- die on-line-Identifikation sowie die adaptive Nachführung der wichtigen Mo-torparameter.

Im Fall einer komplexeren Identifikation und Adaption können sich die beiden Prozessoren sehr gut ergänzen. Mit dieser Konfiguration können die umfangrei-chen Echtzeitaufgaben innerhalb einer kleinen Abtastzeit von 100...200µs pro-blemlos bewältigt werden.

Die oben erwähnten Mikroprozessoren haben eine Festkomma-Arithmetik. Im großen Leistungsbereich (ab einige Hundert kW aufwärts), wo die Motordaten (Widerstände, Induktivitäten) nur sehr kleine Werte aufweisen und damit Über-laufgefahr besteht, können leistungsfähige, jedoch sehr preiswerte Fließkomma-DSP wie TMS 320C32 vorteilhaft eingesetzt werden. Mit dem Einsatz dieses Signalprozessors sind nicht nur höhere Genauigkeit im Fall großer Antriebslei-stung, sondern auch Effizienz bei Software-Entwicklung sowie der Zugang zur Industriereife für intelligente Algorithmen wie Kalman-Filter, drehzahladaptiver Beobachter, zu erwarten.

3.1.3 Realisierung der Peripherie

Die Peripherie erfüllt vor allem zwei Aufgaben:

- die Vektormodulation und damit die Pulsung des Wechselrichters,
- die Erfassung der verschiedenen Istwerte.

Da die Erfassung der Istwerte durch die Meßabtastung aktiviert wird, und die Modulation bzw. die Pulsung die Ausgangswerte der Regelung in die physikali-schen Stellgrößen für die Maschinen umsetzt, ist eine *strenge Synchronisation zwischen Regelung, Meßabtastung und Pulsung* notwendig. Diese Synchronisation ermöglicht eine systemgerechte Funktionsweise der gesamten Hardware.

Zur Erläuterung dient die Abb. 3.3 mit den typischen Signalen des Beispiels aus der Abb. 3.2. Hardwaremäßig wird der Regler zentral durch einen Systemtakt bzw. einen Synchronpuls gesteuert, der im o.g. Beispiel jeweils beim 2.Puls gleichzeitig die Stromabtastung auslöst. Während der Wandlungsphase HOLD vom ADC kann z.B. der µC SAB C167 (siehe Abb. 3.2) auf den DSP-RAM zu-greifen, um sich die neuen Ventilschaltzeiten für die Modulation und andere Er-gebnisse zu holen. Nach dieser Phase fängt die Rechenphase XF der neuen Ab-tastperiode an. Die Synchronpulse bewirken zugleich mit Hilfe der PWM-

Einheiten die Übergabe bzw. die Übernahme der neuen Schaltzeiten für die Wechselrichteransteuerung, deren Signale etwa wie in Abb. 3.3 aussehen. Im folgenden werden die Wirkungsweisen der Peripheriekomponenten im Rahmen dieser Synchronisation näher erläutert.

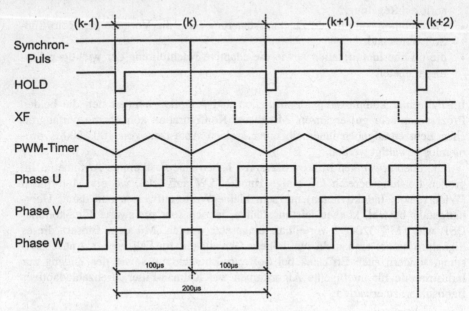

Abb. 3.3 Beispiel einer systemgerechten Synchronisation zwischen Regelung, Pulsung und Meßabtastung

(k-1), (k), (k+1), (k+2)	Abtastperioden der Regelung
Synchron-Puls	Systemtakt und Meßanstoß für den ADC
HOLD	Wandlungsphase vom ADC
XF	Rechenphase des Reglers
PWM-Timer	Inhalt des Modulationszählers
Phase U, V, W	Ansteuersignale für Halbleiterventile

Strukturmäßig kann die interne PWM-Schaltung des µC wie in der Abb. 3.4a dargestellt werden, wobei die Zuordnung von den Registern zu den entsprechenden Ventilzweigen eindeutig zu erkennen ist. Der Synchronpuls bewirkt die Übernahme der im RAM gespeicherten Schaltzeiten durch die Pulsweiten-Register PW0, PW1 und PW2. Die Inhalte von den Zählern PT0, PT1, PT2, deren Zähl- bzw. Pulsperioden schon während der Initialisierungsphase in die Periodenregister PP0, PP1 und PP2 geladen worden sind, werden beim Vor-/Rückwärtszählen mit den Inhalten von PW0, PW1 und PW2 verglichen. Bei Gleichheitsereignissen bewirken die Comparatoren die Umschaltung der die Ventile ansteuernden Ports POUT0, POUT1 und POUT2.

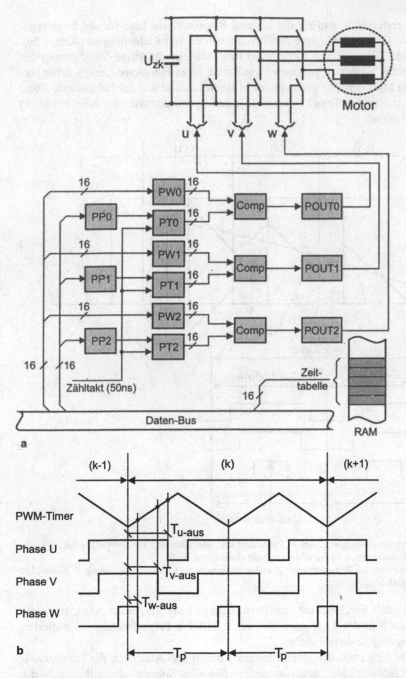

Abb. 3.4 a Die vereinfachte Darstellung der Ankopplung: PWM-Einheit/Wechselrichter/Motor; **b** Die Ansteuersignale; PPx: Period Register, PTx: Up/Down Counter (PWM-Timer), PWx: Pulse Width Register, Comp: Comparator, POUTx: Output Port

Es ist verständlich, daß für die innerste Regelschleife, also für die Stromregelung, nur die Grundschwingung des Stromistwertes von Bedeutung ist (Abb. 3.5a). Um ein zusätzliches Filtern zu ersparen bzw. um eine unnötige ·Verzögerung der Istwerte durchs Filtern zu vermeiden, muß man beim Hardware-Design dafür sorgen, daß die Meß-Anstöße genau in der Mitte der Nullzeiten der Pulsperiode (dazu Abb. 3.5b) stattfinden. Dies kann mit Hilfe des Synchronpulses aus Abb. 3.3 leicht realisiert werden.

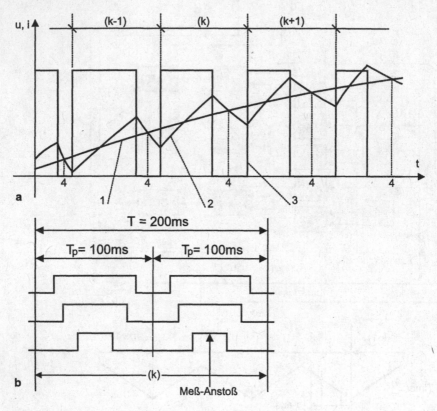

Abb. 3.5 Zur Synchronisation zwischen Systemtakt und Meßabtastung zur Stromerfassung. **a** Spannungs- und Stromsignale; **b** Meßanstöße innerhalb einer Pulsperiode.
1: Grundschwingung des Phasenstromes; 2: realer Phasenstrom; 3: gepulste Spannung; 4: Zeitpunkte der Strom-Meßanstöße

Im Fall, daß ein Resolver zur Drehzahlerfassung eingesetzt wird, muß die Hardware auch in der Lage sein, die mit 2...10kHz-Trägerfrequenz modulierten Sin-/Cos-Signale zu demodulieren.

Die Abb. 3.6a zeigt den mechanischen Aufbau und Abb. 3.6b die Ersatzschaltung des Resolvers. Die auszuwertenden Sin-/Cos-Signale, die z.B. durch die 10kHz-Erregung erzeugt werden und deren Hüllkurven die Information über die Lage der Motorwelle enthält, sind in Abb. 3.6c dargestellt. Der Ausschnitt in der

Abb. 3.6c zeigt deutlich, daß man die Demodulation einfach realisieren kann, wenn beim Hardware-Design eine strenge Synchronisation zwischen:

- der Erzeugung des Träger- bzw. Erregungssignals und
- dem Systemtakt bzw. dem Synchronpuls

gewährleistet wird. Sollte die Erregung mit Hilfe einer CAP/COM-Einheit des Controllers erfolgen, dann können die Phasen- und Amplitudenabweichung - z.B. durch Erwärmung oder lange Leitung verursacht - softwaremäßig kompensiert werden.

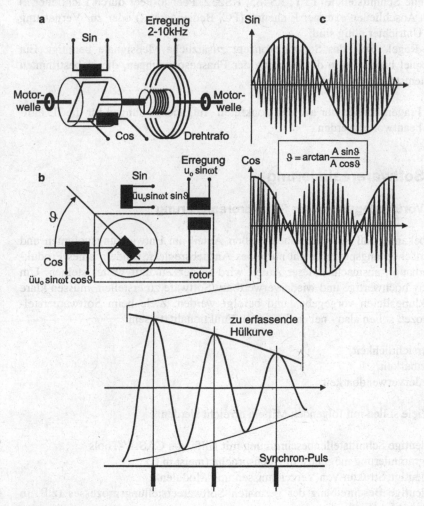

$$\vartheta = \arctan\frac{A\sin\vartheta}{A\cos\vartheta}$$

Abb. 3.6 Zur Synchronisation zwischen Systemtakt und Meßabtastung. **a** mechanischer Aufbau des Resolvers; **b** Ersatzschaltung des Resolvers; **c** zu erfassende Sin-/Cos-Signale mit einem vergrösserten Ausschnitt der Hüllkurve

Bisher werden die antriebsspezifischen Peripheriekomponenten der Information-selektronik behandelt. In der Funktion als intelligenter Actuator in einem automatisierten Prozeß benötigte der Regler jedoch noch einiges mehr an Peripherie, die der Hardware-Entwickler in dessen Design-Phase unbedingt berücksichtigen muß. Es soll überlegt werden, ob:

- zusätzliche analoge oder digitale Ein-/Ausgänge benötigt werden. Dies führt zum Einsatz von zusätzlichen A/D- und D/A-Convertern.
- der technologische Prozeß eine Feldbusankopplung (Profibus, InterbusS, CAN-Bus...) verlangt, was heute fast unverzichtbar ist.
- serielle Schnittstellen (TTY, RS485, RS232, Peer-to-Peer durch Lichtleiter...) zum Anschließen externer Einheiten (PC, Bediengerät...) oder zur Vernetzung der Umrichter nötig sind.
- das Regel- bzw. das Softwarekonzept zusätzliche Meßsignale benötigt. Ein Beispiel hierfür wäre die Messung der Phasenspannungen, die in bestimmten Systemstrukturen sinnvoll wären.

Solche Fragen können nur aus den konkreten Aufgabenstellungen für die IE individuell beantwortet werden.

3.2 Softwarerealisierung

3.2.1 Vorüberlegungen zur Softwarerealisierung

Es ist bekannt, daß Software einen großen Anteil am Entwicklungsvolumen und am Wertschöpfungsprozeß nicht nur eines Antriebsreglers, sondern eines Produktes überhaupt, ausmacht. Dieser Anteil wird in der Zukunft weiter steigen. Um qualitativ hochwertige und wiederverwertbare Software zu erstellen, müssen klare Entwicklungslinien vorgegeben und befolgt werden. Ziele beim Softwareerstellungsprozeß sollen also - neben der reinen Funktionalität - sein:

- Übersichtlichkeit,
- Wartbarkeit,
- Wiederverwendbarkeit.

Diese Ziele sollen mit folgenden Mitteln erreicht werden:

- eindeutige Schnittstellenbeschreibung mit Hilfe von CASE[1]-Tools
- Programmierung möglichst in Hochsprache (meist in C)
- eindeutige Struktur von Verzeichnissen und Modulen
- eindeutige Beschreibung des gesamten Softwareerstellungsprozesses (z.B. in einem „Makefile")

---

[1] computer-aided software engineering

Es wird also generell ein Regelwerk benötigt, das die Richtlinien vorgibt und im wesentlichen folgende Vorschriften enthält:

1. Vorschrift zu den Entwicklungsphasen

Die Entwicklung durchläuft üblicherweise folgende Phasen:

- *Erstellung eines Lastenhefts* durch eine zentrale Stelle (z.B. Vertrieb). Das Lastenheft enthält die Anforderungen an das zu entwickelnde Produkt.
- *Erstellung eines Pflichtenhefts*, die praktisch als Antwort auf das Lastenheft gilt. Es wird klar gestellt, wie die Anforderungen des Lastenhefts erfüllt werden sollen.
- *Konzept-, Systemanalyse:* In der Konzeptphase wird die beabsichtigte Realisierung detailliert beschrieben. Die Beschreibung erfolgt durch Funktionspläne, Programmablaufpläne mit Hilfe grafischer Mittel (z.B. ABC FlowCharter und DESIGNER von Micrografx) und CASE-Tools. Das Konzept ist zugleich ein Teil der Dokumentation.
- *Modulspezifikation:* Die Modulspezifikation beschreibt die Funktion des Moduls in Form eines beschreibenden Struktogramms, das mit Hilfe z.B. von CASE-Tools erstellt wird.
- *Implementierung, Modulaufbau:* Wegen der Wartbarkeit wird unabhängig davon, in welcher Programmiersprache (neben C ist für zeitkritische und hardwarenahe Softwareteile auch Assemblerprogrammierung möglich) das Modul erstellt worden ist, klar geregelt, wie das Modul aufzubauen ist. Diese Regelung muß bei der Implementierung konsequent befolgt werden.
- *Modultest:* Jedes Modul wird nach der Erstellung einem Komplett-Test unterzogen. Der Modultest kann je nach Anwendungsfall mit unterschiedlichen Hilfsmitteln ausgeführt werden (PC-Entwicklungsumgebung mit Testprogramm, Debugger, Emulator, hardware-in-the-loop-Test usw.).
- *Qualifikationstest:* In dieser Phase sollen nicht die einzelnen Programmpfade (dies gehört zum Modultest), sondern *die ganzheitliche Funktion* eines Funktionsmoduls innerhalb der durch Lastenheft, Pflichtenheft und der zugrundeliegenden Normen vorgegebenen Grenzen geprüft werden. Es handelt sich dabei um eine Art „black-box-Test".

2. Datei- und Symbolverwaltung

Es handelt sich hierbei um eine Vorschrift zur übersichtlichen Verwaltung des Softwareprojekts. Die Vorschrift enthält im Kern folgende Punkte:

- *Verzeichnisstruktur im PC:* z.B. SRC für Source-, OBJ für Objekt- oder DOC für Dokumentationsdatei.

- *Dateinamen:* Die Konventionen zur Namengebung für die Dateien werden definiert. Die Namen sollen möglichst deutlich auf die Art und Funktion der Datei hinweisen.
- *Symbolnamen:* Die Konventionen zur Namengebung für die Variablen, Konstanten und Funktionen werden definiert. Bei Variablen soll z.B. eine Konvention gefunden werden, die Hinweise gibt: auf den Typ (char, short, long, signed, unsigned, float, double), auf die Bedeutung der Variable (Strom, Spannung, Zeit etc.) und eventuell auf den Ort (in welcher Datei) der Definition und Deklaration.

3. Versionsverwaltung, Generierung

Zusammen mit der definierten Verzeichnisstruktur dient die Vorschrift zur Versionsnumerierung zum Zweck der Weiterentwicklung und des Kundendiensts. Unter Softwaregenerierung wird der Prozeß verstanden, der aus den Quelldateien (Source-Dateien) eine lauffähige Programmversion erstellt. Darin eingeschlossen sind Vorgänge wie Versionsvergleich, Programmumsetzungen, Compilieren, Linken etc.

Zur Generierung wird meist eine Make-Utility verwendet. Damit wird der Softwareerstellungsprozeß eindeutig und nachvollziehbar.

4. Softwaremodulstruktur

Ein einheitlicher Modulaufbau erleichtert die Wartung von Programmen; jeder Programmierer kann sich schnell auch in nicht selbst erstellten Modulen zurechtfinden. Außerdem sollen durch den einheitlichen systematischen Aufbau Fehlermöglichkeiten reduziert werden. Die Struktur könnte z.B. folgende Punkte beinhalten.

- *Datei-/Modul-Identifikation:* Hier sollen Dateiname und Stichwörter (Deskriptoren) zum Modul stehen.
- *Änderungshistorie:* Hier werden z.B. Änderungen im Modul mit Datum, Namen und Änderungsbeschreibung eingetragen.
- *Modulbeschreibung:* Hier steht eine kurze Klartext-Beschreibung des Moduls.
- *Externe Schnittstelle:* Hier sind alle externen Schnittstellen des Moduls aufzuführen. Dazu gehören Include-Dateien (sowohl System-Include-Dateien als auch projektspezifische), Funktionsdeklarationen, Vaiablendeklarationen und Hardwareadressen.
- *Interne Schnittstellen:* Hier sind alle internen Schnittstellen des Moduls aufzuführen. Dazu gehören modulinterne Konstanten, modulinterne Datentypen, modullokale Variablen (C-Schlüsselwort „static"), modullokale Makros und Deklaration der Prototypen für die in diesem Modul definierten Funktionen.

- *Funktionen:* Hier befindet sich in den Funktionen des Moduls der eigentliche Programmcode mit Kommentar. Auch innerhalb der Funktionen ist eine gleichartige Gliederung zu verwenden.

3.2.2 Entwicklungswerkzeuge

Unter Entwicklungswerkzeugen werden hier die Mittel verstanden, die zur Generierung des Programmcodes dienen. Dazu gehören C-Compiler, Assembler, Linker/Locator und eventuell Archiver.

Die meisten C-Compiler übersetzen nach dem ANSI-/K&R[1] -Standard die C-Files auf die Assembler-Sourcefiles, woraus der Assembler die Objektfiles erzeugt. Die Objektfiles werden von dem Linker zu einem einzigen ausführbaren File, dessen Codeteile vom Locator in dem Speicherraum nach einer erwünschten Speicherkonfiguration geordnet werden, zusammengelinkt. Das ausführbare File kann auf einem Emulator mit Hilfe des Debuggers, oder auf dem PC mit einem Simulator, auf die Funktion und auf Fehler getestet werden. Ist der Test abgeschlossen, kann die so erzeugte Software nach einer Hex-Convertierung und mit Hilfe des EPROM-/FlashEPROM-Programmers eingesetzt werden. Der geschilderte Vorgang wird in Abb. 3.7 wiedergegeben. Entsprechend jedem Schritt des Codegenerierungsprozesses - Compilieren, Assemblieren oder Linken/Locaten - stehen möglicherweise unterschiedliche Bibliotheken wie Makro-, Objektsfile- und Runtime-Bibliothek zur Verfügung. In vielen Fällen sind Linker und Locator nicht mehr als getrennte Programme ausgeführt, sondern nur noch als Funktionen zusammen in einem Programm vereinigt. Die Programmierung in C bietet mehrere Vorteile:

- Als eine der meist verwendeten Hochsprachen ermöglicht C eine weitgehende Standardisierung der Softwareentwicklung. Dies ist wichtig für die Softwareverwaltung innerhalb eines Unternehmens.
- Da ANSI-C-Standard im wesentlichen einen Ausbau des K&R-Standards bedeutet und die meisten Compiler nach K&R-Standard arbeiten, gewährleistet der Einsatz solcher Compiler auch eine weitgehende Rückwärts-Kompatibilität, was für die Übernahme alter bewährter Programmodule in die neue Entwicklung als besonders vorteilhaft gilt.
- Eine Codegenerierung mit C ist effektiver als die Assemblergenerierung.
- Innerhalb eines C-Moduls lassen sich auch zeitkritische Programmteile in Assembler integrieren. Dies erweist sich als besonders vorteilhaft, denn bei den Mikrocontrollern lassen sich bestimmte Controllerfähigkeiten nur in Assemblersprache implementieren.

Die erwähnten Komponenten werden meist zusammen mit einem Editor in einer Entwicklungsumgebung integriert. Zu den Entwicklungswerkzeugen gehört außer-

---

[1] Kernighan and Ritchie

dem der Emulator mit Debugger und Simulator zum diagnostischen Test der Software. Zum Schluß wird der generierte Programmcode in das für die Hardware gültige, ladbare Hex-Format mit Hilfe eines Converters konvertiert.

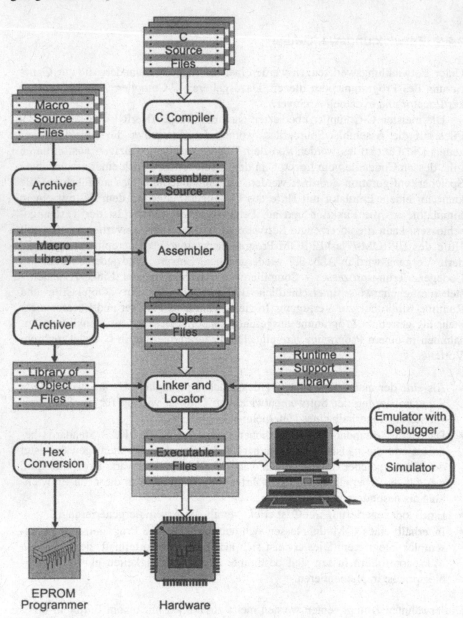

Abb. 3.7 Übersicht über die Werkzeuge zur Softwareerstellung und Ablauf eines intelligenten Codegenerierungsprozesses

3.2.3 Der Weg von den Algorithmen zur Software

In Anlehnung auf die Funktion eines Antriebsreglers müssen folgende Fragen geklärt werden, bevor die Programmierung beginnen kann.

- Anhand der vorgegebenen Regelstruktur müssen als erstes die abzuarbeitenden Rechengleichungen (Algorithmen) mit den dazu gehörigen Prozeßdaten - in diesem Fall z.B. die Motordaten - zusammengestellt werden. Die Motordaten dienen der Parametrierung der Regelungen und müssen eventuell aus den Typenschilddaten näherungsweise berechnet werden.
- Die Algorithmen in Form von physikalischen Gleichungen müssen in eine programmierbare Form mit einheitlosen Variablen und Parametern umgewandelt werden. Dieser Vorgang wird überlicherweise als *Normierung* bezeichnet. Wegen der begrenzten Wortbreite können die Mikroprozessoren nur mit beschränkter Genauigkeit die Daten verarbeiten. Deshalb müssen die *normierten* Variablen und Parameter mit einer der Forderung angepassten Genauigkeit dargestellt werden. D.h. es wird festgelegt, mit welcher Genauigkeit bzw. mit wieviel Stellen nach dem Komma die Variable bzw. der Parameter berechnet wird. Dieser Vorgang wird als *Skalierung*[1] bezeichnet und ist bei den Festkomma-Prozessoren bzw. -Controllern unbedingt erforderlich. Bei den Gleitkomma-Prozessoren[2] muß man diesbezüglich meist nur bei der Konvertierung zwischen den Datentypen berücksichtigen.
- Die Umsetzung der Regelschleifen muß anhand eines Programmablaufplans übersichtlich beschrieben werden.
- Die Regelaufgaben werden auf Haupt- und Interruptsprogramme, d.h. auf Tasks für unterschiedliche Zeitscheiben und für unterschiedliche Prioritäten, aufgeteilt.
- Die nötigen Bibliotheksprogramme werden festgelegt. Für die innerste Regelschleife sind unter anderem Unterprogramme zur Initialisierung der Sinus-, Arkustangens- und Quadratwurzeltabelle, zur 16x32-Bit-Multiplikation, zur Ermittlung der Sinus-/Cosinuswerte (für die Koordinatentransformation) mit Hilfe der Sinustabelle, zur Ermittlung des Winkels (z.B. bei der Auswertung der Resolversignale) mit Hilfe der Arkustangenstabelle, zur Berechnung der Interpolation etc. notwendig.

Beispiel 3   Vorbereitung einer Software-Implementierung

Die Umsetzung der genannten Punkte wird am Beispiel der unterlagerten Stromregelung eines feldorientiert geregelten Asynchronantriebs (Abb. 3.8) demonstriert. In diesem Beispiel wird die Frage der Bibliotheksprogramme als bekannt und

---

[1] Die Begriffe *„Normierung"* und *„Skalierung"* werden in der Praxis sehr oft verwechselt und falsch verwendet

[2] z.B. beim Digitalen Signalprozessor TMS 320C32 von Texas Instruments

gelöst betrachtet, sodaß solche Probleme wie Anschaffung der Motordaten, die Normierung und Skalierung der zu programmierenden Rechengleichungen und der Programmablaufplan im Mittelpunkt der Behandlung stehen.

Beim Stromregler in Abb. 3.8 handelt es sich um einen vektoriellen, vielfach bewährten Mehrgrößenregler (dazu Abschnitt 4), der die moment- und feldbildenden Ständerstromkomponenten quasi verzögerungsfrei einprägt.

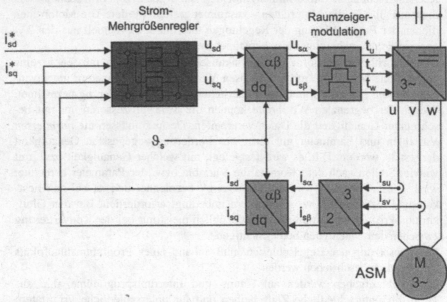

Abb. 3.8   Vektorielle Stromregelung eines feldorientiert geregelten Asynchronantriebs

1) Zusammenstellung der zur Stromregelung gehörigen Gleichungen (dazu Abs. 4)

Ausgangspunkt für den Entwurf des Stromreglers ist die folgende diskrete Stromregelstrecke der ASM.

$$\begin{cases} i_{sd}(k+1)=\Phi_{11}i_{sd}(k)+\Phi_{12}i_{sq}(k)+\Phi_{13}\psi'_{rd}(k)+h_{11}u_{sd}(k) \\ i_{sq}(k+1)=-\Phi_{12}i_{sd}(k)+\Phi_{11}i_{sq}(k)-\Phi_{14}\psi'_{rd}(k)+h_{11}u_{sq}(k) \end{cases} \tag{3.1a,b}$$

$k = 0, 1, 2, ..., \infty$ Abtastzeitpunkte

i_{sd}, i_{sq} feld-/momentbildende Komponenten des Ständerstroms

u_{sd}, u_{sq} Komponenten der Ständerspannung

$\psi'_{rd} = \psi_{rd}/L_m$ rotorseitige Durchflutung, Ersatzvariable für den Rotorfluß

Die Elemente h_{11} der Eingangs-, Φ_{11}, Φ_{12}, Φ_{13} und Φ_{14} der Transitionsmatrix des diskreten ASM-Modells werden mit folgenden Formeln berechnet.

$$h_{11} = \frac{T}{\sigma L_s}; \ \Phi_{11} = 1 - \frac{T}{\sigma}\left(\frac{1}{T_s} + \frac{1-\sigma}{T_r}\right); \ \Phi_{12} = \omega_s T$$

$$\Phi_{13} = \frac{1-\sigma}{\sigma}\frac{T}{T_r}; \ \Phi_{14} = \frac{1-\sigma}{\sigma}\omega T \tag{3.2}$$

T, T_s, T_r	Abtastperiode, Stator-, Rotorzeitkonsante
ω, ω_s	mechanische, ständerfrequente Winkelgeschwindigkeit
L_s, L_r, L_m	Stator-, Rotor- und Koppelinduktivität
$\sigma = 1\text{-}L_m^2/L_sL_r$	Gesamtstreufaktor

Die Herleitung der Gleichungen ist nicht Gegenstand dieses Abschnittes. Wenn die Regelabweichungen wie folgt definiert sind:

$$x_{wd} = i_{sd}^* - i_{sd}; \ \ x_{wq} = i_{sq}^* - i_{sq} \tag{3.3}$$

hoch gestellter Index „*": Sollwert

kann als erstes der Vektor der Zwischenvariable $\underline{y}(k)$ berechnet werden.

$$\begin{cases} y_d(k) = x_{wd}(k) - \Phi_{11}x_{wd}(k-1) - \Phi_{12}x_{wq}(k-1) + y_d(k-2) \\ y_q(k) = x_{wq}(k) + \Phi_{12}x_{wd}(k-1) - \Phi_{11}x_{wq}(k-1) + y_q(k-2) \end{cases} \tag{3.4a,b}$$

y_d, y_q Komponenten des Vektors $\underline{y}$

Mit $\underline{y}(k)$ kann der neue Spannungsvektor $\underline{u}_s(k+1)$ berechnet werden, wobei (k+1) hier darauf hinweist, daß die jetzt im Takt (k) berechnete Spannung erst im kommenden Takt (k+1) wirksam wird und damit die Rechen- bzw. Wechselrichtertotzeit von einem Takt genau berücksichtigt ist.

$$\begin{cases} u_{sd}(k+1) = h_{11}^{-1}\left[y_d(k) - \Phi_{13}\psi_{rd}'(k+1)\right] \\ u_{sq}(k+1) = h_{11}^{-1}\left[y_q(k) + \Phi_{14}\psi_{rd}'(k+1)\right] \end{cases} \tag{3.5a,b}$$

Die Spannungsberechnung kann zu einem Ergebnis führen, das der Wechselrichter wegen der beschränkten Zwischenkreisspannung nicht realisieren kann. In diesem Fall wird die zu realisierende Spannung - verrechnend auf die Komponenten u_{sd}, u_{sq} - begrenzt. Es entstehen nach der Begrenzung die tatsächlich realisierten Spannungskomponenten u_{sdr}, u_{sqr}. Um die Systemstabilität gewährleisten zu können, müssen die Zwischenvariable $\underline{y}$ und die Regelabweichung $\underline{x}_w$ entsprechend der betragsmäßig verkürzten Spannung korrigiert werden.

$$\begin{cases} y_{dk}(k-1) = h_{11}u_{sdr}(k) + \Phi_{13}\psi_{rd}'(k) \\ y_{qk}(k-1) = h_{11}u_{sqr}(k) - \Phi_{14}\psi_{rd}'(k) \end{cases} \tag{3.6a,b}$$

u_{sdr}, u_{sqr} realisierte Komponenten des Spannungsvektors $\underline{u}_s$
y_{dk}, y_{qk} korrigierte Komponenten der Zwischenvariable $\underline{y}$

$$\begin{cases} x_{wdk}(k-1)=x_{wd}(k-1)-h_{11}\left[u_{sd}(k)-u_{sdr}(k)\right] \\ x_{wqk}(k-1)=x_{wq}(k-1)-h_{11}\left[u_{sq}(k)-u_{sqr}(k)\right] \end{cases} \qquad (3.7a,b)$$

x_{wdk}, x_{wqk} korigierte Komponenten des Vektors der Regelabweichung $\underline{x}_w$

2) Berechnung der für die Reglerparametrierung notwendigen Motordaten

Die nötigen Motordaten werden meist aus dem Typenschild näherungsweise er-
rechnet. Nur in seltenen Fällen werden die Daten durch Messungen ermittelt. Damit werden die Regler parametriert. In einer anschließenden Initialisierungsphase
kann die Genauigkeit dieser Daten durch eine *off-line-Identifikation* verbessert
werden. Bestimmte Daten - wie z.B. die Rotorzeitkonstante, der Ständerwiderstand
und die Hauptinduktivität - können je nach Bedarf während des Betriebs mit Hilfe
einer *on-line-Identifikation* zusätzlich nachgeführt werden. Von einem ASM-
Typenschild sind üblicherweise folgende Daten abzulesen:

- effektive, verkettete Nennspannung U_N in   [V]
- effektiver Nennstrom I_N [A]
- Nennleistung P_N [kW]
- Nennfrequenz f_N [Hz]
- Nenndrehzahl n_N [Umin^{-1}]
- Leistungsfaktor $\cos\varphi$

Ausgangspunkt für die Berechnung ist die folgende stationäre Gleichung der ASM.

$$\underline{u}_s = R_s \underline{i}_s + j\omega_s\sigma L_s \underline{i}_s + \underline{e}_g \qquad (3.8)$$

R_s Ständerwiderstand
$\underline{e}_g$ intern induzierte EMK bzw. Gegenspannung

wobei gilt:

$$\underline{e}_g = j\omega_s \frac{L_m^2}{L_r} \psi'_{rd} = j\omega_s(1-\sigma)L_s\psi'_{rd} \qquad (3.9)$$

Die Berechnung erfolgt in folgenden Schritten. In jedem Schritt wird gleichzeitig
die Herleitung der endgültigen Formeln angegeben.

1.Schritt: Berechnung des feldbildenden Stromes I_{sdN} im Nennarbeitspunkt
(1) Nennleistung P_N des Motors: $P_N = 3U_{Phase}I_{Phase}\cos\varphi$

(2) Amplitude des Nennstroms I_{sN}: $\qquad I_{sN} = \sqrt{2}I_N = \sqrt{I_{sdN}^2 + I_{sqN}^2}$

(3) Impedanz Z_N einer Motorphase: $\qquad Z_N = U_{Phase}/I_{Phase}$

(4) angenäherter Rotorwiderstand R_r: $\qquad R_r \approx sZ_N$

(5) Nennleistung P_N des Motors: $\qquad P_N \approx 3\left(\dfrac{R_r}{s}\right)I_{sqN}^2$

(6) (5) in (4) einsetzen: $\qquad I_{sqN}^2 \approx \dfrac{P_N}{3Z_N}$

(7) (1) in (6) einsetzen: $\qquad I_{sqN}^2 \approx \dfrac{3U_{Phase}I_{Phase}\cos\varphi}{3Z_N}$

(8) (7) in (2) einsetzen: $\qquad I_{sdN} \approx \sqrt{I_{sN}^2 - \dfrac{3U_{Phase}I_{Phase}\cos\varphi}{3Z_N}}$

Mit (8) ergibt sich folgende Näherungsformel für I_{sdN}:

$$I_{sdN} \approx \sqrt{2}I_N\sqrt{1-\cos\varphi} \qquad\qquad (3.10)$$

Im Schritt (5) wird der Verlust über dem Ständerwiderstand ohne Einbuße an Genauigkeit bei der Berechnung der Nennleistung P_N vernachlässigt.

2.Schritt: Berechnung des momentbildenden Stromes I_{sqN} im Nennarbeitspunkt

$$I_{sqN} \approx \sqrt{2I_N^2 - I_{sdN}^2} \qquad\qquad (3.11)$$

3.Schritt: Berechnung der Rotorkreis-Winkelgeschwindigkeit ω_{rN} im Nennarbeitspunkt

$$\omega_{rN} = 2\pi\left(f_N - \frac{z_p n_N}{60}\right) \qquad\qquad (3.12)$$

Die Polpaarzahl z_p ist mit Hilfe von f_N und n_N leicht aus dem Typenschild zu bestimmen.

4.Schritt: Berechnung der Rotorzeitkonstante T_r im Nennarbeitspunkt

$$T_r = \frac{I_{sqN}}{\omega_{rN}I_{sdN}} \qquad\qquad (3.13)$$

5.Schritt: Berechnung der Streureaktanz X_σ im Nennarbeitspunkt

Um $X_\sigma = \omega_s \sigma L_s$ näherungsweise zu berechnen, wird der Ständerwiderstand R_s mit der Begründung vernachlässigt, daß im Nennpunkt, wo die Ständerfrequenz den Nennwert annimmt, der Spannungsabfall über R_s vielfach kleiner ist als der über X_σ. Damit ergibt sich aus Gleichung (3.8) das Zeigerdiagramm in Abb. 3.9, wobei der Vektor des Ständerstroms $\underline{i}_s$ in Komponenten i_{sd}, i_{sq} dargestellt wird.

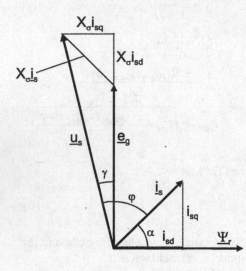

(1) Nennwert der Phasenspannung U_{sN}:

$$U_{sN} = \frac{\sqrt{2} U_N}{\sqrt{3}}$$

(2) Zusammenhänge zwischen α, I_{sdN} und I_{sqN}

$$\sin \alpha = \frac{I_{sqN}}{I_{sN}}; \cos \alpha = \frac{I_{sdN}}{I_{sN}}$$

(3) Zusammenhang zwischen α, γ, φ

$$\gamma = \varphi - \left(90^o - \alpha\right)$$

(4) Berechnung von $\sin \gamma$:

$$\sin \gamma = \sin\left[\varphi - \left(90^o - \alpha\right)\right]$$
$$= \sin \varphi \sin \alpha - \cos \varphi \cos \alpha$$

Abb. 3.9   Zeigerdiagramm zur Berechnung von X_σ

(5) (2) in (4) einsetzen:

$$\sin \gamma = \sin \varphi \frac{I_{sqN}}{I_{sN}} - \cos \varphi \frac{I_{sdN}}{I_{sN}}$$

(6) Aus dem Bild 3.9 ergibt sich:

$$X_\sigma \approx \sin \gamma \frac{U_{sN}}{I_{sqN}}$$

(7) (5) in (6) einsetzen:

$$X_\sigma \approx \left(\sin \varphi - \cos \varphi \frac{I_{sdN}}{I_{sqN}}\right) \frac{U_{sN}}{I_{sN}}$$

Damit ergibt sich die folgende Formel zur Berechnung von X_σ

$$X_\sigma \approx \left(\sin \varphi - \cos \varphi \frac{I_{sdN}}{I_{sqN}}\right) \frac{U_N}{\sqrt{3} I_N} \tag{3.14}$$

6.Schritt: Berechnung der Hauptreaktanz X_h
Die Hauptreaktanz $X_h = \omega_s (1 - \sigma) L_s \approx \omega_s L_s$ ist die Reaktanz mit der EMK $\underline{e}_g$. Im Leerlauf, d.h. $i_{sq} = 0$, ergibt sich aus dem Bild 3.9 die Näherungsformel.

$$X_h \approx \frac{U_{sN}}{I_{sdN}} - X_\sigma = \frac{\sqrt{2} U_N}{\sqrt{3} I_{sdN}} - X_\sigma \tag{3.15}$$

7.Schritt: Berechnung des Ständerwiderstandes R_s

(1) Es wird näherungsweise angenommen: $R_s \approx R_r$

(2) Amplitude der induzierten EMK: $\left| \underline{e}_g \right| = X_h I_{sdN} \approx \dfrac{R_r}{\omega_{rN}/\left(2\pi f_N\right)} I_{sqN}$

Die Näherungsformel lautet dann:

$$R_s \approx R_r \approx \frac{\omega_{rN}}{2\pi f_N} \frac{I_{sdN}}{I_{sqN}} X_h \qquad (3.16)$$

8.Schritt: Berechnung des Gesamtstreufaktors σ und der ständerseitigen Zeitkonstante T_s

(1) Mit Hilfe von X_h und X_σ ergibt sich der Gesamtstreufaktor:

$$\sigma \approx \frac{X_\sigma}{X_h} \qquad (3.17)$$

(2) Die Ständerinduktivität: $\qquad L_s \approx X_h/\left(2\pi f_N\right)$

(3) Die ständerseitige Zeitkonstante:

$$T_s = \frac{L_s}{R_s} \approx \frac{X_h}{2\pi f_N R_s} \qquad (3.18)$$

Mit den bisherigen Ergebnissen ist es nun möglich, nicht nur die Stromregelung, sondern auch Flußmodell und Flußregler, zu parametrieren. Die hergeleiteten Näherungsformeln haben sich in der Praxis mehrfach bewährt.

3) Normierung und Skalierung

Die zum Regler zugehörigen Gleichungen (3.3)...(3.7) sind mit Regelvariablen und Parametern in deren ursprünglich hergeleiteten, physikalischen Form, womit eine Programmierung noch unmöglich ist. Die Aufgabe der *Normierung* besteht darin, diese Variablen und Parameter in einer einheitslosen Form umzuwandeln und damit eine Programmierung möglich zu machen. Stellvertretend für alle möglichen Normierungen wird neben den Gleichungen (3.1a,b) auch die folgende Gleichung zur Berechnung des Feldwinkels ϑ_s aus der Winkelgeschwindigkeit ω_s als Beispiel behandelt.

$$\vartheta_s(k+1) = \vartheta_s(k) + \omega_s(k)T \qquad (3.19)$$

Aus den Gleichungen (3.1a,b) können die ersten Festlegungen gewonnen werden.

- Zu normieren sind die Ströme i_{sd}, i_{sq} und ψ'_{rd}
- und die Spannungen u_{sd}, u_{sq}.
- Von den Parametern sind nur Φ_{11}, Φ_{13} bereits einheitslos. Die restlichen müssen normiert werden.

Zur Normierung der Ströme wird meist der maximale Wechselrichterstrom I_{max} gewählt. Zur Normierung der Spannungen wird ebenfalls die maximale Spannung, die bekanntlich $2U_{zk}^{1)}/3$ beträgt, gewählt. Die Normierungsgröße U_{zk} der Spannungen ist selbst veränderlich und hardwaremäßig auf U_{max} normiert gemessen. Die Gleichungen (3.1a,b) sind völlig identisch mit den folgenden.

$$\begin{cases} \dfrac{i_{sd}(k+1)}{I_{max}} = \Phi_{11}\dfrac{i_{sd}(k)}{I_{max}} + \Phi_{12}\dfrac{i_{sq}(k)}{I_{max}} + \Phi_{13}\dfrac{\psi'_{rd}(k)}{I_{max}} + h_{11}\dfrac{2}{3}\dfrac{U_{max}}{I_{max}}\dfrac{U_{zk}}{U_{max}}\dfrac{u_{sd}(k)}{\frac{2}{3}U_{zk}} \\[3mm] \dfrac{i_{sq}(k+1)}{I_{max}} = -\Phi_{12}\dfrac{i_{sd}(k)}{I_{max}} + \Phi_{11}\dfrac{i_{sq}(k)}{I_{max}} - \Phi_{14}\dfrac{\psi'_{rd}(k)}{I_{max}} + h_{11}\dfrac{2}{3}\dfrac{U_{max}}{I_{max}}\dfrac{U_{zk}}{U_{max}}\dfrac{u_{sq}(k)}{\frac{2}{3}U_{zk}} \end{cases}$$

$$(3.20a,b)$$

Es werden dann in den Gleichungen (3.20a,b) ersetzt.

$$i_{sd}^{N} = \frac{i_{sd}}{I_{max}}; i_{sq}^{N} = \frac{i_{sq}}{I_{max}}; \psi_{rd}^{/N} = \frac{\psi'_{rd}}{I_{max}}; u_{sd}^{N} = \frac{u_{sd}}{\frac{2}{3}U_{zk}}; u_{sq}^{N} = \frac{u_{sq}}{\frac{2}{3}U_{zk}}$$

$$(3.21)$$

$$h_{11}^{N} = k_u U_{zk}^{N}; k_u = h_{11}\frac{2}{3}\frac{U_{max}}{I_{max}}; U_{zk}^{N} = \frac{U_{zk}}{U_{max}}$$

Die Parameter Φ_{12}, Φ_{14} sind frequenzabhängig. Zur Normierung der Frequenzen wird f_{max} (z.B. = 1000Hz) eingesetzt. Anhand der Formel (3.2) kann geschrieben werden.

$$\Phi_{12} = \omega_s T = 2\pi f_{max} T \frac{f_s}{f_{max}} = k_1 f_s^{N}$$

$$\Phi_{14} = \frac{1-\sigma}{\sigma}\omega T = \frac{1-\sigma}{\sigma}2\pi f_{max} T \frac{f}{f_{max}} = k_2 f^{N}$$

$$\text{mit} \begin{cases} f_s^{N} = \dfrac{f_s}{f_{max}}; f^{N} = \dfrac{f}{f_{max}} \\[2mm] k_1 = 2\pi f_{max} T \\[2mm] k_2 = 2\pi f_{max} T \dfrac{1-\sigma}{\sigma} \end{cases}$$

$$(3.22)$$

Die Gleichungen (3.1a,b) können nun in der normierten Form wie folgt angegeben werden, wobei die Konstanten k_u in (3.21), k_1 und k_2 in (3.22) sowie die konstanten Parameter Φ_{11}, Φ_{13} nur am Anfang bei der Initialisierungsphase zu berechnen sind.

---

[1] Zwischenkreisspannung des Wechselrichters

$$
\begin{cases}
i_{sd}^N(k+1) = \Phi_{11} i_{sd}^N(k) + \Phi_{12} i_{sq}^N(k) + \Phi_{13} \psi_{rd}'^N(k) + h_{11}^N u_{sd}^N(k) \\
i_{sq}^N(k+1) = -\Phi_{12} i_{sd}^N(k) + \Phi_{11} i_{sq}^N(k) - \Phi_{14} \psi_{rd}'^N(k) + h_{11}^N u_{sq}^N(k)
\end{cases}
\tag{3.23a,b}
$$

hoch gestellter Index „N": normierte Größen

Die ursprünglichen Gleichungen (3.1a,b) liegen nun in der programmierbaren Form vor, ohne daß deren physikalische Bedeutung verloren geht. Die Spannungen stellen in dieser normierten Form den Aussteuerungsgrad dar, wobei die Berücksichtigung der schwankenden Zwischenkreisspannung U_{zk} in dem wertemäßig online zu aktualisierenden Parameter h_{11}^N enthalten ist.

Um mit Festkomma- bzw. Integer-Arithmetik die maximal mögliche Rechengenauigkeit zu erreichen, werden die normierten Größen (in hexadezimaler Form dagestellt) vor der Berechnung so oft nach links (mit 2 multipliziert) verschoben, ohne daß dabei der Überlauf entsteht. Für normierte Ströme, Spannungen und Frequenzen, die nur noch kleinere Werte als Eins annehmen, kann der Multiplikationsfaktor beim Einsatz von 16-Bit-Festkomma-Prozessoren z.B. 2^{15} betragen. Dieser Vorgang wird gebräuchlich als *Skalierung* bezeichnet. Der Multiplikationsfaktor 2^{15} ist der Skalierungsfaktor, der zugleich die Stellenzahl hinter dem Komma bedeutet. Bei den Parametern, die von der Natur aus schon größer als Eins sind, hat die Skalierung so zu erfolgen, daß die maximale Wortbreite ausgenutzt aber gleichzeitig die Überlaufgefahr vermieden wird. Dies wird am Zahlenbeispiel noch verdeutlicht. Beim Einsatz von Gleitkomma-Prozessoren besteht das Problem grundsätzlich nicht mehr. Nur bei Konvertierungen zwischen Datentypen - z.B. zwischen Integer- und vorzeichenbehafteten Gleitkomma-Zahlen - ist dann diesbezüglich zu beachten.

Ein typisches Beispiel sind die Normierung und Skalierung der Größen innerhalb der Gleichung (3.19), die zunächst wie folgt umgeschrieben werden kann.

$$
\frac{\vartheta_s(k+1)}{2\pi} = \frac{\vartheta_s(k)}{2\pi} + \frac{f_s(k)}{f_{max}} \left(T f_{max} \right)
\tag{3.24}
$$

f_{max} maximale Frequenz

Werden 2π und f_{max} als Normierungsgrößen für Winkel und Frequenz gewählt und folgende Merkmale berücksichtigt, daß

- Frequenz vorzeichenbehaftet (z.B. positiv für Rechtslauf, negativ für Linkslauf) und
- Winkel vorzeichenlos (d.h. nur vorwärts zählend 0, π, 2π, 3π, 4π...)

berechnet werden sollen, dann kommen z.B. bei 16-Bit-Wortbreite 2^{15} für Frequenz und 2^{16} für Winkel als Skalierungsfaktor in Frage. Es ergibt sich aus (3.24).

$$\frac{\vartheta_s(k+1)}{2\pi}2^{16} = \frac{\vartheta_s(k)}{2\pi}2^{16} + \left[\frac{f_s(k)}{f_{max}}2^{15}\right]\left(2Tf_{max}\right)$$

$$bzw.\ \vartheta_s^N(k+1)2^{16} = \vartheta_s^N(k)2^{16} + k_f\left[f_s^N(k)2^{15}\right]$$

(3.25a,b)

In der Gleichung (3.25b) bedeuten:

- $\vartheta^N_s \times 2^{16}$ die Integer-Rechengröße für den Winkel,
- $f^N_s \times 2^{15}$ die vorzeichenbehaftete Rechengröße für die Frequenz und
- $k_f = 2Tf_{max}$ den einmalig bei der Initialisierung zu berechnenden Faktor

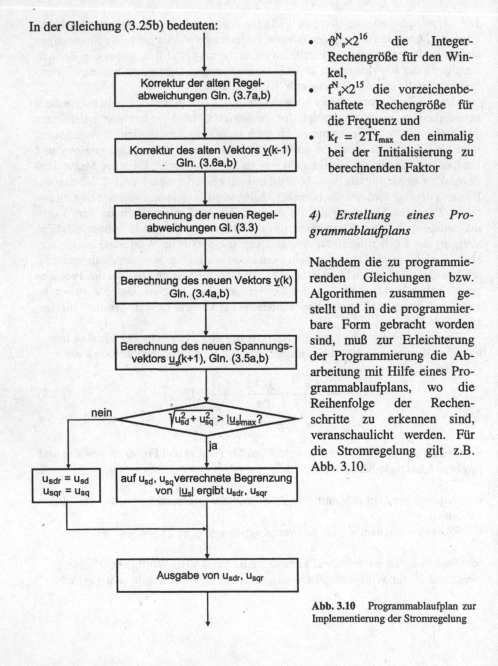

4) Erstellung eines Programmablaufplans

Nachdem die zu programmierenden Gleichungen bzw. Algorithmen zusammen gestellt und in die programmierbare Form gebracht worden sind, muß zur Erleichterung der Programmierung die Abarbeitung mit Hilfe eines Programmablaufplans, wo die Reihenfolge der Rechenschritte zu erkennen sind, veranschaulicht werden. Für die Stromregelung gilt z.B. Abb. 3.10.

Abb. 3.10 Programmablaufplan zur Implementierung der Stromregelung

5) Realisierung der Software

Die gesamte Struktur eines Antriebsreglers betrachtend lässt sich die Software in Tasks (Teilaufgaben) realisieren, die in Bezug auf deren Priorität allgemein wie im Bild 11 spezifizieren lassen. Die Tasks werden grundsätzlich in zwei Kategorien aufgeteilt.

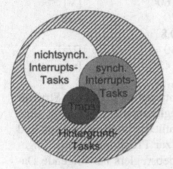

- Zeitlich vordefinierte Tasks: Diese Tasks werden meist als Reaktion auf bestimmte Interrupts-signale realisiert. Es gibt zwei Gruppen:
  - synchronisierte Interrupts-Tasks
  - nicht synchronisierte Interrupts-Tasks
- Zeitlich nicht vordefinierte Tasks:
  - Hardware-Traps
  - Hintergrund-Tasks

Bild 3.11 Spezifikation der Task-Priorität

Synchronisierte Interrupt-Tasks:
Dies ist die wichtigste Tasksgruppe, die die Realisierung sämtlicher Regelaufga-ben - durch den Synchronpuls des Systems (dazu Bild 3.3) direkt oder indirekt ausgelöst - beinhaltet. Diese Tasks werden weiter in Untergruppen für unter-schiedliche Zeitscheiben unterteilt: z.B. 200µs-Zeitscheibe für die Stromregel-schleife und A/D-Wandlungen, 1ms-Zeitscheibe für die Drehzahl-, Fluß- und La-geregelung, 5ms-Zeitscheibe für die technologischen Regler usw.

Nichtsynchronisierte Interrupt-Tasks:
Diese Tasksgruppe wird durch nicht regelmäßige Interrupts, die z.B. bei Aufforde-rung der Peripherie zum Datentransfer oder von Bediengeräten (PC, Handeinga-begerät, Bedienfeld usw.) oder von Schutzüberwachungen hervorgerufen werden, ausgelöst.

Hardware-Traps:
Die Hardware-Traps werden implementiert, um Fehler- und spezielle Systemzu-stände (Software-Reset, Stack-Über-/Unterlauf, ungültiger Word-Operandzugriff usw.) aufzufangen. Die Hardware-Traps sind normalerweise nicht maskierbar und haben die höchste Priorität gegenüber allen Prozessoraktivitäten.

Hintergrund-Tasks:
Die Hintergrund-Tasks nutzen prinzipiell den Rest der verbleibenden Prozessor-Rechenzeit aus. Deshalb werden sie für zeitunkritische Aufgaben implementiert, deren Abarbeitung über längere Zeit dauern darf.

Zahlenwerte zu Beispiel 3

Vorgegeben ist der Asynchronmotor mit Kurzschlußläufer AG 3529273-1 von der Fa. Bauknecht. Das Typenschild dieses Motors enthält folgende Daten:

- Nennleistung P_N 3,5   [kW]
- (verkettete) Nennspannung U_N 160   [V]
- Nennstrom I_N 20   [A]
- Leistungsfaktor $\cos\varphi$ 0,8
- Nennfrequenz f_N 50   [Hz]
- Nenndrenzahl n_N 1420   [min^{-1}]

Um die Software für die Stromregelung zu implementieren bzw. um die Struktur der Stromregelung zu parametrieren, müssen die Reglerparameter bekannt sein. Berechnen Sie anhand dieser Typenschilddaten sämtliche Reglerparameter und Konstanten und bringen Sie sie in die gültige Form zur Programmierung. Angenommen, der Leistungteil (Wechselrichter) des Antriebsreglers hat folgende Daten:

- maximaler Ausgangsstrom I_{max} 90   [A]
- maximale Spannung U_{max} bei U_{zk}-Messung   1000   [V]
- maximale Arbeitsfrequenz f_{max} 1000   [Hz]

Die Abtastzeit T des Reglers beträgt 200μs.

Lösung

Die maximalen Werte des Leistungsteils U_{max}, I_{max} und f_{max} werden als Normierungswerte eingesetzt. Zunächst sollen die Motordaten näherungsweise berechnet werden. Es ergeben sich:

- nach (3.10), (3.11) $I_{sdN} \approx 12,649A$, $I_{sqN} \approx 25,298A$
- aus f_N und n_N $z_p = 2$
- nach (3.12) $\omega_{rN} \approx 2\pi \, [2,666666667Hz]$
- nach (3.13) $T_r \approx 119,367151ms$
- nach (3.14) $X_\sigma \approx 0,9238\Omega$
- nach (3.15) $X_h \approx 9,4043\Omega$
- nach (3.16) $R_s \approx 0,25078\Omega$
- nach (3.17) $\sigma \approx 0,0982276$
- aus X_h und f_N $L_s \approx 29,93477mH$
- nach (3.18) $T_s \approx 119,3671224ms$

Mit Hilfe der ermittelten Motordaten und gleichzeitig nach der Wahl eines geeigneten Skalierungsfaktors können folgende hexadezimale Werte für:

- k_u laut (3.21)   203E hex   (Skalierungsfaktor: 2^{14})
- $1/k_u$ laut (3.21)   0FE0 hex   (Skalierungsfaktor: 2^{11})
- Φ_{11} laut (3.2)   7BD9 hex   (Skalierungsfaktor: 2^{15})
- Φ_{13} laut (3.2)   01F8 hex   (Skalierungsfaktor: 2^{15})
- k_1 laut (3.22)   506D hex   (Skalierungsfaktor: 2^{14})
- k_2 laut (3.22)   5C4A hex   (Skalierungsfaktor: 2^{11})
- k_f laut (3.25a)   3333 hex   (Skalierungsfaktor: 2^{15})

gewonnen werden. Mit Hilfe von hexadezimalen Werten für k_u und dessen Kehrwertes $1/k_u$ können h^N_{11} und $1/h^N_{11}$ bei auf 1000V normiert gemessener U_{zk} on-line nachgeführt werden. Ebenfalls werden die Reglerparameter Φ_{12}, Φ_{14} mit Hilfe von k_1, k_2 on-line berechnet.

4 Drehmomenteinprägung mit Drehfeldmaschinen

4.1 Drehmomentbildung

Die Wirkungsweise einer Drehfeldmaschine beruht auf der Wechselwirkung der von den Wicklungssystemen des Stators und des Rotors aufgebauten Durchflutungen. Wird ein symmetrisches, dreisträngiges Wicklungssystem mit den sinusförmigen Strömen

$$i_a = \hat{i} \cos \omega t \qquad\qquad (4.1)$$
$$i_b = \hat{i} \cos(\omega t - 120°)$$
$$i_c = \hat{i} \cos(\omega t - 240°)$$

gespeist (Abb. 4.1), so entsteht aus der Überlagerung der Durchflutungen der drei Wicklungsstränge eine resultierende Durchflutung, die über den Umfang des Wicklungssystems sinusförmig verteilt ist, die Amplitude $3 \cdot \hat{i}/2$ besitzt und mit der Winkelgeschwindigkeit ω umläuft.

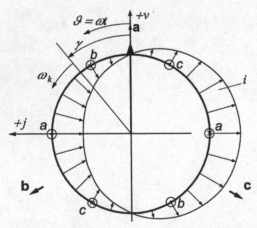

Abb. 4.1 Zur Beschreibung der resultierenden Durchflutung einer symmetrischen dreisträngigen Wicklung

Diese Durchflutung wird als umlaufender Vektor in einer komplexen Ebene beschrieben und definiert zu

$$\underline{i} = \frac{2}{3}\left(i_a + i_b e^{j \cdot 120°} + i_c e^{j \cdot 240°}\right) \tag{4.2}$$

Durch Einsetzen in (4.1) wird

$$\underline{i} = \hat{i} e^{j\omega t}, \qquad \vartheta = \omega t \tag{4.3}$$

Die Vektoren nach (4.2, 4.3) sind sowohl räumlich als auch zeitlich gerichtete Größen. Sie werden deshalb als „Raumzeiger" bezeichnet.

Es wurde vorausgesetzt, daß der Wicklungsstrang a in Richtung der reellen Achse liegt. Die Amplitude des umlaufenden Vektors wurde so definiert, daß sie dem Maximalwert der Durchflutung eines Stranges entspricht. Dadurch ergibt sich die Durchflutung eines um γ gegenüber der reellen Achse verdrehten Wicklungsstranges als Projektion dieses Zeigers auf die Achse des Wicklungsstrangs

$$i_\gamma = \hat{i} \cos(\omega t - \gamma) \tag{4.4}$$

Wird allgemein der Vektor des Stromes $\underline{i}$ in einem mit ω_k gegenüber der Wicklungsachse umlaufenden Koordinatensystem betrachtet, gilt

$$\underline{i}^k = \hat{i} e^{j\omega t} e^{-j\omega_k t} = \hat{i} e^{j(\omega - \omega_k)t} \tag{4.5}$$

Zur Beschreibung der Vorgänge in Drehfeldmaschinen muß für Stator und Rotor ein einheitliches Koordinatensystem gewählt werden. Gebräuchlich sind statorfeste, rotorfeste und feldorientiert umlaufende Koordinatensysteme.

Die vom Statorwicklungssystem und vom Rotorwicklungssystem aufgebauten Durchflutungen überlagern sich im Luftspalt der Maschine. Sie bauen den mit beiden Wicklungssystemen verkoppelten Hauptfluß sowie ständerseitige und rotorseitige Streuflüsse auf. Unter Einführung üblicher Induktivitäten gilt für die Flußverkettung der Ständer- bzw. Läuferwicklung

$$\underline{\psi}_s = \underline{i}_s L_s + \underline{i}_r L_m \tag{4.6}$$
$$\underline{\psi}_r = \underline{i}_r L_r + \underline{i}_s L_m$$

L_m Koppelinduktivität

L_s Ständerinduktivität $\qquad$ $k_s = L_m/L_s$ ständerseitiger Kopplungsfaktor

L_r Rotorinduktivität $\qquad$ $k_r = L_m/L_r$ rotorseitiger Kopplungsfaktor

$L_\sigma = L_s \sigma = L_s(1 - k_r k_s)$ Gesamtstreuinduktivität, betrachtet von der Ständerseite

$L_\sigma = L_r \sigma = L_r(1 - k_r k_s)$ Gesamtstreuinduktivität, betrachtet von der Rotorseite.

Für übliche Asynchronmaschinen gilt

$$L_\sigma = L_{s\sigma} + L_{r\sigma} \quad \text{Gesamtstreuinduktivität}$$

$$\sigma = (1 - k_r k_s) \quad \text{Streuziffer}$$

$L_{s\sigma}$ Streuinduktivität der Ständerseite

$L_{r\sigma}$ Streuinduktivität der Rotorseite

Die Flußverkettungen werden wie die sie aufbauenden Durchflutungen als umlaufende Vektoren beschrieben. Die mit den Flußverkettungen unmittelbar verbundenen Spannungen sind entsprechend ebenfalls als Vektoren darstellbar.

Die Spannungsgleichung eines dreisträngigen Wicklungssystems kann in einem mit der Wicklungsachse fest verbundenen Koordinatensystem zusammengefaßt geschrieben werden als

$$\underline{u} = \underline{i}R + \frac{d\underline{\psi}}{dt} \tag{4.7}$$

Läuft das Koordinatensystem gegenüber der Wicklungsphase mit der Winkelgeschwindigkeit ω_k um, lautet die Spannungsgleichung mit (4.5)

$$\underline{u}^k = \underline{i}^k R + \frac{d\underline{\psi}^k}{dt} + j\omega_k \underline{\psi}^k \tag{4.8}$$

Diese Gleichung gilt sowohl für das Stator- als auch für das Rotorwicklungssystem.

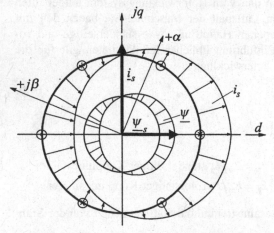

Abb. 4.2 Zur Drehmomentbildung in Drehfeldmaschinen in einem beliebigen α; β -Koordinaten und einem feldorientierten d; q-Koordinatensystem

Das Drehmoment im Motor entsteht durch die Wechselwirkung von Durchflutung und Flußverkettung im Stator bzw. Rotor. Die räumliche Verteilung von Durchflutung und Flußverkettung sowie die zusammengefaßte Beschreibung durch Vektoren veranschaulicht Abb. 4.2.

Das Drehmoment ist proportional der Amplitude der Durchflutung, der Amplitude der Flußverkettung und dem Sinus des zwischen den Vektoren eingeschlossenen Winkels. Quantitative Überlegungen ergeben für eine Maschine mit Polpaarzahl z_p

$$m = \frac{3}{2} z_p \left| \underline{\psi}_s \right| \left| \underline{i}_s \right| \sin(\varphi_i - \varphi_\psi) = \frac{3}{2} z_p \underline{\psi}_s \times \underline{i}_s \text{ [1)}$$ (4.9)

Wegen der Vertauschbarkeit von Stator und Rotor gilt auch

$$m = -\frac{3}{2} z_p \left| \underline{\psi}_r \right| \left| \underline{i}_r \right| \sin(\varphi_i - \varphi_\psi) = -\frac{3}{2} z_p \underline{\psi}_r \times \underline{i}_r$$ (4.10)

Diesen Gleichungen liegt die Raumzeigerdefinition nach Gl. (4.2) zugrunde.

Werden die Vektoren in einem beliebig umlaufenden $\alpha; \beta$-Koordinatensystem durch ihre Komponenten beschrieben

$$\underline{\psi}_s = \psi_{s\alpha} + j\psi_{s\beta}$$ (4.11)
$$\underline{i}_s = i_{s\alpha} + ji_{s\beta},$$

kann das Drehmoment aus den Komponenten berechnet werden zu

$$m = \frac{3}{2} z_p \, \text{Im}\left\{ \underline{\psi}_s^* \underline{i}_s \right\} = -\frac{3}{2} z_p \, \text{Im}\left\{ \underline{\psi}_s \underline{i}_s^* \right\} \text{ [2)}$$ (4.12)
$$m = \frac{3}{2} z_p \left(\psi_{s\alpha} i_{s\beta} - \psi_{s\beta} i_{s\alpha} \right)$$

bzw. für die Rotorgrößen

$$m = \frac{3}{2} z_p \left(\psi_{r\beta} i_{r\alpha} - \psi_{r\alpha} i_{r\beta} \right)$$ (4.13)

Ein zeitlich konstantes Drehmoment entsteht nur dann, wenn die Vektoren der Flußverkettung und des Stromes mit gleicher Geschwindigkeit umlaufen, so daß der von beiden eingeschlossene Winkel konstant ist.

Die Vorgänge in der Maschine sind offensichtlich übersichtlich beschreibbar, wenn ein Koordinatensystem gewählt wird, das auf den Vektoren der Ständer- oder Läuferflußverkettung bzw. der Ständer- oder Läuferdurchflutung orientiert ist. Flußverkettung bzw. Durchflutung werden dann nur durch eine Komponente, z.B. die reelle Komponente des Vektors, repräsentiert; das Drehmoment ergibt

---

[1] $\underline{\psi}_s \times \underline{i}_s$ ist das Kreuzprodukt der Vektoren $\underline{\psi}_s$ und $\underline{i}_s$.

[2] Im$\{\ \}$ Imaginärteil des Ausdrucks in der Klammer; $\underline{i}_s^*$ konjugiert komplexer Vektor zu $\underline{i}$

sich als Produkt dieser Komponente mit der darauf senkrecht stehenden Komponente der jeweils anderen Größe. Es besteht weitgehend Analogie zur Gleichstrommaschine; Flußverkettung und Moment sind entkoppelt steuerbar. Beispielsweise wäre in der Prinzipdarstellung nach Abb. 4.2 das Koordinatensystem so zu wählen, daß die reelle Achse (*d*-Achse) mit der Richtung der Ständerflußverkettung $\underline{\psi}_s$ übereinstimmt. Es ist dann nur die Komponente des Ständerstromvektors $\underline{i}_s$ drehmomentbildend, die in Richtung der imaginären Achse (*q*-Achse) liegt. Das *d*;*q*-Koordinatensystem ist feldorientiert.

Sonderfall Synchronmaschine

Der Rotor der Synchronmaschine, das Polrad, hat eine magnetische Vorzugsrichtung. Eine Rotordurchflutung wird sowohl bei elektrisch erregten als auch bei permanentmagneterregten Maschinen nur in Vorzugsrichtung aufgebaut; sie ist null senkrecht zur Vorzugsrichtung. Dieser physikalische Sachverhalt ist übersichtlich darstellbar in einem auf das Polrad orientierten Koordinatensystem. Die *d*-Achse das Koordinatensystem entspricht der magnetischen Vorzugsrichtung des Polrades; die *q*-Achse steht darauf senkrecht (Abb. 4.3).

Für die Rotordurchflutung gilt in diesem durchflutungsorientierten Koordinatensystem (Polradkoordinatensystem)

$$\underline{i}_r = i_{rd} + ji_{rq} ; \qquad i_{rq} = 0 \tag{4.14}$$

Ferner folgt aus (4.6) für die Flußverkettungen

$$\underline{\psi}_s = \psi_{sd} + j\psi_{sq} = i_{sd}L_{sd} + ji_{sq}L_{sq} + i_{rd}L_{md} \tag{4.15}$$

$$\underline{\psi}_r = i_{rd}L_{rd} + i_{sd}L_{md} + ji_{sq}L_{mq} \tag{4.16}$$

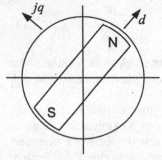

Abb. 4.3 Zur Einführung der *d*; *q*-Komponenten der Vektoren, orientiert an der magnetischen Vorzugsrichtung der Synchronmaschine

Bei Schenkelpolmaschinen sind die Induktivitäten der Längsachse (d-Achse) von denen der Querachse (q-Achse) verschieden. Das in der Maschine aufgebaute Drehmoment ist in d;q-Komponenten mit (4.12)

$$m = \frac{3}{2} z_p \left(\psi_{sd} i_{sq} - \psi_{sq} i_{sd} \right) \tag{4.17}$$

$$m = \frac{3}{2} z_p \left[i_{rd} i_{sq} L_{md} + i_{sd} i_{sq} \left(L_{sd} - L_{sq} \right) \right]^{1)} $$

Steuert man den Motor so, daß der Ständerstrom nur eine Komponente in q-Richtung hat

$$\underline{i}_s = j i_{sq}, \tag{4.18}$$

ergibt sich

$$m = \frac{3}{2} z_p i_{rd} i_{sq} L_{md} = \frac{3}{2} z_p \psi_{sd} i_{sq}. \tag{4.19}$$

Für diesen Fall der von einem Polradgeber abgeleiteten, d.h. selbstgesteuerten, feldorientierten Ständerstromeinprägung besteht weitgehende Analogie zur Gleichstrommaschine.

Unter Berücksichtigung der Bewegungsgleichung

$$m = m_w + J \frac{1}{z_p} \frac{d\omega}{dt} \tag{4.20}$$

ω / z_p mechanische Winkelgeschwindigkeit

ergibt sich für die selbgesteuerte Synchronmaschine mit Stromeinprägung der in Abb. 4.4 dargestellte Signalflußplan. Eingangsgrößen sind der Ständerstrom i_{sq}, der Läuferstrom i_{rd} im feldorientierten Koordinatensystem sowie das mechanische Widerstandsmoment m_w. Ausgangsgröße ist die mechanische Winkelgeschwindigkeit ω, die identisch ist mit der Ständerkreisfrequenz ω_s bei $z_p = 1$.

Mit Hilfe der Ständerspannungsgleichung

$$\underline{u}_s = \underline{i}_s R_s + \frac{d\underline{\psi}_s}{dt} + j\omega_s \underline{\psi}_s \tag{4.21}$$

ist es ferner möglich, die Komponenten der Ständerspannung als Ausgangsgrößen zu bestimmen.

---

[1] Entsprechend der Definition der Vektoren gilt die Drehmomentgleichung für Scheitelwerte der Spannungen, Ströme.

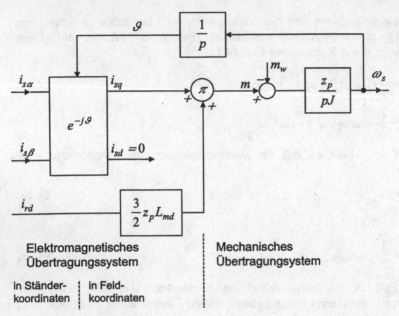

Abb. 4.4 Signalflußplan der selbstgesteuerten Synchronmaschine mit Ständerstrom- und Läufer-stromeinprägung im feldorientierten Koordinatensystem

Der der realen Synchronmaschine als Eingangsgröße aufzuprägende Ständer-stromvektor

$$\underline{i}_s^s = i_{s\alpha} + ji_{s\beta}$$

existiert in einem raumfesten, d.h. ständerbezogenen Koordinatensystem. Das feldorientierte Koordinatensystem läuft demgegenüber mit der Winkelgeschwindigkeit

$$\omega_s = \frac{d\vartheta}{dt} \tag{4.22}$$

um. Der Ständerstromvektor im feldorientierten Koordinatensystem wird mit (4.5) beschrieben durch

$$\underline{i}_s^\varphi = \underline{i}_s^s e^{-j\omega_s t} = i_{sd} + ji_{sd} \tag{4.23}$$

bzw.

$$\left(i_{s\alpha} + ji_{s\beta}\right)\left(\cos\vartheta - j\sin\vartheta\right) = i_{sd} + ji_{sq} \tag{4.24}$$

Ein Vektordreher, der als Bestandteil des Motors zu betrachten ist, realisiert die Umwandlung der als Eingangsgröße vorzugebenden Komponenten des Ständer-stroms $i_{s\alpha}$ und $i_{s\beta}$ in die feldorientierten Komponenten i_{sd} und i_{sq}. Die dem

Motor einzuprägenden Ständerstromkomponenten $i_{s\alpha}$ und $i_{s\beta}$ müssen so gesteuert werden, daß stets $i_{sd} = 0$ ist, d.h.

$$i_{s\alpha}\cos\vartheta + i_{s\beta}\sin\vartheta = 0 \tag{4.25}$$
$$i_{s\beta}\cos\vartheta - i_{s\alpha}\sin\vartheta = i_{sq}$$

Das ist die Grundaufgabe der feldorientierten Steuerung der Synchronmaschine.

Sonderfall Asynchronmaschine, Rotorflußorientierung

Die Asynchronmaschine hat keine magnetische Vorzugsrichtung. Zur Beschreibung der Betriebsvorgänge wird ein mit den Durchflutungen und Flußverkettungen synchron umlaufendes Koordinatensystem gewählt. Prinzipiell wäre eine Orientierung auf die Ständerflußverkettung, auf die Läuferflußverkettung sowie auf die Ständer- oder Läuferdurchflutung denkbar. Dem physikalischen Wirkungsmechanismus der Asynchronmaschine entsprechend ergibt eine Orientierung auf die Läuferflußverkettung die klarste Formulierung der Zusammenhänge. Bezeichnet man, in Analogie zur Synchronmaschine, die Richtung der Läuferflußverkettung als d-Achse, die Richtung senkrecht dazu als q-Achse, dann ist die Läuferflußverkettung zu schreiben als

$$\underline{\psi}_r = \psi_{rd} + j\psi_{rq}; \qquad \psi_{rq} = 0 \tag{4.26}$$

Aus (4.5) ergibt sich die Läuferspannungsgleichung

$$0 = \underline{i}_r R_r + \frac{d\underline{\psi}_r}{dt} + j\omega_r \underline{\psi}_r \tag{4.27}$$

durch Substitution des unbekannten Läuferstroms mit (4.6)

$$\underline{i}_r = \frac{\underline{\psi}_r}{L_r} - \underline{i}_s \frac{L_m}{L_r}$$

zu

$$0 = \frac{\underline{\psi}_r}{L_r} R_r - \underline{i}_s \frac{L_m}{L_r} R_r + \frac{d\underline{\psi}_r}{dt} + j\omega_r \underline{\psi}_r \tag{4.28}$$

Durch Auflösen der Vektorgleichung in Komponenten ergibt sich

$$0 = \frac{\psi_{rd}}{L_r} R_r - i_{sd} \frac{L_m}{L_r} R_r + \frac{d\psi_{rd}}{dt} \tag{4.29}$$

$$0 = -ji_{sq} \frac{L_m}{L_r} R_r + j\omega_r \psi_{rd} \tag{4.30}$$

Die Läuferflußverkettung ist ohne weitere Verkopplungen durch die d-Komponenente des Ständerstroms steuerbar

$$\frac{\psi_{rd}}{k_r R_r} = \frac{T_r}{1 + pT_r} i_{sd} \; ; \qquad T_r = \frac{L_r}{R_r} \tag{4.31}$$

Die Läuferfrequenz ω_r ist der q-Komponente des Ständerstroms direkt und der Läuferflußverkettung umgekehrt proportional, kann also bei konstantem ψ_{rd} direkt durch die q-Komponente des Ständerstroms gesteuert werden

$$\omega_r = i_{sq} \frac{k_r}{\psi_{rd}} R_r \tag{4.32}$$

Das Drehmoment ergibt sich mit (4.12) und (4.6) zu

$$m = -\frac{3}{2} z_p \psi_{rd} i_{rq} = \frac{3}{2} k_r z_p \psi_{rd} i_{sq} \tag{4.33}$$

$$m = k_M \frac{\psi_{rd}}{k_r} i_{sq} \text{ mit } k_M = \frac{3}{2} z_p k_r^2 , \tag{4.34}$$

kann also bei konstanter Läuferflußverkettung direkt über i_{sq} gesteuert werden. Zusammengefaßt ergibt sich für die Asynchronmaschine mit Ständerstromeinprägung der im Abb. 4.5 dargestellte Signalflußplan.

Eingangsgrößen sind die Ständerstromkomponenten i_{sd} und i_{sq} im feldorientierten Koordinatensystem sowie das mechanische Widerstandsmoment m_w. Ausgangsgrößen sind die mechanische Winkelgeschwindigkeit ω und die elektrische

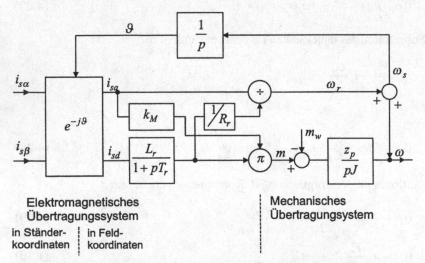

Elektromagnetisches
Übertragungssystem

in Ständer- ┊ in Feld-
koordinaten ┊ koordinaten

Mechanisches
Übertragungssystem

Abb. 4.5 Wirkungsplan der Asynchronmaschine mit Ständerstromeinprägung im rotorfeldorientierten Koordinatensystem

Läuferkreisfrequenz ω_r sowie daraus abgeleitet die Ständerkreisfrequenz $\omega_s = \omega + \omega_r$.

Mit Hilfe der Ständerspannungsgleichung

$$\underline{u}_s = \underline{i}_s R_s + \frac{d\underline{\psi}_s}{dt} + j\omega_s \underline{\psi}_s \tag{4.35}$$

ist es ferner möglich, die Komponenten der Ständerspannung als Ausgangsgrößen zu bestimmen.

Der der realen Asynchronmaschine als Eingangsgröße aufzuprägende Ständerstromvektor

$$\underline{i}_s^s = i_{s\alpha} + ji_{s\beta} \tag{4.36}$$

existiert in einem raumfesten, d.h. ständerbezogenen Koordinatensystem. Das feldorientierte Koordinatensystem läuft demgegenüber mit der Winkelgeschwindigkeit

$$\omega_s = \frac{d\vartheta}{dt} \tag{4.37}$$

um. Der Ständerstromvektor im feldorientierten Koordinatensystem wird mit (4.5) beschrieben durch

$$\underline{i}_s^\varphi = \underline{i}_s^s e^{-j\omega_s t} = i_{sd} + ji_{sq} \tag{4.38}$$

bzw.

$$(i_{s\alpha} + ji_{s\beta})(\cos\vartheta - j\sin\vartheta) = i_{sd} + ji_{sq} \tag{4.39}$$

Ein Vektordreher, der als Bestandteil des Motors zu betrachten ist, realisiert die Umwandlung der als Eingangsgrößen vorzugebenden Komponenten des Ständerstroms $i_{s\alpha}$ und $i_{s\beta}$ in die feldorientierte Komponenten i_{sd} und i_{sq}. Die Ständerstromkomponenten $i_{s\alpha}$ und $i_{s\beta}$ müssen so gesteuert werden, daß sich die feldorientierten Komponenten i_{sd} und i_{sq} unverkoppelt, d.h. voneinander unabhängig, ändern. Das ist die Grundlage der feldorientierten Steuerung der Asynchronmaschine.

Sonderfall Asynchronmaschine, Ständerflußorientierung

Aus der Ständerspannungsgleichung

$$\underline{u}_s = \underline{i}_s R_s + \frac{d\underline{\psi}_s}{dt} + j\omega_s \underline{\psi}_s \tag{4.40}$$

wird der Zusammenhang zwischen den direkt meßbaren Größen $\underline{u}_s$ und $\underline{i}_s$ und der Ständerflußverkettung deutlich.

Es wird also in bestimmten Anwendungen eine Ständerflußorientierung sinnvoll sein. Legt man die d-Achse des feldorientierten Koordinatensystems in Richtung der Ständerflußverkettung erhält man

$$\underline{\psi}_s = \psi_{sd} + j\psi_{sq}; \qquad \psi_{sq} = 0 \tag{4.41}$$

und damit die Ständerspannungsgleichung in Komponentendarstellung

$$\left(u_{sd} - R_s i_{sd}\right) = \frac{d\psi_{sd}}{dt} = e_{sd} \tag{4.42}$$

$$\left(u_{sq} - R_s i_{sq}\right) = +\omega_s \psi_{sd} = e_{sq} \tag{4.43}$$

Eine wichtige Hilfsgröße ist

$$\left(\underline{u}_s - \underline{i}_s R_s\right) = \underline{e}_s \tag{4.44}$$

die Spannung hinter dem ohmschen Ständerwiderstand.
Für das Drehmoment gilt

$$m = \frac{3}{2} z_p \psi_{sd} i_{sq} \tag{4.45}$$

mit

$$i_{sq} = \frac{1}{k_r R_r \left(1 + pT_r'\right)} \omega_r \psi_{sd} \tag{4.46}$$

Damit ergibt sich der in Abb. 4.6 dargestellte Wirkungsplan. Eingangsgröße ist die Spannung hinter dem ohmschen Ständerwiderstand, und der Ständerstrom ist Ausgangsgröße.

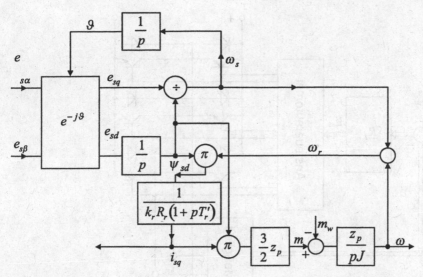

Abb. 4.6 Wirkungsplan der Asynchronmaschine mit Ständerspannungseinprägung im ständerfeldorientierten Koordinatensystem

4.2 Vektorielle Ständerspannungseinprägung und Ständerstromregelung

Die feldorientierte Steuerung von Drehfeldmaschinen erfordert, der Maschine Ständerspannung oder Ständerstrom als Eingangsgröße einzuprägen.

Das Prinzip ist in Abb. 4.7 dargestellt. Der vektorielle Regler $\underline{R}_i$ verarbeitet die Regelabweichung der drei Strangströme und bildet den Vektor der Steuerspannung $\underline{u}_{ss}$. Der Ansteuerautomat leitet daraus die Zündimpulse für den Wechselrichter ab. Die Folge und Dauer der Zündungen der Ventile sollten so festgelegt werden, daß der Raumzeiger der Ständerspannung des Motors $\underline{u}_s$ dem Steuervektor $\underline{u}_{ss}$ möglichst weitgehend entspricht.

In Kombination der drei Strangspannungen u, v, w kann die Ausgangsspannung des Wechselrichters acht verschiedene Zustände annehmen, die mit den Standardvektoren $\underline{u}_0 \cdots \underline{u}_7$ bezeichnet werden (Abb. 4.8). Die Sektoren $s_1 \cdots s_6$ der komplexen Ebene sind zwischen den Raumzeigern $\underline{u}_1 \cdots \underline{u}_6$ aufgespannt. Die Zeiger $\underline{u}_0$ und $\underline{u}_7$ entsprechend dem Nullpunkt des Koordinatensystems.

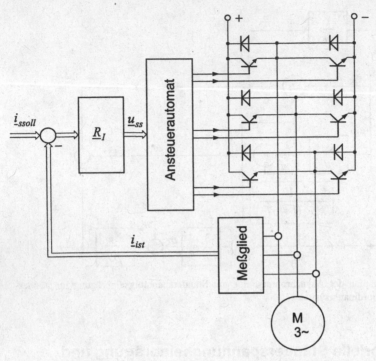

Abb. 4.7 Prinzip der vektoriellen Ständerspannungseinprägung und Ständerstromregelung

Der umlaufende Raumzeiger $\underline{u}_s$ der Ständerspannung wird durch Pulsen des Wechselrichters, d.h. durch sinnvolles Umschalten zwischen den möglichen Zuständen gebildet. Das wird am Beispiel des Sektors 1 näher demonstriert (Abb. 4.9). Der Raumzeiger der Ständerspannung $\underline{u}_s$ befindet sich zwischen den Standardvektoren $\underline{u}_1$ und $\underline{u}_7$. Durch Steuern der Schaltzustände $\underline{u}_0$, $\underline{u}_1$, $\underline{u}_2$, $\underline{u}_7$ wird eine Bewegung des Raumzeigers $\underline{u}_s$ bewirkt. Spezielle Überlegungen führen auf optimale Schaltstrategien. Abbildung 4.9 veranschaulicht eine Schaltfolge, bei der jeder Wechselrichterzweig innerhalb einer Pulsperiode nur einmal umgeschaltet wird. Die Steuerung der Schaltzeitpunkte bewirkt das „Drehen" des Ständerspannungszeigers $\underline{u}_s$.

Der resultierende Zeiger der Ständerspannung läuft im Idealfall auf einem Kreis, der in das von $\underline{u}_1 \cdots \underline{u}_6$ aufgespannte Sechseck eingeschrieben wird. Die maximal einstellbare Amplitude ist

$$\left| \underline{u}_s \right|_{max} = \frac{\sqrt{3}}{2} |u| \tag{4.47}$$

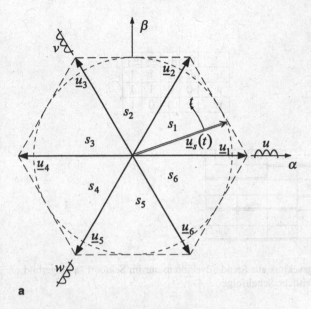

a

	$\underline{u}_0$	$\underline{u}_1$	$\underline{u}_2$	$\underline{u}_3$	$\underline{u}_4$	$\underline{u}_5$	$\underline{u}_6$	$\underline{u}_7$
u	0	1	1	0	0	0	1	1
v	0	0	1	1	1	0	0	1
w	0	0	0	0	1	1	1	1

b

Abb. 4.8 Steuerung des Raumzeigers der Ständerspannung im raumfesten $\alpha; \beta$ -Koordinatensystem. **a** Standardvektoren $\underline{u}_0 \cdots \underline{u}_7$; **b** Schaltbelegungstabelle zur Bildung der Standardvektoren

Die Steuerung der Wechselrichterausgangsspannung über den Ansteuerautomaten schließt eine Laufzeit ein. Die Laufzeit T_α unterliegt statistischen Gesetzmäßigkeiten. Sie ist im Mittel gleich der halben Pulsperiode des Wechselrichters T_p

$$T_\alpha = \frac{T_p}{2} \tag{4.48}$$

Die Übertragungsfunktion des Wechselrichters

$$\frac{|\underline{u}_s|(p)}{|\underline{u}_{ss}|(p)} = V_w \cdot e^{-pT\alpha} \tag{4.49}$$

wird als Verhältnis der Amplitude des Vektors der Wechselrichterausgangsspannung $|\underline{u}_s|$ zur Amplitude des Vektors der Steuerspannung $|\underline{u}_{ss}|$ eingeführt (vgl. Abschnitt. 1.5).

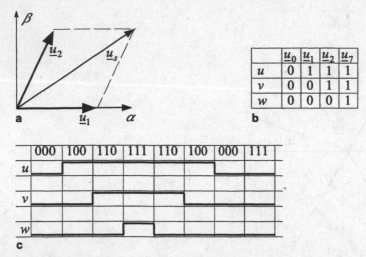

	u_0	u_1	u_2	u_7
u	0	1	1	1
v	0	0	1	1
w	0	0	0	1

Abb. 4.9 Bildung eines Spannungsvektors aus Standardvektoren, nur im Sektor 1. **a** Zeigerbild; **b** Schaltzustände im Sektor 1; **c** Zeitliche Schaltfolge

Die Regelung des Ständerstromvektors kann als Regelung der drei Strangströme i_{sa}, i_{sb}, i_{sc} oder als Regelung der Komponenten des Ständerstromes ausgeführt werden. Die Vektoren des Ständerstromsollwertes und des Ständerstromistwertes müssen entsprechend aufbereitet werden.

Mit klassischer Regelelektronik arbeitet die Stromregelung im raumfesten Koordinatensystem (Abb. 4.10). Die Führungsgrößen des Stromes im raumfesten Koordinatensystem

$$i_{s\alpha} + ji_{s\beta}$$

werden mit Hilfe eines Vektordrehers aus den vorgegebenen Komponenten im feldorientierten Koordinatensystem abgeleitet.

$$\left(i_{s\alpha} + ji_{s\beta}\right) = \left(i_{sd} + ji_{sq}\right) \cdot e^{j\vartheta} \tag{4.50}$$

Die Istwerte des Ständerstromes müssen den sich sinusförmig ändernden Sollwerten nachgeführt werden. Das erfordert „schnelle" Wechselrichters mit Pulsfrequenzen

$$f_p \geq 1kHz$$

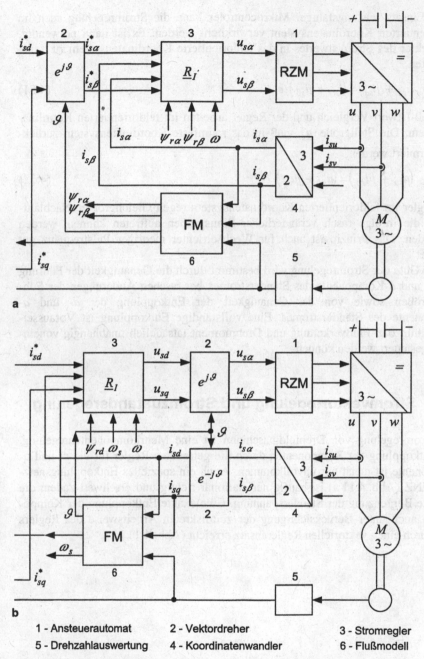

Abb. 4.10 Realisierung der Ständerstromregelung. **a** Regler arbeitet im raumfesten Koordinatensystem; **b** Regler arbeitet im feldorientierten Koordinatensystem

Unter Einsatz leistungsfähiger Mikrocontroler kann die Stromregelung auch im feldorientierten Koordinatensystem verwirklicht werden. Es ist dann notwendig, den Vektor des Stromistwertes in das feldorientierte Koordinatensystem zu transformieren

$$\left(i_{sd} + ji_{sq}\right) = \left(i_{s\alpha} + ji_{s\beta}\right) \cdot e^{-j\vartheta} \tag{4.51}$$

Der Soll-Istwert-Vergleich und der Regler arbeiten im feldorientierten Koordinatensystem. Die Stellgröße $\underline{u}_s$ muß in das raumfeste Koordinatensystem zurücktransformiert werden.

$$\left(u_{s\alpha} + ju_{s\beta}\right) = \left(u_{sd} + ju_{sq}\right) \cdot e^{j\vartheta} \tag{4.52}$$

Ein Regler im feldorientierten Koordinatensystem regelt Gleichgrößen. Nachlauffehler, die infolge rasch veränderlicher Sinusgrößen auftreten können, werden vermieden. Das Prinzip ist auch für Wechselrichter niedriger Pulsfrequenz gut geeignet.

Die Güte der Stromregelung wird bestimmt durch die Genauigkeit der Führung von d- und q-Komponente des Ständerstromes bei raschen Änderungen der Führungsgrößen sowie von der Genauigkeit der Entkopplung der d- und q-Komponente des Ständerstromes. Eine vollständige Entkopplung ist Voraussetzung dafür, daß Flußverkettung und Drehmoment tatsächlich unabhängig voneinander gesteuert werden können.

4.3   Stromvektorregelung und Stromzustandsregelung

Die Stromregelung von Drehfeldmaschinen ist eine Mehrkomponentenregelung. Die Entkopplung der Komponenten durch die getrennten Regler für die d- und q-Komponente ist meist nur unvollkommen. Auch ein spezielles Entkopplungsnetzwerk ENZ (Abb. 4.11 a) ist häufig nur stationär richtig und erschwert zudem die korrekte Begrenzung der Ständerspannung. Eine exakte Entkopplung der Komponenten, auch unter Berücksichtigung der zeitdiskreten Arbeitsweise des Reglers wird durch einen vektoriellen Regleransatz erreicht (Abb. 4.11 b).

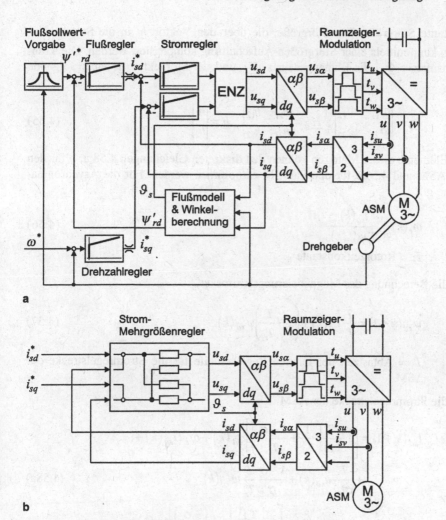

Abb. 4.11 a Stromkomponentenregelung; **b** Stromvektorregelung

Die Stromregelstrecke (Abb. 4.12) wird beschrieben durch die diskreten Zustandsgleichungen [4.2][4.6][4.7].

$$\begin{vmatrix} i_{sd}(k+1) \\ i_{sq}(k+1) \end{vmatrix} = \underline{\Phi}_I \begin{vmatrix} i_{sd}(k) \\ i_{sq}(k) \end{vmatrix} + \underline{H}_I \begin{vmatrix} u_{sd}(k) \\ u_{sq}(k) \end{vmatrix} + \underline{h}\psi(k) \tag{4.53}$$

$$\underline{i}_s(k+1) = \underline{\Phi}_I \underline{i}_s(k) + \underline{H}_I u_s(k) + \underline{h}\psi(k) \tag{4.54}$$

In dieser Darstellung sind die Spannungskomponenten u_{sd} und u_{sq} die Stellgrößen, der Fluß $\psi(k)$ im Fall ASM eine langsam veränderliche und im Fall SM eine

konstante Störgröße. Die Störgröße, die über den Vektor $\underline{h}$ in die Strecke ein-
wirkt, kann mittels einer Störgrößen-Aufschaltung kompensiert werden. Die Tran-
sitionsmatrix $\underline{\Phi}_I$, die Eingangsmatrix $\underline{H}_I$ und der Störvektor $\underline{h}$ haben folgende
Form

$$\underline{\Phi}_I = \begin{vmatrix} \Phi_{11} & \Phi_{12} \\ \Phi_{21} & \Phi_{22} \end{vmatrix} ; \ \underline{H}_I = \begin{vmatrix} h_{11} & h_{12} \\ h_{21} & h_{22} \end{vmatrix} ; \ \underline{h} = \begin{vmatrix} h_1 \\ h_2 \end{vmatrix} \tag{4.55}$$

Die Elemente dieser Matrizen können den diskreten Gleichungen 4.58 a, b für den
Fall ASM und 4.59 a für den Fall SM entnommen werden. Für die Asychronma-
schine gilt

$$\omega_r(k) = \frac{i_{sq}(k)}{T_r \psi'_{rd}(k)} \tag{4.56}$$

T_r = Rotorzeitkonstante

Für die Berechnung des Magnetisierungsstroms ψ'_{rd}

$$\psi'_{rd}(k+1) = \frac{T}{T_r} i_{sd}(k) + \left(1 - \frac{T}{T_r}\right) \psi'_{rd}(k) \tag{4.57}$$

T = Abtastzeit der inneren Regelschleife für die Stromregelstrecke der
ASM

Für die Stromregelstrecke der ASM

$$i_{sd}(k+1) = \left[1 - \frac{T}{\sigma}\left(\frac{1}{T_s} + \frac{1-\sigma}{T_r}\right)\right] i_{sd}(k) + \omega_s T i_{sq}(k) +$$

$$+ \frac{T}{\sigma L_s} u_{sd}(k) + \frac{1-\sigma}{\sigma} \frac{T}{T_r} \psi'_{rd}(k) \tag{4.58a}$$

$$i_{sq}(k+1) = -\omega_s T i_{sd}(k) + \left[1 - \frac{T}{\sigma}\left(\frac{1}{T_s} + \frac{1-\sigma}{T_r}\right)\right] i_{sq}(k) +$$

$$+ \frac{T}{\sigma L_s} u_{sq}(k) - \frac{1-\sigma}{\sigma} \omega T \psi'_{rd}(k) \tag{4.58b}$$

T_s Statorzeitkonstante
σ Gesamtstreufaktor
ω mechanische Winkelgeschwindigkeit bzw. Drehzahl des Rotors
ω_s Winkelgeschwindigkeit des Ständerkreises bzw. Ständerfrequenz
L_s Statorinduktivität

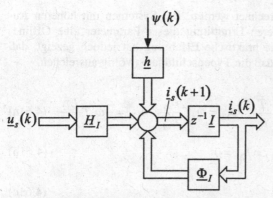

Abb. 4.12 Die Drehfeldmaschine als zeitdiskrete, vektorielle Regelstrecke

Die Stromregelstrecke der Synchronmaschine

$$i_{sd}(k+1) = \left(1 - \frac{T}{T_{sd}}\right)i_{sd}(k) + \omega_s T \frac{L_{sq}}{L_{sd}} i_{sq}(k) +$$

$$+ \frac{T}{L_{sd}} u_{sd}(k) \qquad (4.59a)$$

$$i_{sq}(k+1) = -\omega_s T \frac{L_{sd}}{L_{sq}} i_{sd}(k) + \left(1 - \frac{T}{T_{sq}}\right)i_{sq}(k) +$$

$$+ \frac{T}{L_{sq}} u_{sq}(k) - \frac{\omega_s T}{L_{sq}} \psi_p \qquad (4.59b)$$

L_{sd}; L_{sq} = Längs-, Querstatorinduktivität

T_{sd}; T_{sq} = Längs-, Querstatorzeitkonstante

Konkret bestehen die Matrizen aus folgenden Komponenten
- Beim ASM-Einsatz

$$\Phi_{11} = \Phi_{22} = 1 - \frac{T}{\sigma}\left(\frac{1}{T_s} + \frac{1-\sigma}{T_r}\right); \quad \Phi_{12} = -\Phi_{21} = \omega_s T \qquad (4.60a)$$

$$h_{11} = h_{22} = \frac{T}{\sigma L_s}; \quad h_{12} = h_{21} = 0 \qquad (4.60b)$$

$$h_1 = \frac{1-\sigma}{\sigma}\frac{T}{T_r}; \quad h_2 = -\frac{1-\sigma}{\sigma}\omega T \qquad (4.60c)$$

Von den insgesamt zehn Elementen sind also nur fünf zu berechnen, wobei zwei davon Φ_{12} und h_2 die zeitvarianten, mit Hilfe der Drehzahlerfassung on-line zu ermitteInden Elemente sind. Alle anderen können vor der Initialisierung mit Hilfe der Typenschilddaten off-line berechnet werden. Bei Systemen mit höheren Ansprüchen könnte man zur genaueren Ermittlung dieser Parameter eine Offline-Identifikation implementieren. Die praktische Erfahrung hat jedoch gezeigt, daß sich der Regler so robust verhält, daß die Typenschilddaten völlig ausreichen.

- Beim SM-Einsatz

$$\Phi_{11} = 1 - \frac{T}{T_{sd}} \; ; \; \Phi_{22} = 1 - \frac{T}{T_{sq}} \; ; \; \Phi_{12} = \omega_s T \frac{L_{sq}}{L_{sd}} \; ; \; \Phi_{21} = -\omega_s T \frac{L_{sd}}{L_{sq}} \quad (4.61a)$$

$$h_{11} = \frac{T}{L_{sd}} \; ; \; h_{22} = \frac{T}{L_{sq}} \; ; \; h_{12} = h_{21} = 0 \quad (4.61b)$$

$$h_1 = 0 \; ; \; h_2 = -\frac{\omega_s T}{L_{sq}} \quad (4.61c)$$

Der Unterschied zwischen Längsinduktivität L_{sd} und Querinduktivität L_{sq} kann berücksichtigt werden.

Der Regleransatz

Die Störgröße bzw. der flußabhängige Anteil in der Streckengleichung kann auf einfache Art kompensiert werden, indem am Eingang des Motors derselbe Anteil mit dem umgekehrten Vorzeichen $-\underline{h}\psi(k)$ eingespeist wird, wobei der Wert ψ im Fall SM anhand der Motordaten bei der Initialisierung und im Fall ASM mit Hilfe eines Flußmodells on-line berechnet wird. Ist $\underline{y}(k)$ die tatsächliche Regler-Ausgangsgröße vor der Kompensation, dann sieht der Regleransatz folgendermaßen aus

$$\underline{u}_s(k+1) = \underline{H}_I^{-1}\left[\underline{y}(k) - \underline{h}\psi(k+1)\right] \quad (4.62)$$

Die Spannung $\underline{u}_s$ in Gl 4.62 wird bewußt für den Takt $(k+1)$ gegenüber $\underline{y}(k)$ angesetzt, denn damit kann die Rechentotzeit T genau berücksichtigt werden. Anders formuliert: Die Spannung, die im Takt (k) berechnet wird, wird erst im Takt $(k+1)$ wirksam. Die kompensierte Stromregelstrecke zeigt Abb. 4.13.

Die Entwurfsgleichung für die in Abb. 4.13 dargestellte, kompensierte Stromregelstrecke ist

$$\underline{i}_s(k+1) = \underline{\Phi}_I \underline{i}_s(k) + \underline{y}(k-1) \quad (4.63a)$$

und im z-Bereich

$$\left[z\underline{I} - \underline{\Phi}_I\right]\underline{i}_s(z) = z^{-1}\underline{y}(z) \quad (4.63b)$$

$\underline{I}$ = Einheitsmatrix

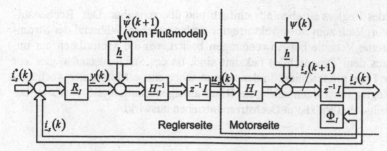

Abb. 4.13 Vektorielle Stromregelung

Der Reglerentwurf

Die kompensierte Strecke wird um den Regler $\underline{R}_I$ erweitert. Dabei wird ange-nommen, daß der rückgeführte Strom mittels einer Augenblickswertmessung (mit Analog/Digital-Converter) erfaßt wird. Es wird ferner vorausgesetzt, daß bei der Erfassung eine korrekte Erfassungsstrategie - ohne Istwertfilter und damit ohne Istwertverzögerung sowie nur die Grundschwingungserfassung - implementiert ist.

Der Regler erfüllt die Gleichung

$$\underline{y}(z) = \underline{R}_I \left[\underline{i}_s^*(z) - \underline{i}_s(z) \right] \tag{4.64}$$

$\underline{i}_s^*$ = Sollwert des Stromvektors

Setzt man Gl. 4.64 in Gl. 4.63 ein, erhält man die Übertragungsfunktion der stromgeregelten Strecke

$$\underline{i}_s(z) = z^{-1} \left[z\underline{I} - \Phi_I + z^{-1} \underline{R}_I \right]^{-1} \underline{R}_I \underline{i}_s^*(z) \tag{4.65}$$

Es kann ein Regler entworfen werden, der in zwei Abtastschritten die vollständige Übereinstimmung zwischen Sollwert und Istwert beider Komponenten des Stän-derstromes bewirkt.

Mit Rücksicht auf die begrenzte Stellreserve und zur Beschränkung der Stro-mansanstiegsgeschwindigkeit wird technisch eine Einstellung gewählt, die eine Über-einstimmung von Soll- und Istwert in $3 \cdots 4$ Abtastschritten gewährleistet (vgl. Abschnitt 2.3)

Der Stromzustandsregler

Der beschriebene Mehrgrößenregler kann als Stromzustandsregler konzipiert wer-den (Abb. 4.14). In dem Stromzustandsregler werden nicht die Stromregel-Abweichungen verarbeitet, sondern der Strom-Ist-Wert wird über die Rückführ-matrix $\underline{K}$ mit negativem Vorzeichen zurückgeführt. Die Matrix $\underline{K}$ ist für die Regeldynamik, für die Systemstabilität sowie für die dynamische Entkopplung zwischen den Stromkomponenten verantwortlich. Die Vorschaltmatrix $\underline{V}$ ist für das stationäre Führungsverhalten und für die statische Entkopplung entscheidend.

Der Entwurf des Reglers ist ebenfalls einfach und überschaubar. Der Rechenaufwand ist im Vergleich zum Stromvektorregler umfangreicher. Während der Stromvektorregler seine Vorteile bei Anwendungen besitzt, wo die Motordaten nur ungenau (z.B. aus dem Typenschild) bekannt sind, ist der Stromzustandsregler vor allem für jene Fälle prädestiniert, in denen man sehr genaue Motordaten vorliegen hat. Dieser Regler weist dann sehr gute Rundlaufeigenschaften auf, was sich besonders vorteilhaft bei Präzision-Drehstromantrieben auswirkt.

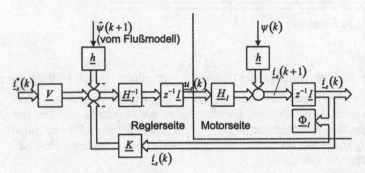

Abb. 4.14 Stromzustandregelung

Da der Stromzustandsregler keinen impliziten Integralanteil enthält, ist bei der Implementierung generell eine bleibende Regelabweichung zu erwarten, die sich allerdings durch zwei zusätzliche Integralregler ausregeln läßt. Dies ist erlaubt, denn die Stromkomponenten sind durch die Wirkung der beiden Matrizen $\underline{K}$ und $\underline{V}$ weitestgehend entkoppelt (Abb. 4.15) (vgl. Abschn. 6).

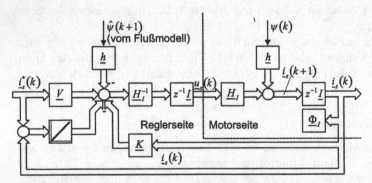

Abb. 4.15 Komplette Struktur des erweiterten Stromzustandsreglers

4.4   Drehmomentsteuerung bei Rotorflußorientierung

Die Asynchronmaschine mit Rotorflußorientierung arbeitet mit Ständerstromein-prägung. Die flußbildende Stromkomponente i_{sd} und die drehmomentbildende Stromkomponente i_{sq} werden unverzögert eingeprägt (Abschn. 4.2 und 4.3). Die Rotorflußverkettung kann nicht direkt gemessen werden. Sie wird mit Hilfe eines Flußmodells bestimmt (Abb. 4.16). Die Regelkreise für i_{sq} und für ψ_{rd} bestimmen gemeinsam das Drehmoment (Abschn. 4.1)

$$m = k_M \frac{\psi_{rd}}{k_r} i_{sq}$$ (4.34)

mit

$$k_M = \frac{3}{2} z_p k_r^2$$

Die Flußregelung ist langsam gegenüber der i_{sq}-Regelung.

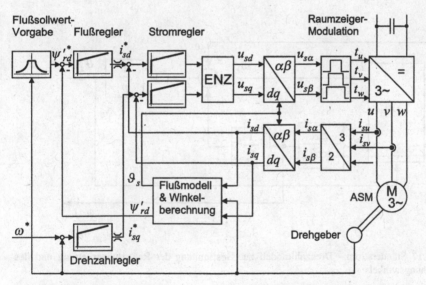

Abb. 4.16 Feldorientierte Regelung der Asynchronmaschine mit Rotorflußorientierung

Aus den Maschinengleichungen des Asynchrommotors lassen sich unterschiedliche Flußmodelle ableiten. Gebräuchlich ist ein Flußmodell, das die Komponenten des Ständerstromes i_{sd}, i_{sq} und die Winkelgeschwindigkeit der Motorwelle ω als Eingangsgröße nutzt. Aus 4.31 und 4.22 folgt

$$\psi_{rd} = k_r \frac{L_r}{1 + pT_r} i_{sd} ; \qquad T_r = \frac{L_r}{R_r} \tag{4.66}$$

$$\vartheta = \frac{1}{p}(\omega + \omega_r) \tag{4.67}$$

Das Flußmodell arbeitet vorzugsweise im feldorientierten Koordinatensystem (Abb. 4.17). Das ideale Betriebsverhalten des Motors ergibt sich nur bei genauer Anpassung des Flußmodells an den Motor. Durch die Temperaturabhängigkeit des Rotorwiderstandes und durch die Sättigung des Hauptfeldes ergibt sich jedoch eine Fehlanpassung des fest eingestellten Modells. Quantitativ veranschaulichen die Abbildungen 4.18 und 4.19 den Sachverhalt. Bei thermisch hoch ausgelasteten Motoren und bei Antrieb mit hohen dynamischen Anforderungen ist es notwendig, das Flußmodell on-line an die veränderlichen Parameter des Motors anzupassen. Eine Vielzahl an Verfahren sind dazu entwickelt worden [4.9, 10]. Aus Kosten- und aus Zuverlässigkeitsgründen ist es wünschenswert, den Antrieb sensorlos auszuführen. Das ist möglich, wenn man auch das Signal der Motordrehzahl über ein Modell bildet und auf eine echte Drehzahlsensor verzichtet. Das Drehzahl- modell wird mit dem Flußmodell kombiniert (Abb. 4.20). Wegen möglicher statio- ärer und dynamischer Fehler erfordern die Algorithmen spezielle Aufmerksamkeit.

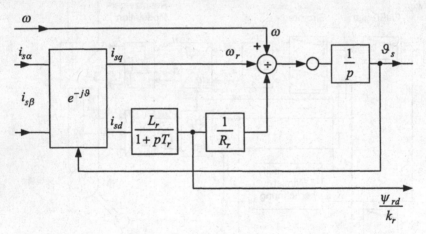

Abb. 4.17 Ständerstrom - Drehzahlmodell zur Bestimmung der Rotorflußverkettung und des Verdrehungswinkels

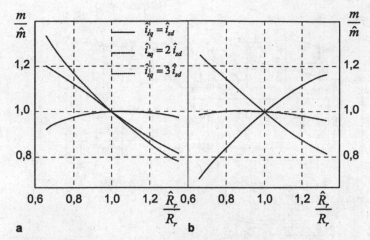

Abb. 4.18 Momentfehler durch ungenauen Rotorwiderstand. **a** ohne Hauptfeldsättigung; **b** mit Hauptfeldsättigung

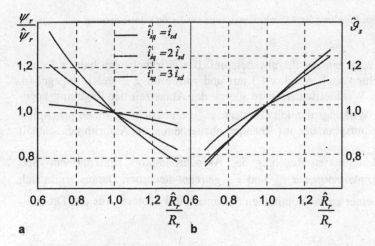

Abb. 4.19 **a** Flußbetragsfehler; **b** Flußphasenfehler durch R_r-Abweichung (mit magnetischer Sättigung)

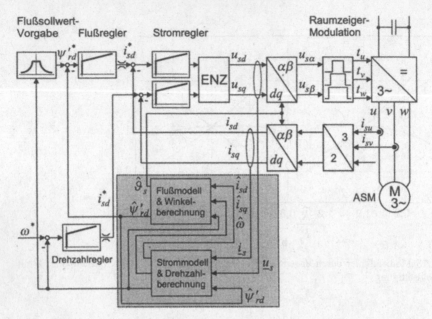

Abb. 4.20 Sensorlose Regelung der Asynchronmaschine mit Rotorflußorientierung

Abbildung 4.21 zeigt ein Ausführungsbeispiel. Der Wirkungsplan baut auf einer Stromvektorregelung nach Abschn. 4.3 auf und wurde im z-Bereich angegeben. Die Laufzeit des Wechselrichters wird gleich der Abtastzeit der Regelung angenommen und im Wirkungsplan mit Gliedern z^{-1} berücksichtigt. Einen prinzipiellen Programmablaufsplan der im Rechner abzuarbeitenden Algorithmen enthält Abb. 4.22.

Bei der feldorientierten Regelung des Asynchronmotors sind moment- und flußbildende Stromkomponente i_{sd} und i_{sq} getrennt steuerbar. Daraus ergibt sich die Möglichkeit einer momentoptimalen Steuerung des Motors. Aus der Drehmomentgleichung

$$m = \frac{3}{2} z_p \frac{L_m\big(i_\mu\big)^2}{L_m\big(i_\mu\big) + L_{r\sigma}} i_{sd} i_{sq} \tag{4.68}$$

ergibt sich bei konstanter Koppelinduktivität L_m das maximale Drehmoment für

$$i_{sd} = i_{sq} \tag{4.69}$$

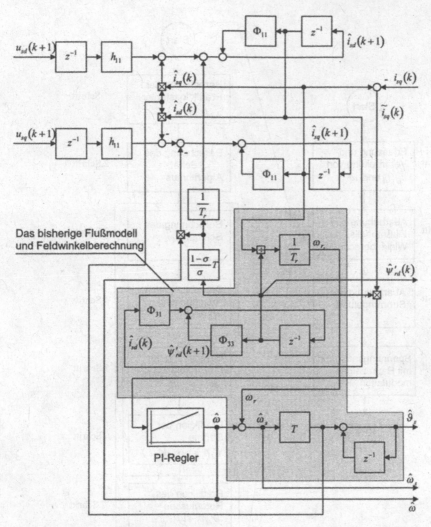

Abb. 4.21 Ausführungsbeispiel der sensorlosen Regelung, Wirkungsplan im z-Bereich

Wegen der magnetischen Sättigung wird die Berechnung jedoch wesentlich aufwendiger und erfordert die iterative Lösung eines nichtlinearen Gleichungssystems. Außer (4.68) gehören dazu die Beziehung für den Magnetisierungsstrombetrag, die Schlupfgleichung

$$0 = \omega_r T_r i_m - i_{sq} \tag{4.70}$$

und die Randbedingung

$$i_s^2 = i_{sd}^2 + i_{sq}^2 \tag{4.71}$$

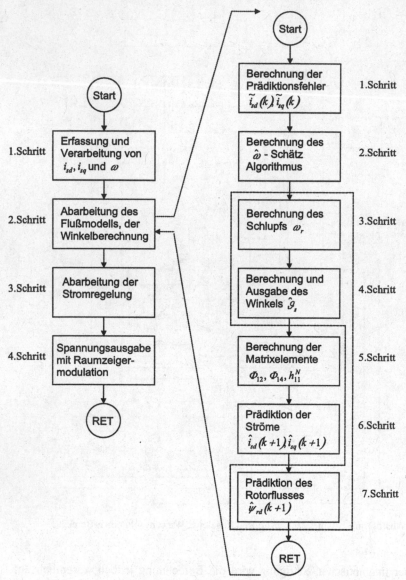

Abb 4.22 Programmablaufsplan der Algorithmen einer sensorlosen Regelung

Die Ergebnisse zeigt Abb. 4.23. Hier sind in Abb. 4.23 a als Funktion des Ständerstroms der zur exakten Ansteuerung des Momentmaximums einzustellende flußbildende Strom und zusätzlich die Steuerkennlinien für konstanten Fluß und für $i_{sd} = i_{sq}$ gezeichnet. Im linearen Bereich geht die Optimalkennlinie erwartungsgemäß in die Kennlinie $i_{sd} = i_{sq}$ über. Für größere Ständerströme bewegt sich die

Optimalkennlinie mit einer Toleranz von etwa ±20 % um die Konstantflußkennlinie. Abb 4.23 b) zeigt die tatsächlichen Auswirkungen der Abweichungen auf das Drehmoment.

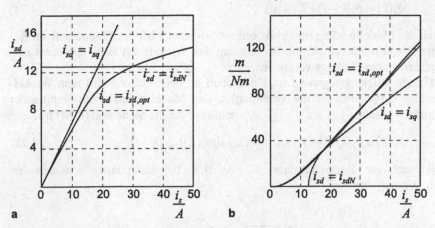

Abb. 4.23 Momentoptimale Steuerung des Motors. **a** Flußbildender Strom als Funktion des Ständerstroms; **b** Drehmoment als Funktion des Ständerstroms i_s

4.5 Drehmomentsteuerung bei Statorflußorientierung

Die Asynchronmaschine mit Statorflußorientierung arbeitet mit Ständerspannungseinprägung

$$\underline{u}_s = u_{sd} + ju_{sq}$$

Die Ständerflußverkettung ist mit der Ständerspannung eng verbunden. Aus der Ständerspannungsgleichung (4.40) folgt für $\underline{\psi}_s = \psi_{sd}$; $\psi_{sq} = 0$

$$\left(u_{sd} - R_s i_{sd}\right) = \frac{d\psi_{sd}}{dt} = u_{hd} \tag{4.42}$$

$$\left(u_{sq} - R_s i_{sq}\right) = +\omega_s \psi_{sd} = u_{hq} \tag{4.43}$$

$u_h = u_{hd} + ju_{hq}$: Spannung hinter R_s

Für konstante bzw. langsam veränderliche Ständerflußverkettung ergibt sich aus (4.43) das Steuergesetz der klassischen Spannung-Frequenz-Steuerung. Das Flußmodell ergibt sich in diskreter Darstellung zu

$$\psi_{sd}(k) = \psi_{sd}(k-1) + T_z\left[u_{sd}(k-1) - R_s i_{sd}(k)\right] \tag{4.72}$$

T_z : Abtastzeit

Ebenso einfach erhält man das Modell zur sensorlosen Drehzahlerfassung

$$\omega_s(k) = \frac{[u_{sq}(k-1) - R_s i_{sq}(k)]}{\psi_{sd}(k)} \qquad (4.73)$$

$$\vartheta_s(k) = \vartheta_s(k-1) + T_z \omega_s(k) \qquad (4.74)$$

Durch die Modellbildung im Feldkoordinatensystem wird das Flußmodell im Rechenaufwand reduziert und die Berechnung des Winkels mit Hilfe der sonst notwendigen arctan-Funktion vermieden.

Um die offene Integration im Flußmodell zu beherrschen, wird eine Winkelkorrektur eingeführt, die die Orientierung des Modells durch Auswertung der Hauptfeldspannung $u_{hd} = u_{sd} - i_{sd} \cdot R_s$ nachführt. An die Stelle von (4.74) tritt

$$\vartheta_s(k) = \vartheta_r(k-1) + T_z \omega_s(k) - K \, sign(\omega_s(k)) u_{hd}(k-1) \qquad (4.75)$$

wobei sich ein Korrekturfaktor k von $0,2 .. 0,5$ als günstig erwiesen hat (Abb. 4.24).

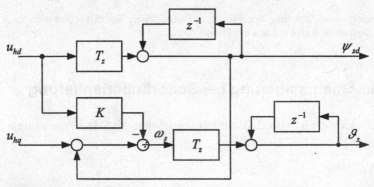

Abb. 4.24 Sensorlose Erfassung des Betrags und des Drehwinkels der Ständerflußverkettung, diskreter Signalflußplan

Motormoment, Rotorfrequenz und mechanische Drehfrequenz ergeben sich aus den Maschinengleichungen zu

$$m_M = \frac{3}{2} z_p \psi_{sd} i_{sq} \qquad (4.76)$$

$$\omega_r = \frac{R_r i_{sq}}{\psi_{sd}} \qquad (4.77)$$

$$\omega_m = \omega_s - \omega_r \qquad (4.78)$$

Nach diesem Prinzip läßt sich eine Drehmoment-Drehzahl-Regelung aufbauen (Abbildung 4.25, Direct Torque Control) [4.13].

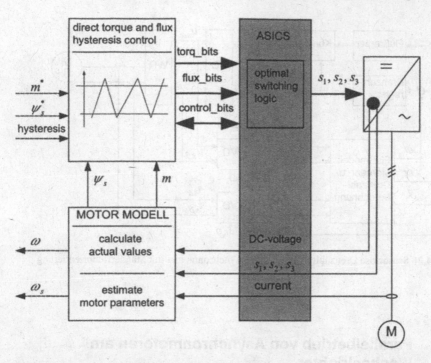

Abb. 4.25 Drehmoment- und Drehzahlregelung eines Asynchronmotors mit Ständerflußorientierung (Direct Torque Control)

Die Realisierung erfordert schnelle, leistungsfähige Prozessoren. Im Bereich der low-cost-Antriebe ist eine sonsorlose Drehzahlregelung auch mit Standardprozessoren möglich (Abb. 4.26). Sie liefert gut brauchbare Ergebnisse im Bereich oberhalb von 5 % der Nenndrehzahl [4.8].

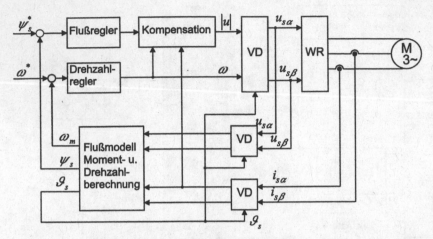

Abb. 4.26 Sensorlose Drehzahlregelung eines Asynchronmotors mit Ständerflußorientierung

4.6   Parallelbetrieb von Asynchronmotoren am Wechselrichter

Parallel betriebene Asynchronmotoren am Wechselrichter sind nur gemeinsam steuerbar. Differieren die Motoren in ihren Parametern, können ungleiche Arbeitspunkte auftreten. Zu bedenken ist ferner die meist vorhandene mechanische Kopplung der Motoren sowie die Arbeit an einer gemeinsamen weichen Spannungsquelle (Abb. 4.27). Wird über die mechanische Kopplung gleiche Winkelgeschwindigkeit der Motoren erzwungen, ergibt sich eine ungleiche Drehmomentaufteilung. Bei Fahrzeugen können auch ungleiche Raddurchmesser zu einer ungleichen Drehmomentaufteilung führen.

Die Steuerung und Regelung der Motoren ist nur gemeinsam möglich. Ohne Regelung des Stromes bzw. Drehmoments sind die Motoren entkoppelt.

Eine Regelung des Summenstromes (Abb. 4.28) führt zum Belastungsausgleich zwischen den Motoren.

Da das Flußmodell für alle Motoren gemeinsam ist, kann nur im Mittel eine richtige Feldorientierung erreicht werden. Der Drehzahllistwert sollte möglichst dem Mittelwert der Drehzahlen nahe kommen.

Durch eine lastmomentabhängige Flußsollwertführung lassen sich Momentdifferenzen zwischen den Motoren einer Gruppe im Teillastbereich reduzieren (Abbildung 4.29) [4.14].

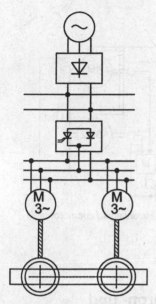

Abb. 4.27 Parallelbetrieb von Asynchronmotoren am Wechselrichter

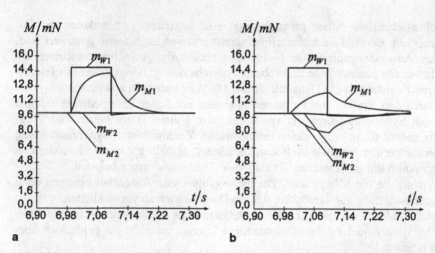

a   b

Abb. 4.28 Lastmomente und Motormomente parallel arbeitender Asynchronmotoren. **a** Ständerspannungs-, Ständerfrequenzsteuerung; **b** Ständerstromeinprägung und Regelung des Gesamtmoments

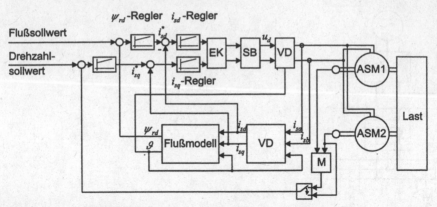

Abb. 4.29 Rotorflußorientierte Regelung parallel geschalteter Drehstromasynchronmotoren

4.7   Drehmomentsteuerung mit Synchron- und Reluktanzmaschinen

Gleichstromantriebe haben prinzipbedingt eine begrenzte Lebensdauer und Zuverlässigkeit. Obwohl sie technisch ausgereift und vergleichsweise preiswert sind, ist ihre Anwendungsbreite für Neuanlagen rückläufig. Asynchronmaschinen ermöglichen die preiswerteste und robuste Antriebslösung. Ausgestattet mit feldorientierter Regelung ist die Dynamik für fast alle Anwendungen ausreichend.

Durch den Einsatz von Permanentmagneten mit hoher Energiedichte erreicht man mit Synchronmotoren ein vergleichsweise kleines Bauvolumen und Trägheitsmoment, damit eine kleine mechanische Zeitkonstante. Synchronmotoren haben nur geringe Verluste im Rotor, sie können deshalb gut in eine mechanische Konstruktion integriert werden. Es sind viele Sonderbauformen bekannt.

Wichtig ist die Möglichkeit, Drehbewegungen oder Linearbewegungen ohne Zwischenschaltung von Getrieben, d.h. als Direktantrieb zu verwirklichen. Synchronmotoren sind gut geeignet, hochdynamische Stellbewegungen zu realisieren. Im Unterschied zu Asynchronmotoren können sie nicht im Feldschwächbereich arbeiten.

Synchronmotoren können im kontinuierlichen Betrieb oder im Schrittbetrieb arbeiten. Handelsübliche Schrittmotoren sind Sonderkonstruktionen mit dem Ziel einer hohen Winkelschrittauflösung.

Reluktanzmaschinen sind in ihrem Betriebsverhalten den Synchronmaschinen ähnlich. Sie sind billig in der Herstellung und robust im Einsatz. Sie sind jedoch größer und stärker verlustbehaftet als Synchronmaschinen.

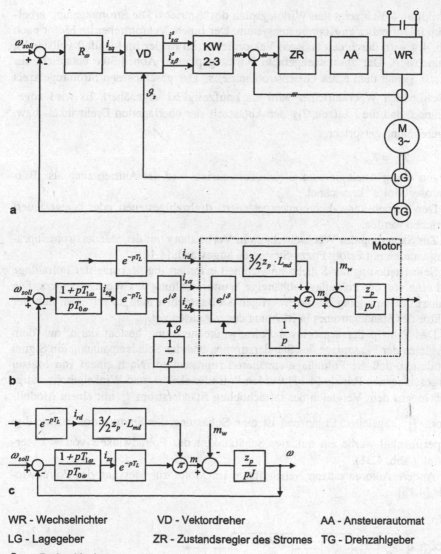

WR - Wechselrichter   VD - Vektordreher   AA - Ansteuerautomat

LG - Lagegeber   ZR - Zustandsregler des Stromes TG - Drehzahlgeber

R_ω - Drehzahlgeber

Abb. 4.30 Selbstgesteuerter Synchronmotor. **a** Prinzipdarstellung; **b** Wirkungsplan; **c** Zusammengefaßter Wirkungsplan unter Annahme verzögerungsfreier Stromeinprägung

Wechselrichter und Regelelektronik sind zur Speisung von Asynchronmotoren und Synchronmotoren prinzipiell identisch (Abb. 4.30). Angestrebt wird eine möglichst unverzögerte, sinusförmige Ständerstromeinprägung. Mit Sinusstromeinprägung und einem hochauflösenden Lagegeber kann ein gleichförmiger Lauf des Motors auch bei sehr tiefen Drehzahlen erreicht werden.

Abbildung 4.30 b zeigt den Wirkungsplan des Antriebs. Die Stromregelung arbeitet im feldorientierten Koordinatensystem. Der innere Vektordreher im Motor nach Abb. 4.4 wird durch den äußeren Vektordreher im Regler im Idealfall vollständig kompensiert. Der zusammengefaßte Wirkungsplan in Abb. 4.30 c entspricht für $i_{sd} = 0$ genau dem eines Gleichstromantriebs. Der geschlossene Stromregelkreis einschließlich Wechselrichter wird als Laufzeitglied angenähert. Es wird angenommen, daß die Laufzeit T_{Li} der Abtastzeit der überlagerten Drehwinkel- bzw. Lageregelung entspricht.

$$T_{Li} = T_\omega$$

Wegen dieser Analogie zum Gleichstromantrieb wird der Antrieb auch als „Bürstenloser Motor" bezeichnet.

Der Antrieb kann drehmomentgesteuert, drehzahlgesteuert oder lagegesteuert betrieben werden.

Zur Steuerung des Wechselrichters in Verbindung mit der Ständerstromeinprägung wurden mit Erfolg Fuzzy-Strategien angewandt [4.16]

Selbststeuerung der Synchronmaschinen erfordert die Messung der Polradlage und eine von der Polradlage abhängige Weiterschaltung des Wechselrichters. Die Sinusstromeinprägung bei hochwertigen Stellantrieben muß so erfolgen, daß der Vektor des Ständerstromes in Richtung der q-Achse liegt.

Das Prinzip der sensorlosen Polradwinkelsteuerung besteht darin, aus dem Vergleich der Phasenlage des Ständerstromes und der Ständerspannung ein Signal abzuleiten, daß die Polradlage annähernd repräsentiert. Nach einem von Matsui vorgeschlagenen Prinzip [4.17] werden Polradwinkel ϑ und Winkelgeschwindigkeit ω aus dem Vergleich des tatsächlichen Ständerstrom $\underline{i}_s$ mit einem Modellstrom $\underline{i}_s^*$ abgeleitet. Ergänzend ist eine Schätzung der Startposition notwendig. Experimentell wurde ein mittlerer Schätzfaktor des Polradwinkels von $\approx 7°$ ermittelt (Abb. 4.31).

Andere Autoren nutzen Nebeneffekte im Motor zur Messung des Polradwinkels [4.18].

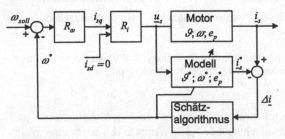

Abb. 4.31 Sensorlose Regelung der Drehzahl- und Polradlage einer Schenkelpol-Synchronmaschine (Modellgrößen sind mit * gekennzeichnet)

Die Schrittsteuerung von Synchronmotoren ermöglicht die exakte Umsetzung von elektrischen Impulsen in mechanische Wegelemente. Durch Anpassung der mechanischen und elektrischen Komponenten des Schrittantriebs kann eine hohe Winkelauflösung erreicht werden. Konstruktionsmerkmale moderner Schrittantriebe sind (Abb. 4.32) [4.15, 4.19, 4.20]

- hohe Polpaarzahl, bei Synchronmotoren $p = 3 \cdots 12$, bei Hybridmotoren bis zu $p = 50$
- Erhöhung der Schrittzahl pro Umfang durch Halbschrittbetrieb
- Stromeinprägung mit dem Ziel unverzögerter Drehmomentsteuerung
- Mikroschrittbetrieb durch inkrementelle Sinusstromeinprägung, realisiert wurden $k = 20 \cdots 200$ Mikroschritte pro Periode.

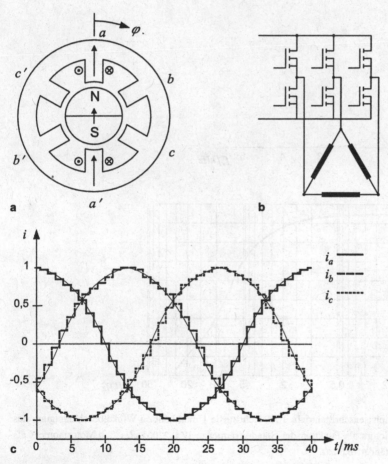

Abb. 4.32 Dreiphasenschrittantrieb. **a** Schnittbild, $p = 1$; **b** Prinzipschaltung; **c** Geschaltete Statorströme für $k=40$

Damit sind 1000 bis 10000 Schritte pro Umfang erreichbar. Durch sinnvolle Gestaltung des Magnetkreises kann erreicht werden, daß das Drehmoment des Motors Oberschwingungen nur in geringem Umfang enthält, die Schwingungsanregung für das mechanische Antriebssystem also gering bleibt. Als ein Maß dafür dient die Winkelbeschleunigung des unbelastbaren Motors im stationären Betrieb. Das verfügbare Motormoment ist über einem größeren Bereich der Schrittfrequenz konstant (Abb. 4.33).

Das stationäre und dynamische Betriebsverhalten des Schrittantriebs mit Ständerstromeinprägung kann aufgrund der Zustandsgleichungen der fremdgesteuerten Synchronmaschine berechnet werden (vergl. Abschn. 4.1).

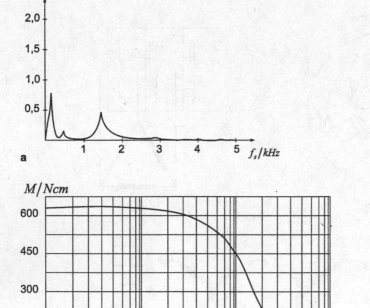

Abb. 4.33 Dreiphasenschrittantrieb, 1000 Schritte je Umdrehung. a Winkelbeschleunigung des unbelasteten Motors als Funktion der Ständerfrequenz, $1V = 2200 \, rad/s^2$; b Motormoment als Funktion der Ständerfrequenz

Beispiel 4   Anlauf eines selbstgesteuerten Synchronmotors

Dem Synchronmotor wird mit einer schnellen Stromregelung der Ständerstrom

$$\underline{i}_s = i_{s\alpha} + j i_{s\beta}$$

eingeprägt. Der speisende Wechselrichter arbeitet als Vektordreher. Gesteuert durch den Winkel

$$\vartheta_{s=} \omega_s \cdot t$$

Wandelt er den vorgegebenen Gleichstrom in dreiphasigen Wechselstrom (Abb. 4.30). Im Idealfall kompensiert der Vektordreher des Wechselrichters den inneren Vektordreher des Motors. Laufzeiteffekte bleiben hier unberücksichtigt. Der Polradlagegeber ist so eingestellt, daß der Ständerstrom auf der Polradachse senkrecht steht

$$\underline{i}_s = i_{sd} + j i_{sq}; \qquad\qquad i_{sd} = 0$$

Der von der überlagerten Drehzahlregelschleife vorgegebene Stromsollwert entspricht dem Strom i_{sq}.

Während des Anlaufs wird der Stromsollwert konstant vorgegeben. Es ist

$$i_{sq} = 11{,}6A \text{ (Scheitelwert)}$$

Die Polraddurchflutung wirkt ausschließlich in d-Richtung

$$\psi_p = \psi_{sd} = 0{,}107Vs$$

Der betrachtete Motor hat eine Polpaarzahl

$$z_p = 3$$

Damit ergibt sich das Anlaufmoment zu

$$m = \frac{3}{2} z_p \psi_{sd} i_{sq} = 5{,}6Nm$$

Der Anlauf erfogt gegen ein Trägheitsmoment

$$J = 8{,}6 kgcm^2$$

Das Widerstandsmoment während des Anlaufs sei null. Der Motor läuft mit konstanter Beschleunigung aus dem Stillstand

$$t = 0; \qquad\qquad \omega = 0$$

auf maximale Winkelgeschwindigkeit

$$t = t_{\max} \; ; \qquad\qquad \omega = \omega_{\max} = 100 \cdot 2\pi \cdot \frac{1}{s}$$

Dem entspricht die Nenndrehzahl

$$n_{nenn} = \frac{\omega_{\max}}{2\pi} = 6000 \; \text{min}^{-1}$$

Aus der Bewegungsgleichung

$$m = J \frac{d^2\vartheta}{dt^2} = J \frac{d\omega}{dt}$$

$$\omega = \frac{d\vartheta}{dt} : \qquad \text{mechanische Winkelgeschwindigkeit}$$

ergibt sich die Anlaufzeit zu

$$t_{\max} = \omega_{\max} \cdot \frac{J}{m} = 100 \cdot 2\pi \frac{8,6}{5,6} \frac{kgcm^2}{s \cdot Nm}$$

$$t_{\max} = 0,0965 \; s$$

Während des Anlaufs verläuft der elektrische Winkel $\vartheta_s = \omega_s \cdot t$ unter Berücksichtigung der Polpaarzahl $z_p = 3$ nach der Zeitfunktion

$$\vartheta_s = 3\vartheta = 3 \cdot \frac{m}{J} \cdot \frac{t^2}{2}$$

Es ergibt sich die Wertetabelle

t/ms	5	10	15	20	25	30	35	40	45	50
ϑ_s/rad	0,24	0,97	2,2	3,9	6,1	8,8	12,0	15,6	19,8	24,4
$\vartheta_s/°$	14	56	126	223	350	504	688	894	1134	1398

Die Wertetabelle wurde in Abb. 4.34 a als Zeigerdiagramm dargestellt. Der Winkel ϑ_s beschreibt die Drehung des polradorientierten $d;q$-Koordinatensystems gegeüber dem raumfesten $\alpha;\beta$-Koordinatensystem.

$$i_{s\alpha} + ji_{s\beta} = \left(i_{sd} + ji_{sq}\right) \cdot e^{j\vartheta_s}$$

$$i_{s\alpha} + ji_{s\beta} = ji_{sq} \cos\vartheta_s - i_{sq} \sin\vartheta_s$$

Für $i_{sq} = 11,6A$; $i_{sd} = 0$ veranschaulicht Abb 4.34 den Verlauf von $i_{s\alpha}$ und $i_{s\beta}$ während des Anlaufs. Die Frequenz der dem Ständer eingeprägten Ströme wächst von null an entprechend

$$\omega_s = \frac{d\vartheta_s}{dt}$$

bis auf $\omega_{s\,\max} = \omega_{\max} \cdot z_p$.

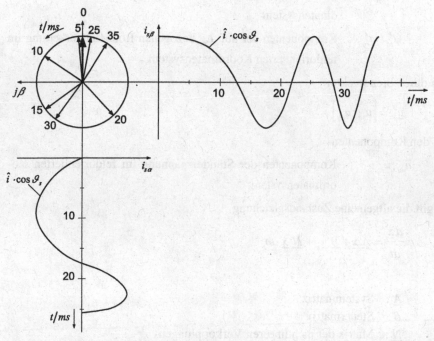

Abb. 4.34 Drehung der d-Achse in der $\alpha;\beta$ -Ebene und Konstruktion der Komponenten $i_{s\alpha}$ und $i_{s\beta}$

Beispiel 5   Ständerstrom-Vektorregelung

Es wird Regelung im rotorflußorientierten Koordinatensystem vorausgesetzt. Der Zustand einer Drehfeldmaschine wird durch den Zustandsvektor

$$\underline{x}^T = \left[i_{sd} ; i_{sq} ; \psi'_{rd} ; \psi'_{rq} \right]$$

beschrieben mit den Komponenten

$i_{sd} ; i_{sq}$:   Komponenten des Ständerstromes im feldorientierten Koordinatensystem

$\psi'_{rd} ; \psi'_{rq}$:   Komponenten der auf L_m bezogenen Rotorflußverkettung im feldorientierten Koordinatensystem

und durch Steuervektor

$$\underline{u}_s^T = \left[u_{sd} ; u_{sq} \right]$$

mit den Komponenten

$u_{sd} ; u_{sq}$:   Komponenten der Ständerspannung im feldorientierten Koordinatensystem

Es gilt die allgemeine Zustandsgleichung

$$\frac{d\underline{x}}{dt} = \underline{A}\,\underline{x} + \underline{B}\,\underline{u}_s + \underline{N}\,\underline{x} \cdot \omega_s$$

mit

$\underline{A}$:   Systemmatrix
$\underline{B}$:   Steuermatrix
$\underline{N}$:   Matrix der nichtlinearen Verkopplungen

Die Zustandsgleichung wurde im rotorflußorientierten Koordinatensystem angeschrieben. Dann ist

$$\underline{A} = \begin{vmatrix} -\dfrac{1}{\sigma}\left(\dfrac{1}{T_s} + \dfrac{1-\sigma}{T_r} \right) & 0 & \dfrac{1-\sigma}{\sigma T_r} & \dfrac{1-\sigma}{\sigma}\omega \\[2mm] 0 & -\dfrac{1}{\sigma}\left(\dfrac{1}{T_s} + \dfrac{1-\sigma}{T_r} \right) & -\dfrac{1-\sigma}{\sigma}\omega & \dfrac{1-\sigma}{\sigma T_r} \\[2mm] \dfrac{1}{T_r} & 0 & -\dfrac{1}{T_r} & -\omega \\[2mm] 0 & \dfrac{1}{T_r} & \omega & -\dfrac{1}{T_r} \end{vmatrix}$$

$$\underline{B} = \begin{vmatrix} \dfrac{1}{\sigma L_s} & 0 \\ 0 & \dfrac{1}{\sigma L_s} \\ 0 & 0 \\ 0 & 0 \end{vmatrix} ; \quad \underline{N} = \begin{vmatrix} 0 & 1 & 0 & 0 \\ -1 & 0 & 0 & 0 \\ 0 & 0 & 0 & 1 \\ 0 & 0 & -1 & 0 \end{vmatrix}$$

Die Zustandsgleichungen kennzeichnen den bilinearen Charakter des Systems. u_{sd}; u_{sq}; ω_s sind Eingangsgrößen. Die mechanische Winkelgeschwindigkeit ω in der Systemmatrix $\underline{A}$ wird als meßbarer variabler Systemparameter betrachtet. Es gilt der Wirkungsplan nach Abb. 4.35

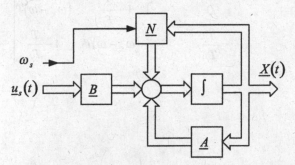

Abb. 4.35 Wirkungsplan der kontinuierlichen Zustandsgleichungen der Drehfeldmaschine

Es wird eine schnelle Stromregelung vorausgesetzt. Deshalb erfolgt der Übergang zu einer zeitdiskretem Beschreibung der Drehfeldmaschine.

Die Ableitung eines diskreten Zustandsmodells bzw. die Diskretisierung des kontinuierlichen bilinearen Zustandsmodell erfolgt unter der Voraussetzung, daß die Eingangskomponenten u_{sd}; u_{sq}; ω_s innerhalb einer Abtastperiode T konstant sind. Nach iterativer Integration von Gl. 3.23 ergibt sich ein äquivalentes, diskretes Zustandsmodell der ASM

$$\underline{x}^f(k+1) = \underline{\Phi}^f \underline{x}^f(k) + \underline{H}^f \underline{u}_s^f(k) \quad {}^{1)}$$

$$\underline{\Phi}^f(T,\omega,\omega_s) = \exp\left[\left(\underline{A}^f + \underline{N}\omega_s(k)\right)T\right]$$

$$\underline{H}^f(T,\omega,\omega_s) = \int_0^T \exp\left[\left(\underline{A}^f + \underline{N}\omega_s(k)\right)\tau\right]d\tau\,\underline{B}^f$$

$$k = 0,1,2,..,\infty$$

---

[1] f kennzeichnet die Gültigkeit der Gleichungen im feldorientierten Koordinatensystem

Das diskrete Modell (3.29a) ist im Gegensatz zu dem kontinuierlichen ein zeitvariantes, jedoch lineares Modell. Die Elemente der Transitionsmatrix $\underline{\Phi}^f(k)$ und der Eingangsmatrix $\underline{H}^f(k)$ werden on-line berechnet. Ähnlich wie beim diskreten Zustandsmodell im ständerfesten Koordinatensystem ergeben sich brauchbare Gleichungen durch die Näherung 1.Ordnung der Reihenentwicklung von Exponentialfunktionen (3.29b) und (3.29c)

$$
\underline{\Phi}^f = \begin{vmatrix}
1 - \dfrac{T}{\sigma}\left(\dfrac{1}{T_s} + \dfrac{1-\sigma}{T_r}\right) & \omega_s T & \dfrac{1-\sigma}{\sigma}\dfrac{T}{T_r} & \dfrac{1-\sigma}{\sigma}\omega T \\[2ex]
-\omega_s T & 1 - \dfrac{T}{\sigma}\left(\dfrac{1}{T_s} + \dfrac{1-\sigma}{T_r}\right) & -\dfrac{1-\sigma}{\sigma}\omega T & \dfrac{1-\sigma}{\sigma}\dfrac{T}{T_r} \\[2ex]
\dfrac{T}{T_r} & 0 & 1 - \dfrac{T}{T_r} & (\omega_s - \omega)T \\[2ex]
0 & \dfrac{T}{T_r} & -(\omega_s - \omega)T & 1 - \dfrac{T}{T_r}
\end{vmatrix}
$$

$$
\underline{H}^f = \begin{vmatrix}
\dfrac{T}{\sigma L_s} & 0 \\[2ex]
0 & \dfrac{T}{\sigma L_s} \\[2ex]
0 & 0 \\[1ex]
0 & 0
\end{vmatrix}
$$

Es ist zweckmäßig, die Matrizen in Teilmatrizen zu zerlegen.

$$
\underline{\Phi}^f = \begin{vmatrix} \Phi^f_{11} & \Phi^f_{12} \\ \Phi^f_{21} & \Phi^f_{22} \end{vmatrix}; \qquad \underline{H}^f = \begin{vmatrix} H^f_1 \\ H^f_2 \end{vmatrix}
$$

Der Wirkungsplan ist in Abb. 4.36 dargestellt. Die Trennung des Zustandsvektors in zwei Teilvektoren führt auf getrennte Gleichungen für Ständerstrom $\underline{i}_s$ und Rotorflußverkettung $\underline{\psi}_s$

$$
\underline{i}^f_s(k+1) = \underline{\Phi}^f_{11}\underline{i}^f_s(k) + \underline{\Phi}^f_{12}\underline{\psi}'^f_r(k) + \underline{H}^f_1\underline{u}^f_s(k)
$$

$$
\underline{\psi}'^f_s(k+1) = \underline{\Phi}^f_{21}\underline{i}^f_s(k) + \underline{\Phi}^f_{22}\underline{\psi}'^f_r(k)
$$

Da $\underline{H}_2$ eine Nullmatrix ist , lassen sich getrennte Modelle für die Stromregelstrecke und für das Flußmodell angeben (Abb. 4.37). Es ist hervorzuheben, daß im Unterschied zu den Zustandsmodellen für eine Drehfeldmaschine im Ständerkoordinatensystem hier die Größen ω und ω_s in den Matrizen auftreten. Dadurch kommt eine Verkopplung zwischen den Stromkomponenten i_{sd} und i_{sq} zum Ausdruck. Abb. 4.37 ist eine ausführlichere Fassung von Abb. 4.12.

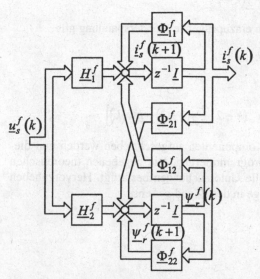

Abb. 4.36 Struktur des diskreten Zustandsmodells der ASM im feldsynchronen Koordinatensystem

Für den Reglerentwurf gelten Gl. 4.64 und Gl. 4.65 in Abschnitt 4.2 und die bildliche Darstellung in Abb. 4.14.

Macht man für den geschlossenen Kreis den Ansatz

$$i_s(z) = z^{-2} \underline{i}_s^*(z),$$

d.h. unterstellt man, daß die Regelgröße des Stromes $\underline{i}_s$ der Führungsgröße $\underline{i}_s^*$ um zwei Takte verzögert folgt, erhält man einen Regler für endliche Einstellzeit. Es ist der schnellstmögliche, sogenannte Dead-Beat-Regler (Abschn. 2). Durch Umformung erhält man

$$\underline{R}_I = \frac{1}{1-z^{-2}} \left[\underline{I} - z^{-1} \underline{\Phi} \right] \tag{4.79a}$$

$$\underline{R}_I = \left[\underline{I} - z^{-1} \underline{\Phi} \right] \frac{1}{1-z^{-2}} \tag{4.79b}$$

Die Regler nach (4.79a) und (4.79b) unterscheiden sich formal nicht. Sie führen jedoch auf eine unterschiedliche Reihenfolge der Programmierung. Vor allem in Verbindung mit der Stellgrößenbegrenzung ist das zu beachten.

Durch Einsetzen ergibt sich für die Stellgröße

$$y(z) = \underline{R}_I \underline{x}_w(z) \text{ mit } \underline{X}_w(z) = \underline{i}_s^*(z) - \underline{i}_s(z)$$

Daraus folgt im Zeitbereich

$$\underline{y}(k) = \underline{x}_w(k) - \underline{\Phi x}_w(k-1) + \underline{y}(k-2)$$

Für die durch Raumzeigermudulation einzuprägende Ständerspannung gilt

$$\underline{u}_s(k) = \underline{H}^{-1}\left[\underline{y}(k-1) - \underline{h\Phi}(k)\right]$$

und durch Einsetzen

$$\underline{u}_s(k) = \underline{H}^{-1}\left[\underline{x}_w(k-1) - \underline{\Phi x}_w(k-2) + \underline{y}(k-3) - \underline{h\Phi}(k)\right]$$

Die Vektorgleichungen können in Komponenten aufgeschrieben werden und dienen als Ausgangspunkt der Reglerprogrammierung. Die gegebenen theoretischen Ansätze werden durch experimentielle Untersuchungen bestättigt. Hervorzuheben ist die gute Entkopplung der Vorgänge in der d- und q-Achse.

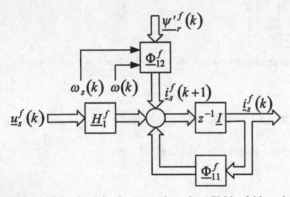

Abb. 4.37 Struktur der Stromregelstrecke ASM im feldsynchronen Koordinatensystem

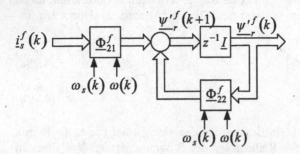

Abb. 4.38 Rotorflußmodell zur Flußschätzung im feldsynchronen Koordinatensystem

5 Drehzahl- und Lageregelung des Einzelantriebs

5.1 Grundstruktur und Dimensionierung

Die Grundstruktur der Drehzahlregelung ist von der Art des verwendeten Motors unabhängig. Der Motor in Verbindung mit der zugeordneten Regelung bewirkt eine Drehmomentsteuerung. Diese wirkt nahezu unverzögert. Summarisch berücksichtigt die Laufzeit T_L auftretende Verzögerungen. Drehmomentregelung und Drehzahlregelung laufen meist nicht synchron. Die Annahme

$$T_L = T \qquad\qquad (5.1)$$

T : Abtastzeit der Drehzahlregelung

ist meist genügend genau.

Der Regler wird durch seine diskrete Übertragungsfunktion $G_R^*(p)$ beschrieben. Ein Halteglied und eine Ausgangssignalbegrenzung sind Bestandteil des Reglers. Führungsgröße, Regelgröße und Störgröße werden als abgetastete Signale vorausgesetzt.

Regelgröße und Störgröße werden mit der Integrationszeit der Messung T_m gehalten. Auch hier kann meist

$$T_m = T$$

angenommen werden. Die Methodik der Berechnung wurde in Abschn. 2 dargestellt. Die Abtastzeiten der Drehzahlregelung liegen im Bereich

$$T = 0,1 \cdots 1,0 ms$$

Unter Berücksichtigung üblicher Zeitkonstanten elektrischer Antriebe ist es zulässig, die Drehzahlregelung als quasikontinuierlich zu behandeln (Abb. 5.1 b). Für die Ersatzlaufzeit gilt

$$T_{ers} \approx 2T \qquad\qquad (5.2)$$

Die Einstellung des Reglers erfolgt nach dem Betragsoptimum. Es wird eine Anregelzeit des geschlossenen Kreises von $T_{an} = 5T_{ers}$ erreicht.

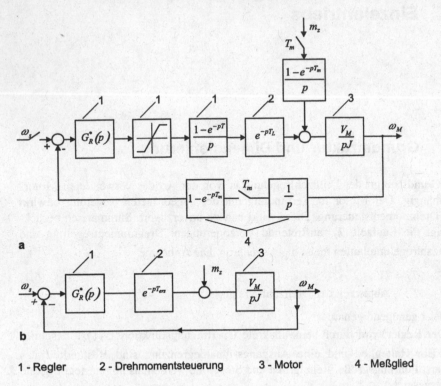

a

1 - Regler   2 - Drehmomentsteuerung   3 - Motor   4 - Meßglied

Abb. 5.1 a Grundstruktur der digitalen Drehzahlregelung; **b** Zusammengefaßte Darstellung zur quasikontinuierlichen Berechnung

Dem Bewegungsgeber wird in der Regel sowohl Drehzahl- als auch Lagesignal entnommen. In der Grundstruktur der Lageregelung in Abb. 5.2 a berücksichtigt der Verstärkungsfaktor V_G zwischen Winkelgeschwindigkeit ω_M und Winkel φ_M zugleich ein gegebenenfalls vorhandenes Getriebe. Die Zeitkonstante T_i berücksichtigt die bei der Drehmomenteinprägung auftretende Verzögerung. Es ist

$$T_i \geq 2T$$

In dem für die Stabilität und Dynamik wichtigen Frequenzbereich wird der Drehzahlregler durch den Verstärkungsfaktor V_ω und der Lageregler durch den Verstärkungsfaktor V_x beschrieben.

Obwohl die Funktion der Drehzahl- und Lageregelung insgesamt von einem Rechner erfüllt wird, kann formal die Drehzahlregelschleife zusammengefaßt werden (Abb. 5.2 b). Der Ansatz des Betragsoptimums führt auf

$$V_\omega = \frac{J}{2T_i \cdot V_M}$$

$$T_\omega \approx 2T_i$$

Der gleiche Ansatz führt für die Lageregelung auf

$$V_x = \frac{1}{2T_\omega \cdot V_G}$$

charakteristisch für die Güte der Führung ist die Übertragungsfunktion

$$\frac{\varphi_M(p)}{\varphi(p)} = \frac{V_x \cdot V_G}{V_x \cdot V_G + p(1 + pT_\omega)} \qquad (5.3)$$

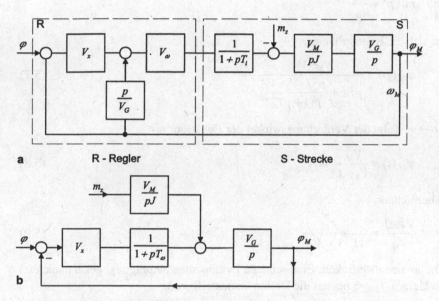

a   R - Regler   S - Strecke

b

Abb. 5.2 a Grundstruktur der digitalen Lageregelung und **b** zusammengefaßte Darstellung

Für eine rampenförmige Änderung der Führungsgröße

$$\varphi(t) = \alpha \cdot t$$

ergibt sich die Regelgröße im Unterbereich zu

$$\varphi_M(p) = \frac{V_x \cdot V_G}{V_x \cdot V_G + p(1 + pT_\omega)} \cdot \frac{\alpha}{p^2} \qquad (5.4)$$

für $t \rightarrow \infty$ folgt daraus die Winkelabweichung

$$\left[\varphi_M(t) - \varphi(t)\right]_{t \rightarrow \infty} = \Delta\varphi_\infty = \frac{\alpha}{V_G \cdot V_X} \qquad (5.5)$$

Man bezeichnet $\Delta\varphi_\infty$ als Geschwindigkeitsfehler der Lage φ.

Charakteristisch für die Güte bezüglich Störeinflüssen ist die Störungsübertragungsfunktion

$$\frac{\varphi_M}{-m_z} = \frac{\dfrac{V_M \cdot V_G}{p^2 \cdot J}}{1 + \dfrac{V_X \cdot V_G}{p(1 + pT_\omega)}} \tag{5.6}$$

Für eine sprungförmige Änderung der Störgröße

$$m_z(p) = \frac{m_z}{p}$$

ergibt sich die Regelgröße zu

$$\varphi_M(p) = \frac{V_M \cdot V_G}{p^2 J + \dfrac{p^2 J \cdot V_X \cdot V_G}{p(1 + pT_\omega)}} \cdot \frac{m_z}{p} \tag{5.7}$$

Für $t \to \infty$ folgt der Verdrehungswinkel der Funktion

$$\varphi_M(t) = \frac{V_M}{V_X \cdot J} \cdot m_z t \tag{5.8}$$

Man bezeichnet

$$\frac{V_X \cdot J}{V_M} = \frac{J}{4T_i \cdot V_G \cdot V_M} \tag{5.9}$$

als Drehmomentsteifigkeit. Eine schnelle Drehmomenteinprägung, gekennzeichnet durch kleines T_i, verbessert die Drehmomentsteifigkeit.

5.2   Kompensation des Führungsfehlers

Fehler in der Übertragung der Führungsgröße führen bei zwei- und mehrdimensionalen Bahnsteuerungen zu Bahnfehlern, die die Genauigkeit des Bahnfahrens einschränken. Durch Aufschalten von Korrektursignalen kann man über die Möglichkeiten der Regelung hinaus, Führungsfehler unterdrücken. Das aufzuschaltende Korrektursignal wird einem inversen Modell der Regelstrecke entnommen, das im Regler hinterlegt ist. Abb. 5.3 zeigt ein Ausführungsbeispiel.

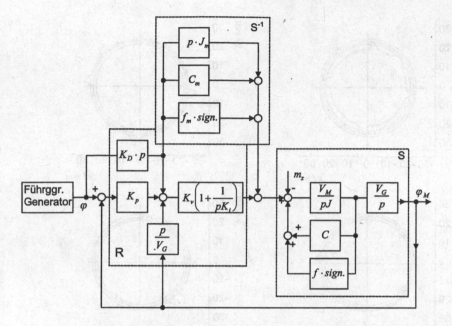

R - Regeleinrichtung   S - Regelstrecke   S - inverses Modell der Regelstrecke

Abb. 5.3 Wirkungsplan einer Lageregelung mit Führungsfehlerkompensation

Die Regelstrecke ist ein Stellantrieb mit einem inneren Widerstandsmoment

$$m_w = c \cdot \omega_M + f \cdot sign \cdot \omega_M \qquad (5.10)$$

Der Drehzahlregler ist ein PI-Regler mit dem Verstärkungsfaktor k_V und der Integrierzeit k_i. Das Glied $k_D \cdot p$ realisiert eine Geschwindigkeitsaufschaltung; das inverse Modell der Strecke S^{-1} realisiert eine Drehmomentaufschaltung mit dem Signal m_a.

Die Wirkung der Korrekturverfahren auf die Genauigkeit der Bahnsteuerung kann an einem Kreistest veranschaulicht werden. Es werden gleiche Antriebe in x- und y-Richtung vorausgesetzt. Fehler der Bahnsteuerung äußern sich in Abweichungen von der Kreisbahn in den Wendepunkten der Achsen. Diese Abweichungen sind in Abb. 5.4. in hundertfacher Vergrößerung dargestellt. Die gepunkteten Linien kennzeichnen eine Abweichung von ±15 % vom idealen Bahnverlauf.

Die Grenzen des Verfahrens ergeben sich aus nicht konstanten Streckenparametern und aus der Schwierigkeit der genauen Einstellung des Modells. Neuere Entwicklungen nutzen Selbsteinstellungsstrategien.

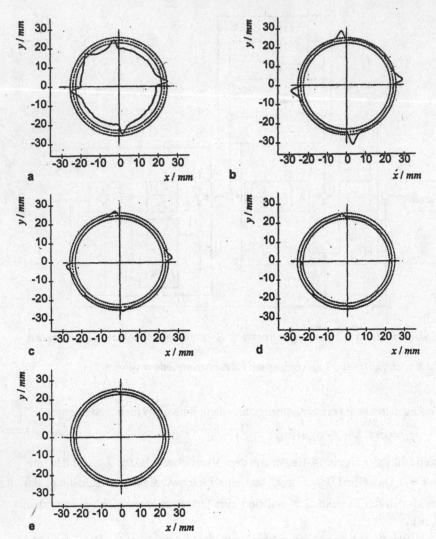

Abb. 5.4 Kreistest zur Prüfung der Genauigkiet einer Zweikoordinaten-Bahnsteuerung (Bahnabweichungen hundertfach vergrößert). **a** klassische Lageregelung, maximaler Fehler: 50 μm ; **b** Lageregelung mit Geschwindigkeitsaufschaltung, maximaler Fehler 67 μm ; **c** Lageregelung mit Geschwindigkeitsaufschaltung, und hochverstärkender Rückführung, maximaler Fehler 36 μm ; **d** Lageregelung mit Geschwindigkeitsaufschaltung und Drehmomentaufschaltung, maximaler Fehler 15 μm ; **e** Lageregelung mit Geschwindigkeitsaufschaltung, hochverstärkender Rückführung und Drehmomentaufschaltung, maximaler Fehler 8 μm

5.3 Kompensation von Störgrößen, Reibungskompensation

Meßbare Störgrößen können durch Aufschalten eines negativen Korrektursignals auf die Führungsgröße des Drehmoments kompensiert werden, wenn die Drehmomentregelung dem Korrektursignal genügend schnell folgt.

Nicht direkt meßbare Störgrößen werden durch einem Störgrößenbeobachter erfaßt (Abb. 5.5). Dieser entspricht dem inversen Modell der Regelstrecke $G_s(p)$. Das Differenzsignal ε entspricht dem Störsignal z. Da die Nominalübertragungsfunktion der Strecken $G_{sn}(p)$ mit der tatsächlichen Übertragungsfunktion $G_s(p)$ nicht genau übereinstimmt, muß das Differenzsignal über ein Tiefpaßfilter $Q(p)$ geführt werden, um die auf diese Perturbationen zurückzuführenden Differenzen gegenüber dem eigentlichen Störsignal zu unterdrücken.

In gleicher Weise kann eine gewisse Kompensation des Reibmomentes erreicht werden (Abb. 5.6 a). Ein Korrektursignal

$$m_R^* = m_{R0} \cdot sign \cdot \omega_M \qquad (5.11)$$

wird auf die Führungsgröße des Drehmomentes aufgeschalten. Die Einstellung des Korrekturgliedes ist schwierig, da das tatsächliche Reibmoment meist nicht konstant ist. Günstiger ist in dieser Hinsicht das Modellreferenzverfahren nach Abb. 5.6 b. Das Ausgangssignal der Regelstrecke ω_M wird mit dem Ausgangssignal des Modells $\hat{\omega}_M$ verglichen. Aus dem Fehlersignal ε wird unter berücksichtigung von G_k das Korrektursignal abgeleitet.

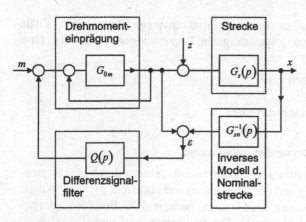

Abb. 5.5 Störgrößenbeobachter

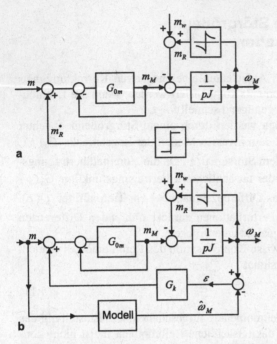

a

b

Abb. 5.6 Kompensation der Coulombschen Reibung. **a** Aufschaltung eines Korrektursignals (Vorwärtskorrektion); **b** Modellreferenzverfahren (Rückwärtskorrektion)

5.4   Steuerung der Einzelbewegung

Der Ablauf der Bewegung ist so zu steuern, daß ein vorgegebenes Optimalitäts-kriterium unter Berücksichtigung systemeigener Begrenzungen erfüllt wird. Opti-malitätskriterien können sein:

- kürzestmögliche Verstellzeit
- minimale Verluste
- minimale mechanische Beanspruchung
- aperiodischer Verlauf

Begrenzungen, die eingehalten werden müssen sind:

- Begrenzungen der Drehzahl des Antriebes, technisch meist durch eine Begren-zung der Ständerspannung und der Ständerfrequenz realisiert
- Begrenzung des Motorstromes, des Motormoments und der Beschleunigung, technisch meist durch Begrenzung des Stromsollwertes realisiert.
- Begrenzung des Rucks, technisch meist durch eine Begrenzung der Stroman-stiegsgeschwindigkeit realisiert.
- Begrenzung der Übertemperatur der Wicklungen und der Ventile.

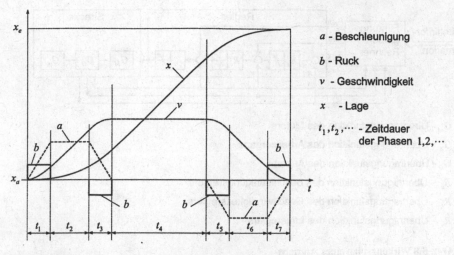

a - Beschleunigung

b - Ruck

v - Geschwindigkeit

x - Lage

$t_1, t_2, \cdots$ - Zeitdauer der Phasen 1, 2, $\cdots$

Abb. 5.7 Phasen des Bewegungsablaufs eines Stellantriebs

Ein typischer Bewegungsablauf ist in Abb 5.7 gezeigt. Die genannten Begrenzungen lösen sich in ihrer Wirksamkeit ab.

t_1: Ruckbegrenzung; $b = \dfrac{da}{dt} = konst$

t_2: Beschleunigungsbegrenzung; $a = \dfrac{dv}{dt} = konst$

t_3: Ruckbegrenzung; $b = \dfrac{da}{dt} = konst$

t_4: Geschwindigkeitsbegrenzung; $v = \dfrac{dx}{dt} = konst$

t_5: Ruckbegrenzung; $b = \dfrac{da}{dt} = konst$

t_6: Beschleunigungsbegrenzung; $a = \dfrac{dv}{dt} = konst$

t_7: Ruckbegrenzung; $b = \dfrac{da}{dt} = konst$

In Antrieben, die nach der klassischen Kaskadenstruktur arbeiten, wird die geforderte Begrenzung durch Begrenzung der entsprechenden Führungsgröße gewährleistet. In rechnergesteuerten Antrieben ist es Aufgabe des Führungsgrößenrechners, die Führungsgrößen des Antriebs nach vorgegebenen Leitinformation so zu berechnen, daß die systemeigenen Begrenzungen gut ausgenutzt, aber nicht überschritten werden.

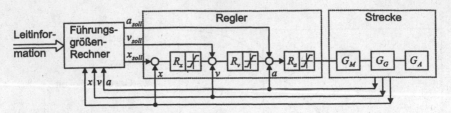

G_M - Übertragungsfunktion des Motors

G_A - Übertragungsfunktion des Arbeitsorgans

G_G - Übertragungsfunktion des Antriebs

R_a - Übertragungsfunktion des Beschleunigungsreglers

R_v - Übertragungsfunktion des Geschwindigkeitsreglers

R_x - Übertragungsfunktion des Lagereglers

Abb. 5.8 Wirkungsplan eines Antriebs

In Abb. 5.8. wird die Grundstruktur erläutert. Der Führungsgrößenrechner berechnet die Führungsgrößen $x_s(t)$, $v_s(t)$, $a_s(t)$ in Abhängigkeit von externen Leitinformationen, vom aktuellen Prozeßzustand und unter Beachtung von Optimalitätskriterien. Diese Kaskadenstruktur mit Führungsgrößenaufschaltung ermöglicht eine optimale Bahnsteuerung. Für Punkt-zu-Punkt-Steuerung, bei denen der Bahnverlauf von untergeordneter Bedeutung ist, finden einfachere Strukturen Anwendung.

Die genannten unterschiedlichen Optimalitätskriterien führen auf unterschiedliche Steuergesetze. Tafel 5.1. gibt dazu eine vergleichende Übersicht.

Motor und Getriebe bilden eine funktionelle Einheit. Gleichmäßig übertragende Getriebe, z.B. Zahnradgetriebe werden durch einen Verstärkungsfaktor

$$V_G = \frac{1}{\ddot{u}}$$

beschrieben. Ungleichmäßig übertragende Getriebe, z.B. Hebelmechanismen, verwirklichen eine nichtlineare Funktion

$$x_A = f(x_M)$$

Nichtlineare Getriebe führen zu periodischen Leistungspendelungen. Auch das Trägheitsmoment bezogen auf die Motorwelle ändert sich periodisch.

Für einen elektoromechanischen Antriebsstrang mit einem viergliedrigen Koppelgetriebe veranschaulicht Abb. 5.9 die Zusammenhänge.

Tafel 5.1 Steuergesetze für Stellantriebe

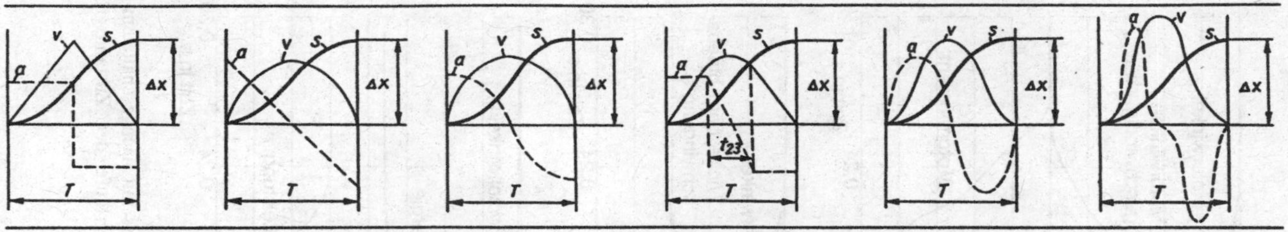

	zeitoptimal bei gegebenem a_{max} und V_{max}	verlustoptimal	harmonische Sinoide, Kompromiß zwischen 1 und 2	Trapezverlauf, ähnlich 3	Bestehorn-Sinoide	Biharmonische
$\dfrac{a_{max}}{a_1}$	$= 1$	$= 1{,}5$	$= 1{,}23$	$= 1{,}05$	$= 1{,}57$	$= 2{,}31$
$\dfrac{Q}{Q_1}$	$= 1$	$= 0{,}75$	$= 0{,}85$	$= 0{,}82$	$= 1{,}23$	
$\dfrac{da}{dt/max}$	$= \infty$	$= \infty$	$= \infty$	$= \infty$	$= $ endlich	$\dfrac{d^2a}{dt^2/max} = $ endlich
$\dfrac{V_{max}}{V_1}$	$= 1$	$= 0{,}75$	$= 0{,}78$	$= 0{,}85$	$= 1$	$= 1{,}23$

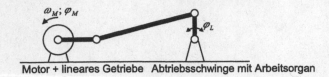

a   Motor + lineares Getriebe   Abtriebsschwinge mit Arbeitsorgan

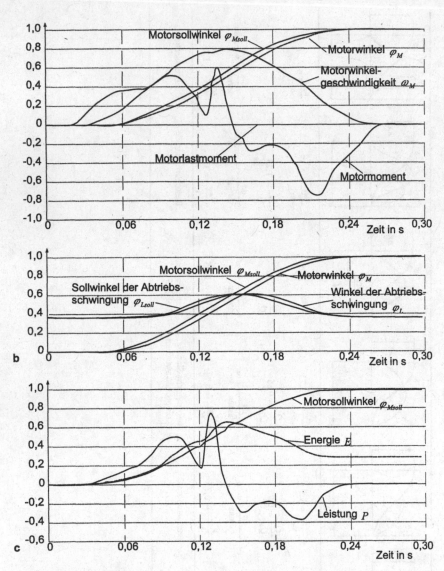

Abb. 5.9 Bewegungsablauf eines kontinuierlich drehenden Motors mit nachgeschaltetem vier-gliedrigem Koppelgetriebe. **a** Schema der Mechanik; **b** Zeitverläufe der Zustandsgrößen; **c** Zeitverläufe der Leistung und Energie

Die Motorwinkelgeschwindigkeit ω_M wird nach einem Sinusgesetz gesteuert. Der Motorwinkel φ_M durchläuft in einem Arbeitsspiel eine volle Umdrehung. Ein Widerstandsmoment der Last tritt nur während eines kürzeren Zeitabschnittes auf. Auffallend sind die erheblichen Pendelungen des Motormoments, der vom Motor abgegebenen Energie und der Leistung. Diese Pendelungen sind Ursache für starke mechanische Beanspruchungen, Lärmentwicklung, Verschleiß.

Eine gerätetechnische Optimierung und optimale Steuerung des Antriebs verfolgt das Ziel, Beanspruchungen zu minimieren. Maßnahmen dazu sind

- Ausgleich von Belastungsstößen am Ort ihres Entstehens durch Nutzen mechanischer Energiespeicher
- Steuerung des Motormomentes nach einer harmonischen Funktion unter Vermeidung höherfrequenter Anteile
- Keine Umkehr der Richtung des zu übertragenden Drehmomentes
- Sicherung des notwendigen Winkelgleichlaufs zwischen den Antrieben durch überlagerte Gleichlaufregelung.

Es ist sinnvoll, zu unterscheiden zwischen Abschnitten der Bewegung mit definierten Genauigkeitsforderungen und Abschnitten der Bewegung ohne definierte Genauigkeitsforderungen.

Für die Abschnitte mit definierten Genauigkeitsforderungen erfolgt eine Führungsgrößenvorgabe entsprechend einer mechanischen Kurvenscheibe, man spricht von einer elektronischen Kurvenscheibe. Die Abschnitte ohne definierte Genauigkeitsforderungen können in Grenzen frei gewählt werden (Abb. 5.10) und eröffnen die Möglichkeit der Optimierung des Bewegungsablaufs.

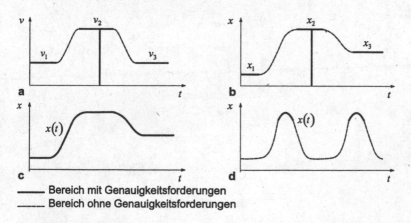

_____ Bereich mit Genauigkeitsforderungen
----- Bereich ohne Genauigkeitsforderungen

Abb. 5.10 Zeitablaufdiagramme typischer Bewegungsverläufe. **a** Drehzahlsteuerung; **b** Positioniersteuerung; **c** Lage-Folgesteuerung; **d** Raststeuerung

Optimierungskriterien können sein

- kürzestmögliche Verstellzeit
- minimale Motorverluste
- Unterdrückung hoher Frequenzen im Führungsgrößenverlauf des Drehmoments
- Vermeiden der Drehmomentumkehr.

Am Beispiel eines Antriebsstranges mit Viergelenkbogen zeigt Abb. 5.11, daß durch geringe Modifikation des Winkelverlaufs im unkritischen Bereich ein wesentlich günstigerer Drehmomentverlauf erreicht werden kann. Dadurch kann die Güte elektronisch gesteuerter Bewegungen gegenüber klassischen mechanischen Steuerungen verbessert werden. Neben einer off-line-Optimierung ist auch eine selbsttätige on-line-Optimierung des Bewegungsablaufs möglich.

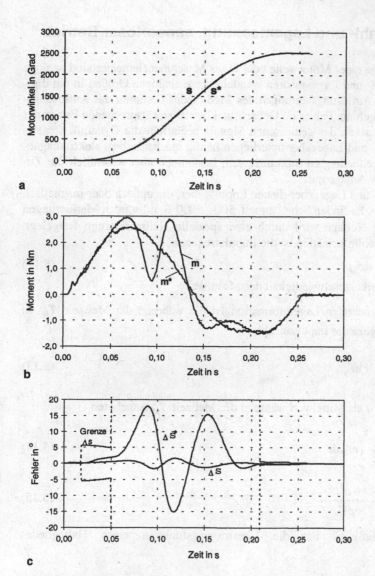

Abb. 5.11 Bewegungsablauf eines kontinuierlich drehenden Motors mit nachgeschaltetem vier-
gliedrigem Koppelgetriebe. **a** Verlauf des Motorwinkels; **b** Verlauf des Motormoments;
c Verlauf des Winkelfehlers

s, m, Δs Winkelsteuerung nach einer Bestehorn-Sinuide

s^*, m^*, $\overline{\Delta s}^*$ Winkelsteuerung modifiziert

5.5 Drehzahl- und Lagemessung, sensorloser Betrieb

Drehzahl und Lage einer Motorwelle oder eines Maschinenelementes sind analoge Größen. Drehzahl- und Lagesensoren wandeln diese analogen Größen in ein digitales Signal. Das Auflösungsvermögen des Meßgliedes bestimmt das Auflösungsvermögen der Regelung, Fehler im Gebersignal bewirken entsprechende Fehler der Regelung. Die Tastzeit des gemessenen Signals beeinflußt die Dynamik der Regelung. Drehzahl- und Lagegeber unterliegen häufig mechanischen, elektromagnetischen und umweltbedingten Störeinflüssen, bestimmen also wesentlich die Zuverlässigkeit einer Anlage mit.

Als Drehzahl- und Lagegeber dienen Impulsgeber, die optisch oder magnetisch abgetastet werden. Es finden Scheiben mit $500\cdots5000$ äquidistanten Markierungen Anwendung. Die Nullage wird durch eine spezielle Nullmarkierung festgelegt. Träger der Drehzahlinformation ist die Impulsfrequenz

$$f_m = k_m \cdot \omega_M \tag{5.12}$$

ω_M : Winkelgeschwindigkeit der Motorwelle

Träger der inkrementalen Lageinformation ist die während der Meßzeit T_M in einem Zähler eingezählte Impulsanzahl

$$z = \int_0^{T_m} f_m(t)\,dt . \tag{5.13}$$

Die Drehzahl wird als Mittelwert während der Meßzeit T_M angeboten

$$\omega^* = \frac{1}{T_M} \int_o^{T_m} \omega_M\,dt \tag{5.14}$$

$$\frac{\omega^*(p)}{\omega(p)} = \frac{1 - e^{-pT_m}}{pT_m} \tag{5.15}$$

Das Drehzahlmeßglied hat die Übertragungsfunktion eines Haltegliedes (Abb. 5.12).

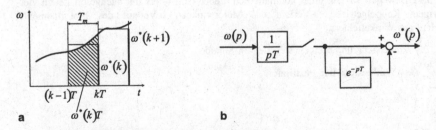

a   **b**

Abb. 5.12 Drehzahlmessung mit inkrementalem Geber. **a** Mittelwertbildung; **b** Wirkungsplan

Gebräuchliche inkrementale Drehzahlgeber bilden zwei um 90° el. versetzte Signale u_1 und u_2, die direkt und negiert übertragen werden (Abb. 5.13). Aus der relativen Lage der Signale u_1 und u_2 ist die Drehrichtung erkennbar. Aus dem Vergleich der Signale u_1 und $\bar{u}_1$, bzw. u_2 und $\bar{u}_2$ sind Übertragungsfehler erkennbar. Durch eine logische Auswertung der Zustandsfolge $z(u_1;u_2)$ ergibt sich eine gegenüber dem Ursprungssignal u_1 vervierfachte Impulsfrequenz.

Eine wesentliche Erhöhung des Auflösungsvermögens der Drehzahl- und Lagemessung kann mit Hilfe von Interpolationsverfahren erreicht werden. Integrierte Schaltkreise (ASIC's) ermöglichen die Auswertung von Zwischenwerten eines periodischen Signals. Abb. 5.14 zeigt ein Beispiel. Die Gebersignale u_1 und u_2 werden als periodische, nicht genau sinusförmige Signale interpretiert und daraus ein Dreiecksignal abgeleitet. Die Flanken werden in 10 Amplitudenstufen abgefragt und daraus 10 zeitlich äquidistante Impulse abgeleitet.

Mit elektronischen Interpolationsverfahren kann eine Auflösung von 50000 Impulsen pro Umdrehung erreicht werden. Damit ist auch bei sehr niedrigen Drehzahlen eine genügend genaue und schnelle Lage- und Drehzahlmessung möglich.

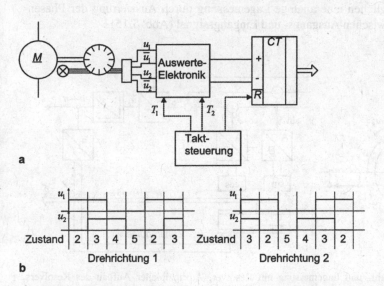

Abb. 5.13 Zweispurige Auswertung des Gebersignals. **a** Prinzipschaltung; **b** Zustandsfolge bei Drehrichtung 1 und Drehrichtung 2

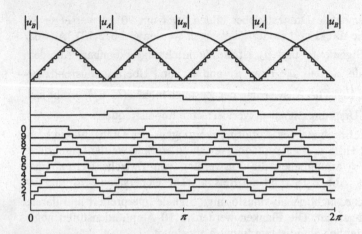

Abb. 5.14 Erhöhtes Auflösungsvermögen des Drehzahlsignals durch Interpolation. **a** Gebersignale; **b** Abfrage der Signalflanken

Resolver ermöglichen eine analoge Lagemessung durch Auswertung der Phasenverschiebung zwischen Ausgangs- und Eingangssignal (Abb. 5.15).

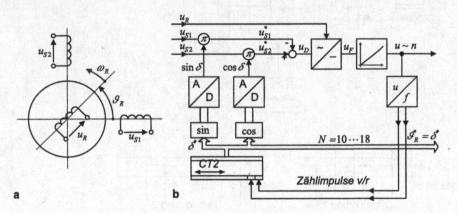

a   b

Abb. 5.15 Drehzahl- und Lagemessung mit Resolver. **A** prinzipieller Aufbau des Resolvers, Einspeisung der Rotorwicklung mit u_R; **b** Prinzipschaltbild eines Resolver-Auswerteschaltkreises mit internem Vektordreher

Der Resolver wird mit der Spannung

$$u_R = \hat{u}\sin\omega t$$

ω : Frequenz der Erregerspannung

erregt. An den Sekundärwicklungen stehen die Spannungen an

$$u_{s1} = k\cdot\hat{u}\sin\omega t\cdot\cos\vartheta_R \tag{5.16}$$
$$u_{s2} = k\cdot\hat{u}\sin\omega t\cdot\sin\vartheta_R$$

ϑ_R : Verdrehungswinkel des Resolvers

Einer elektronischen Schaltung wird der Hilfswinkel δ entnommen und die Funktionen $\sin\delta$ und $\cos\delta$ gebildet. Nach Multiplikation erhält man

$$u_{s1}^* = k\cdot\hat{u}\sin\omega t\cdot\cos\vartheta_R\cdot\sin\delta \tag{5.17}$$
$$u_{s2}^* = k\cdot\hat{u}\sin\omega t\cdot\sin\vartheta_R\cdot\cos\delta$$

Die Differenz dieser Spannungen ergibt

$$u_D = u_{s2}^* - u_{s1}^* = k\cdot\hat{u}\sin(\vartheta_R - \delta) \tag{5.18}$$

Die Winkeldifferenz $(\vartheta_R - \delta)$ wirkt in einem Phasenregelkreis und stellt $\vartheta_R = \delta$. Der Winkel δ steht als digitales Signal mit hohem Auflösungsvermögen zur Verfügung. Durch Differentiation kann der Schaltung auch ein Drehzahlsignal entnommen werden.

Die technische Realisierung erfolgt mit spezifischen integrierten Schaltkreisen. Es läßt sich eine Winkelauflösung von bis zu 20000 Impulsen pro Umdrehung erreichen.

Der Verzicht auf Drehzahl- und Lagesensoren führt zur Kosteneinsparung und zu größerer Robustkeit des Antriebs. Beobachterschaltungen ermöglichen ein drehzahl- bzw. lageäquivalentes Signal aus meßbaren Größen des Antriebs abzuleiten. Drehzahl- und Lagebeobachter sind in Verbindung mit Fluß- und Drehmomentbeobachtern zu betrachten und werden deshalb im Abschn. 4.4 und 4.5 behandelt. Grundsätzlich ist die sensorlose Drehzahlregelung von Asynchronantrieben mit einem Fehler von etwa 1% der Nenndrehzahl möglich. Damit ist auch das Anfahren aus dem Stillstand sensorlos möglich, nicht aber der geregelte Betrieb im Nullpunkt.

Ebenso ist die sensorlose Winkelregelung von Synchronmaschinen mit einem Fehler von etwa 20° el. möglich. Schrittantriebe sind sensorlose Antriebe ohne externe Signalrückführung.

5.6 Selbsteinstellung und Selbstinbetriebnahme elektrischer Antriebe

Die manuelle Einstellung und Inbetriebnahme elektrischer Antriebe erfordert genaue Systemkenntnis und praktische Erfahrungen. Tatsächlich sind die Parameter des Motors und des Umrichters nur ungenau bekannt und teilweise von den Betriebsbedingungen des Antriebs abhängig (Tafel 5.2).

Tafel 5.2 Systematisierung der zu identifizierenden Parameter

Motor/ Umrichter- Parameter	im Stillstand identifizierbar	im Betrieb indentifizierbar		Verwendungszweck in der Regelung
		stationär	dynamisch	
Ständerwiderstand	x			Stromreglereinstellung, sensorlose Regelung
Streuinduktivität	x			Stromreglereinstellung, Stromregler-Entkopplung, sensorlose Regelung
Rotorwiderstand	x	x	x	Flußmodell, Stromreglereinstellung, Flußreglereinstellung
sättigungs-abhängige Haupt-induktivität	x	x	x	Flußmodell, Flußreglereinstellung Drehzahlregleradaption
Magnetisierungs-nennstrom	x	x		Arbeitspunkt-einstellung, Flußmodell
Drehzahlregel-streckenparameter				Drehzahlregler-einstellung
Schutzzeitpara-meter (Leistungs-halbleiter)	x			Schutzzeit-kompensation
Totzeit (Span-nungsaus-gabe-verzögerung)	x			Stromreglereinstellung, Winkelberechnung

Es besteht daher der Wunsch, die Inbetriebnahme zu vereinfachen und teilweise oder vollständig zu automatisieren.

Die automatische Identifikation verläuft in aufeinanderfolgenden Schritten, die so aufeinander aufbauen, daß die jeweils benötigten Parameter aus vorausgegangenen Schritten bekannt sind. Die Identifikation im Stillstand erfolgt bei der Inbetriebnahme vor der Freigabe des Antriebs auf der Basis eingegebener Motordaten bzw. stationärer Messungen. Die ermittelten Parameter werden in einem nicht-flüchtigen Speicher abgelegt, damit sie bei erneuten Einschalten zur Verfügung stehen.

Die Identifikation im Betrieb setzt prinzipiell stabiles Arbeiten des Antriebs voraus. Sie muß on-line erfolgen und wird in bestimmten Abständen wiederholt. So kann die Temperaturabhängigkeit der Widerstände oder die Sättigungsabhän-gigkeit der Induktivitäten erfaßt werden (Abb. 5.16).

Zur Durchführung der Identifikation kann ein Testsignal eingeprägt werden, soweit der ordnungsgemäße Betrieb des Antriebs dadurch nicht beeinträchtigt wird. Das Testsignal kann als Stellgröße y_{Test} oder als Führungsgröße ω_{Test} im Regelkreis wirken (Abb. 5.17).

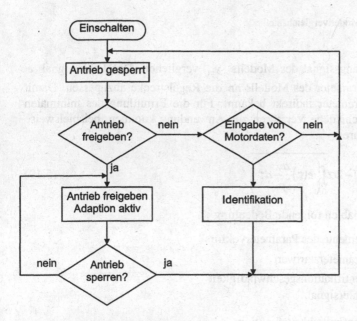

Abb. 5.16 Ablauf der Identifikation

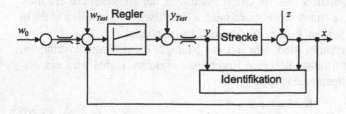

Abb. 5.17 Testsignaleinprägung im geschlossenen Regelkreis

Parameteridentifikation ohne Testsignal ist möglich durch Vergleich der Regelstrecke mit einem Modell (Abb. 5.18). Das Ausgangssignal der Regelstrecke y_u

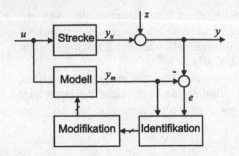

Abb. 5.18 Struktur der Modellvergleichsmethode

wird mit dem Ausgangssignal des Modells y_m verglichen. Das Fehlersignal e wird genutzt, die Parameter des Modells an die Regelstrecke anzupassen. Damit sind die Streckenparameter indirekt bekannt. Für die Ermittlung des minimalen Fehlers können verschiedene Verfahren zur Anwendung kommen, beispielsweise das Gradientenverfahren

$$p_i(t) = p_i(0) - 2\alpha \overline{\int_0^t \left(e(\tau) \frac{dy}{\partial p_i} d\tau \right)} \tag{5.19}$$

Dabei haben die Variablen folgende Bedeutung

p_i	Elemente des Parametervektors
$p_i(0)$	Parameterstartwert
α	Identifikationsgeschwindigkeit
e	Fehlersignal
$\dfrac{dy}{\partial p_i}$	Empfindlichkeitsfunktion

Die Empfindlichkeitsfunktion muß für jeden Parameter der Regelstrecke ermittelt werden. Störsignale z können das Fehlersignal e verfälschen. Sie sollen nicht in dem Frequenzbereich wirken, in dem die Identifikation arbeitet.

Parameterschätzverfahren sind sehr leistungsfähige Identifikationsverfahren, die auch bei größeren Störsignalen gute Ergebnisse erzielen. Dabei wird ein diskretes Modell in der allgemeinen Form

$$G(z) = \frac{B(z^{-1})}{A(z^{-1})} = \frac{b_1 z^{-1} + \cdots + b_m z^{-1}}{1 + a_1 z^{-1} + \cdots + a_m z^{-1}} \tag{5.20}$$

aufgestellt, dessen Parameter $a_1 \cdots a_m$ und $b_1 \cdots b_m$ identifiziert werden müssen. Aus diesen Parametern können dann die Parameter der Asynchronmaschine berechnet werden [5.2, 5.18]. Ein relativ einfaches, aber leistungsfähiges Verfahren ist die rekursive Parameterschätzung nach der Methode der kleinsten Quadrate. Das Modell wird in Zähler und Nenner zerlegt (Abb. 5.19).

Das Fehlersignal e ist linear von den Modellparametern abhängig. Mit dem Parametervektor

$$\underline{\hat{\Theta}} = \left[\hat{a}_1 \cdots \hat{a}_m ; \hat{b}_1 \cdots \hat{b}_m \right]^T \tag{5.21}$$

und dem Meßwertvektor

$$\underline{\psi}^T(k) = \left[- y(k-1) \cdot \cdot - y(k-m); u(k-1) \cdot \cdot u(k-m) \right] \tag{5.22}$$

lautet der Algorithmus [5.15]

$$\underline{\hat{\Theta}}(k+1) = \underline{\hat{\Theta}}(k) + \underline{P}(k+1)\underline{\psi}(k+1)\left[y(k+1) - \underline{\psi}^T(k+1)\underline{\hat{\Theta}}(k) \right] \tag{5.23}$$

$$\begin{bmatrix} \text{neuer} \\ \text{Schä tz--} \\ \text{wert} \end{bmatrix} = \begin{bmatrix} \text{alter} \\ \text{Schä tz--} \\ \text{wert} \end{bmatrix} + \begin{bmatrix} \text{Koorektur--} \\ \text{vektor} \end{bmatrix} \begin{bmatrix} \text{neuer} \\ \text{Meßwert} \end{bmatrix} - \begin{bmatrix} \text{vorher--} \\ \text{gesagter} \\ \text{Meßwert} \end{bmatrix}$$

Der Aufwand für die Abarbeitung des Algorithmus steigt exponentiell mit der Zahl der zu identifizierenden Parameter. Man wird sich praktisch auf maximal zwei veränderliche Parameter beschränken. Die übrigen müssen als konstant vorausgesetzt werden.

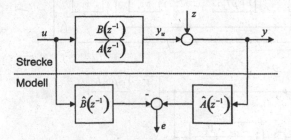

Abb. 5.19 Fehlersignalbildung bei Parameterschätzmethoden

Beispiel 6   Lageregelung mit Führungs- und Störgrößenaufschaltung

Die Lageregelung eines Stellantriebs wird durch die in der Abb. 5.20 angegebene Struktur verwirklicht. Der Lageregelschleife ist eine Drehzahlregelschleife unterlagert. Ein schnelles elektronisches Stellglied ermöglicht, zusammen mit einer entsprechenden Regelung, das Motormoment m/M_{st} nahezu trägheitsfrei der Stellgröße u_s/u_{sN} nachzuführen. Die Ersatzzeitkonstante des geschlossenen Stromregelkreises beträgt $T_\Sigma = 1ms$. Die mechanische Zeitkonstante, unter Berücksichtigung der angekuppelten Last, beträgt $T_s = 20ms$. Es ist

$$T_s = \frac{J\Omega_0}{M_{st}}$$

im normierten Signalflußplan. Der Verstärkungsfaktor V_{G1} berücksichtigt das Übersetzungsverhältnis des dem Motor nachgeschalteten Getriebes sowie die unterschiedliche Normierung von Winkelgeschwindigkeit und Winkel. Die Rechnung wird durchgeführt mit $V_{G1} = 100 1/s$, d.h., die Winkelgeschwindigkeit Ω_0 führt in $0,01 s$ zum Verdrehungswinkel Φ_0.

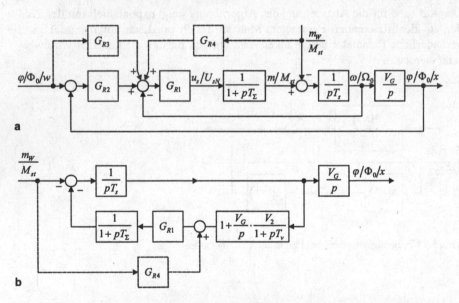

Abb. 5.20 Signalflußplan des Lageregelkreises zur Berechnung der Führungs- und Störungsübertragungsfunktion. **a** zur Berechnung der Führungsübertragungsfunktion; **b** umgezeichnet zur Berechnung der Störungsübertragungsfunktion

Hauptstörgröße ist das Widerstandsmoment der Last m_w/M_{st} . Es hat stochastischen Charakter, enthält auch höherfrequente Anteile, ist aber im einzelnen nicht quantitativ bekannt. Um ein günstiges Laststörverhalten zu erreichen, wird der Drehzahlregelkreis so eingestellt, daß sich eine möglichst hohe Durchtrittsfrequenz ergibt. Angestrebt wird die Übertragungsfunktion des offenen Kreises

$$G_0 = G_S \cdot G_{R1} = \frac{2}{pT_\Sigma(1+pT_\Sigma)}$$

Durch Koeffizientenvergleich erhält man daraus

$$G_{R1} = \frac{T_S \cdot 2}{T_\Sigma} = V_1 = 40$$

Die Kennlinien sind als (1) in Abb. 5.21 dargestellt.

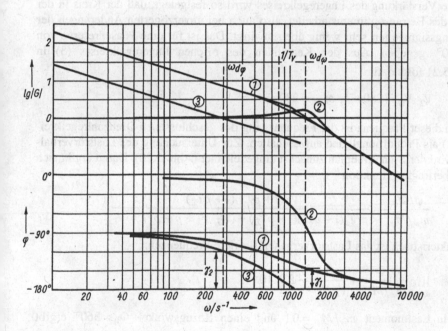

Abb. 5.21 Frequenzkennlinien der Lageregelung nach Abb. 5.20. (1) Kennlinien des offenen Drehzahlregelkreises; (2) Kennlinien des geschlossenen Drehzahlregelkreises ohne vorgeschaltetes Filter; (3) Kennlinie des offenen Lageregelkreises mit

$$G_{R2} = \frac{V_2}{1+pT_v}, \qquad T_v = 0{,}0012\,s\,, \qquad V_G = 100\,s^{-1}$$

Die Durchtrittsfrequenz ergibt sich zu

$$\omega_{d\omega} = 1250 \ s^{-1} \approx \frac{\sqrt{2}}{T_\Sigma}$$

bei einer Phasenreserve von $\gamma_1 = 35°$. Störsignale werden etwa bis zu dieser Frequenz unterdrückt. Das Führungsverhalten des so eingestellten Drehzahlregelkreises ist ungünstig. Die Frequenzkennlinien (2) zeigen eine wesentliche Amplitudenüberhöhung im Bereich der Durchtrittsfrequenz. Durch Vorschalten eines Verzögerungsglieds

$$G_{R2} = \frac{V_2}{1 + pT_v} \quad \text{mit} \ T_s \approx 1{,}2T_\Sigma = 1{,}2 \ ms$$

wird erreicht, daß alle Frequenzen bis $\omega_{d\omega}$ mit gleicher Amplitude $|G_1| \approx 1$ übertragen werden. Damit ist gutes Führungsverhalten der Drehzahlregelung als Glied der Lageregelung gewährleistet.

Die Verstärkung des Lageregelkreises wird so festgelegt, daß der Kreis in der Nähe des Betragsoptimums arbeitet, also auch bei unverzögerten Änderungen der Eingangssignale nur sehr wenig überschwingt. Das ist für eine Phasenreserve von $\gamma = 60°$ gegeben. Aus den Kennlinien des offenen Lageregelkreises (3) in Abb. 5.21 folgt dafür

$$V_2 \cdot V_G = 280 \ s^{-1}, \ \omega_{d\varphi} = 280 \ s^{-1}$$

Bis zu dieser Frequenz ist der Frequenzgang des geschlossenen Drehzahlregelkreises (2) als Proportionalglied aufzuschalten. Zur Untersuchung des Laststörverhaltens wird der Signalflußplan zunächst umgezeichnet (Abb. 5.20). Damit ergibt sich die Übertragungsfunktion

$$\frac{\varphi/\Phi_0}{m_w/M_{st}} = \frac{V_G(1+pT_v)(1+pT_\Sigma)}{p^2 T_s(1+pT_v)(1+pT_\Sigma) + (V_G \cdot V_2 + p + p^2 T_v) \cdot V_1}$$

Charakteristisch ist das Laststörverhalten für tiefe Frequenzen:

$$\lim_{\omega \to 0} \frac{\varphi/\Phi_0}{m_w/M_{st}} = \frac{-1}{V_1 \cdot V_2} = -8{,}9 \cdot 10^{-3}$$

Für ein Lastmoment $m_w/M_{st} = 0{,}1$ und einen Bezugswinkel $\Phi_0 = 360°$ ergibt sich ein Winkelfehler von $\varphi = -0{,}32°$.

Charakteristisch ist ferner das Laststörverfahren für hohe Frequenzen

$$\frac{\varphi/\Phi_0}{m_w/M_{st}} \approx -\frac{V_G}{(j\omega)^2 T_s + \dfrac{V_1}{T_\Sigma}}$$

Ohne Regelung hätte sich ergeben

$$\left[\frac{\varphi/\Phi_0}{m_w/M_{st}}\right]_{\text{ohne Regelung}} = -\frac{V_G}{(j\omega)^2 T_s} = \lim_{\omega\to\infty} -\frac{V_G}{(j\omega)^2 T_s + \dfrac{V_1}{T_\Sigma}}$$

Aus dem Vergleich wird deutlich, daß die Regelung bis zu einer Knickfrequenz ω_k Störsignale unterdrückt. Es ist

$$\omega_k^2 \cdot \frac{T_\Sigma \cdot T_s}{V_1} = 1$$

mit

$$V_1 = \frac{2T_s}{T_\Sigma} \quad \text{und} \quad \omega_k = \frac{1}{T_\Sigma} \cdot \sqrt{2} = \omega_{d\omega}.$$

Störsignale werden also bis zur Durchtrittsfrequenz $\omega_{d\omega}$ des Drehzahlregelkreises unterdrückt.

Das Führungsverhalten der Lageregelung wird gekennzeichnet durch den Geschwindigkeitsfehler. Für eine Führungsgröße

$$w = \varphi/\Phi_{0/w} = \alpha \cdot t$$

ergibt sich der Geschwindigkeitsfehler zu

$$\Delta x_\infty = \frac{\alpha}{V_0}$$

mit $V_0 = V_2 \cdot V_G$. Der Verstärkungsfaktor des geschlossenen Drehzahlregelkreises ist eins für Frequenzen kleiner als $\omega_{d\omega}$.

Um das Führungsverhalten zu verbessern, ohne das Laststörverhalten ungünstig zu beeinflussen, wird die Vorwärtskorrektur mit der Übertragungsfunktion $G_{R3} = V_3 \cdot p$ eingeführt. Der Verstärkungsfaktor V_3 wird so bestimmt, daß der Geschwindigkeitsfehler zu Null wird. Aus der Führungsübertragungsfunktion des geschlossenen und korrigierten Lageregelkreises

$$\frac{\varphi/\Phi_{0/x}}{\varphi/\Phi_{0/w}} = \left(V_3 \cdot p + \frac{V_2}{1+pT_v}\right) \cdot \frac{\dfrac{V_G}{p}}{1 + \dfrac{V_G}{p} \cdot \dfrac{V_2}{1+pT_v}} = 1$$

bestimmt man $V_3 = 17V_G = 0{,}01s$ für ideales Führungsverhalten. Dafür wird auch der Geschwindigkeitsfehler zu Null. Dieses Ergebnis gilt, solange der geschlossene Drehzahlregelkreis als Proportionalglied mit $V = 1$ aufgefaßt werden kann, also für $\omega \leq \omega_{d\varphi}$. Das Laststörverhalten wird durch G_{R3} nicht beeinflußt.

Um das Störungsverhalten zu verbessern ohne das Führungsverhalten zu beeinflussen erfolgt eine Aufschaltung des Störsignals auf den Eingang des Drehzahlreglers. Das Störsignal wird direkt über einen Sensor oder indirekt über einen Beobachter gemessen. Eine vollständige Kompensation im Bereich tiefer Frequenzen ergibt sich für

$$G_{R4} = V_4 = \frac{1}{V_1}$$

Die Zeitkonstante T_Σ begrenzt die Wirksamkeit der Störgrößenkompensation im Bereich höherer Frequenzen. Die Möglichkeit einer schnellen Drehmomenteinprägung ist Voraussetzung für die Störgrößenkompensation.

Beispiel 7   Adaptive und selbsteinstellende Drehzahlregelung

Modelladaptive Systeme mit Parameterselbstanpassung ermöglichen die Anpassung des Reglers an die Regelstrecke auch bei Parameteränderungen in großen Bereichen. Betrachtet wird die Regelstrecke des Drehzahlregelkreises, bestehend aus einer Integration, einem mittelwertbildenden Drehzahlmeßglied und gegebenenfalls dem geschlossenen Stromregelkreis, angenähert beschrieben als Laufzeitglied. Die Übertragungsfunktion der Regelstrecke ist

$$G_s(z) = \frac{x(z)}{y(z)} = \frac{B(z^{-1})}{A(z^{-1})} = \frac{z^{-1}}{1-z^{-1}} \frac{1+z^{-1}}{2} \frac{z^{-d}}{a}$$

$d = 0$ ohne Stromregelschleife

$d = 1$ bzw. 2   Stromregelschleife, berücksichtigt als Laufzeitglied mit ein bzw. zwei Abtastperioden Laufzeit

Einziger veränderlicher Parameter der Regelstrecke ist a. Er schließt Änderungen des Verstärkungsfaktors, u.a. auch bedingt durch Änderungen des Motorfeldes, sowie Änderungen der Integrationszeitkonstante, diese u.a. auch bedingt durch Änderungen des angekuppelten Trägheitsmoments, ein. Da die Anpassung des Reglers nur bezüglich dieses einen Parameters erfolgen soll, ergeben sich relativ einfache Adaptionsalgorithmen, die mit einem Mikrorechner geringen Funktionsumfangs in der notwendigen kurzen Abarbeitungszeit verwirklicht werden können. Nur solche werden hier betrachtet. Weitere, über den Parameter a hinausgehende Änderungen der Regelstrecke werden als so gering vorausgesetzt, daß sie keine Adaption der Reglerparameter erfordern.

Die Struktur des modelladaptiven Systems geht von der Anwendung eines „geteilten" Regelstreckenmodells aus (Abb. 5.22).

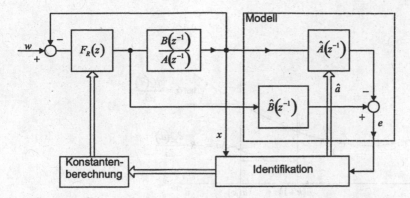

Abb. 5.22 Struktur einer einfachen modelladaptiven Regelung mit Parameterselbstanpassung

Das Modell des Nenners der Regelstrecke $A(z^{-1})$ liegt in Reihe zur Regelstrecke; es muß durch Verändern des Verstärkungsfaktors a an die Regelstrecke angepaßt werden. Das Modell des Zählers der Regelstrecke $B(z)$ liegt zur Regelstrecke parallel. Ausgewertet wird das Differenzsignal

$$e = y(z)\hat{B}(z^{-1}) - x(z)\hat{A}(z^{-1}) \text{ bzw.}$$

$$e(z) = x(z)(A(z^{-1}) - \hat{A}(z^{-1})) - y(z)(B(z^{-1}) - \hat{B}(z^{-1}))$$

Ziel der Adaptionsstrategie ist es, den Fehler e zwischen Regelstrecke und Modell in möglichst kurzer Zeit zu Null zu machen. Dazu wird eine Gütefunktion $Q(e)$ eingeführt, die eine Funktion von a ist und zu einem Minimum gemacht werden soll

$$Q(e) = \frac{1}{2}e^2 = f(\hat{a}) \to \min$$

Entsprechend dem Ansatz des Gradientenverfahrens wird der Modellparameter a so geändert, daß sich die Gütefunktion entgegen der Richtung ihres steilsten Anstiegs ändert.

$$\hat{a}(k+1) = \hat{a}(k) - \lambda \frac{dQ\hat{a}}{d\hat{a}}\bigg|_{\hat{a}(k)}$$

Mit dem Ansatz der Gütefunktion wird

$$\hat{a}(k+1) = \hat{a}(k) - \lambda e \frac{de}{d\hat{a}}$$

λ :   Bewertungskoeffizient des Näherungsverfahrens

$\Delta\hat{a} = \hat{a}(k+1) - \hat{a}(k)$:   Schrittweite des Näherungsverfahrens

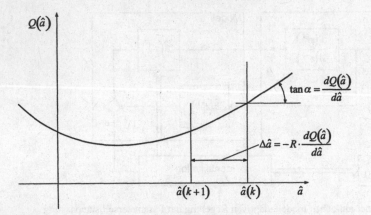

Abb. 5.23 Parameteradaption nach dem Gradientenverfahren

Nach dem Newton-Raphson-Verfahren wird die Schrittweite so gewählt, daß die Gütefunktion an der Stelle $(k+1)$ ihr Minimum erreicht, der Minimumspunkt also in einem Schritt erreicht wird:

$$\frac{dQ\big(\hat{a}(k+1)\big)}{d\Delta\hat{a}} = 0$$

Die Taylor-Entwicklung der Funktion $Q(a)$ an der Stelle $\hat{a}(k)$ führt aber auf

$$Q\big(\hat{a}(k+1)\big) = Q\big(\hat{a}(k)\big) + \Delta\hat{a}\frac{dQ\big(\hat{a}(k)\big)}{d\Delta\hat{a}} + \frac{1}{2}\Delta\hat{a}^2\frac{d^2Q\big(\hat{a}(k)\big)}{d\Delta\hat{a}^2}$$

Alle höheren Ableitungen werden bei einer quadratischen Zielfunktion zu Null. Daraus folgt

$$0 = \frac{dQ\big(\hat{a}(k)\big)}{d\Delta\hat{a}} + \Delta\hat{a}\frac{d^2Q\big(\hat{a}(k)\big)}{d\Delta\hat{a}^2} \quad \text{oder}$$

$$\hat{a}(k+1) = \hat{a}(k) + \frac{\dfrac{dQ\big(\hat{a}(k)\big)}{d\Delta\hat{a}}}{\dfrac{d^2Q\big(\hat{a}(k)\big)}{d\Delta\hat{a}^2}}$$

Für

$$\hat{A} = \hat{a}(1 - z^{-1}) \quad \text{und}$$

$$\hat{B} = B = \frac{1}{2}z^{-1}(1 + z^{-1})z^{-d} \quad \text{wird daraus}$$

$$\hat{a}(k+1) = \hat{a}(k) + \frac{e(k)}{x(k) - x(k-1)}$$

$$e(k) = \frac{1}{2}(y(k-1-d) + y(k-2-d)) - \hat{a}(x(k) - x(k-1))$$

Dieser Algorithmus ist vom Rechner zu realisieren. Das Modell $\hat{A}(z-1)$ wird dadurch mit nur einem Takt Verzögerung an die Regelstrecke angepaßt. Ebenso mit einem Takt Verzögerung erfolgt die Anpassung der Verstärkung des Reglers an die Regelstrecke. Für den Parameter $\hat{a}$ muß ein Anfangswert vorgegeben werden. Dieser wird auf Grund von Erfahrungen so eingegeben, daß zunächst stabiler Betrieb möglich ist.

Das begrenzte Auflösungsvermögen digitaler Signale ermöglicht nicht die vollständige Anpassung des Regelstreckenmodells und des Reglers an die Regelstrecke. Die verbleibende Restverstimmung kann jedoch so festgelegt werden, daß sie den praktischen Betrieb nicht stört.

6 Zustandsregelung der Einzelbewegung

6.1 Modelle des elektromechanischen Systems

Nur im Falle sehr langsamer Drehmomenteinprägung kann das mechanische Übertragungssystem als „starr" angesehen werden. Tatsächlich ist das mechanische System aus mehreren rotierenden Massen aufgebaut, die elastisch verbunden sind und an denen Reibungskräfte angreifen. Getriebe und Kupplungen sind spielbehaftet. In Mehrmotorenantrieben ergibt sich außerdem eine gegenseitige Beeinflussung der Antriebsstränge, über gemeinsame Getriebe, über das gemeinsame Arbeitsgut oder über Fliehkräfte.

Das mechanische Antriebssystem ist somit ein System mit verteilten Parametern (Abb. 6.1). Der Rotor des Motors wird repräsentiert durch das Trägheitsmoment J_M. An diesem wirkt das innere Moment m_M sowie ein äußeres Reibmoment m_{wM} und gegebenenfalls ein Koppelmoment m_{kM}. Eine elastische Welle mit Federkonstante C_1 überträgt das Moment auf das Trägheitsmoment J_1, das beispielsweise durch ein Zahnrad des Getriebes gegeben ist. Die Übertragung kann spielbehaftet sein. Das Spiel wird durch die Losebreite 2Δ gekennzeichnet.

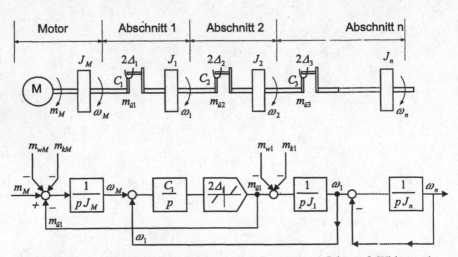

Abb. 6.1 Mechanisches Antriebssystem mit verteilten Parametern. **a** Schema; **b** Wirkungsplan

An Trägheitsmoment J_1 wirkt wiederum ein äußeres Widerstandsmoment m_{W1} und gegebenenfalls ein Koppelmoment m_{k1} . Das Drehmoment $m_{\ddot{u}2}$ wird auf den folgenden Abschnitt übertragen. Es gelten die Beziehungen

$$m_M = m_{WM} + m_{kM} + m_{\ddot{u}1} + J_M \cdot \frac{d\omega_M}{dt} \tag{6.1}$$

$$m_{\ddot{u}1} = m_{W1} + m_{k1} + m_{\ddot{u}2} + J_1 \cdot \frac{d\omega_1}{dt} \tag{6.2}$$

$$m_{\ddot{u}n} = m_{Wn} + m_{kn} + m_{\ddot{u}2} + J_n \cdot \frac{d\omega_n}{dt} \tag{6.3}$$

$$m_{\ddot{u}1} = (\varphi_1 - \varphi_1 \pm \Delta_1) \cdot C_1 \tag{6.4}$$

$$m_{\ddot{u}2} = (\varphi_1 - \varphi_2 \pm \Delta_2) \cdot C_2 \tag{6.5}$$

$$m_{\ddot{u}n} = (\varphi_{(n-1)} - \varphi_n \pm \Delta_n) \cdot C_n \tag{6.6}$$

$$\omega_M = \frac{d\varphi_M}{dt}; \quad \omega_1 = \frac{d\varphi_1}{dt}; \cdots; \quad \omega_n = \frac{d\varphi_n}{dt} \tag{6.7}$$

Sie werden anschaulich durch den Wirkungsplan in Abb. 6.1 wiedergegeben.

Das Motormoment m_M wird als rasch veränderliche Größe vorausgesetzt. Es enthält neben einem aperiodischen Anteil auch periodische Anteile. Die haben ihre Ursachen in

- Oberschwingungsdrehmomenten, die im Motor durch nichtsinusförmige Ströme und Flußverkettungen entstehen, die auch in Gleichstromantrieben bei unvollständiger Glättung des Gleichstromes auftreten.
- Oberschwingungsdrehmomenten, die infolge von elektrischen Unsymmetrien des Stromrichters oder von mechanischen bzw. magnetischen Unsymmetrien im Motor auftreten.

Gebräuchlich ist der Ansatz:

$$m_M = m_{M0} + \sum_{k=1}^{\infty} m_{Mk\nu} \cdot \sin k\nu t + \varphi_{k\nu} ; \ k = 1; 2; 3;... \tag{6.8}$$

m_{M0} aperiodischer Anteil des Motormoments

$m_{Mk\nu}$ periodischer Anteil mit der Kreisfrequenz $k \cdot \nu$

ν Grundkreisfrequenz des periodischen Anteils

$\varphi_{k\nu}$ Phasenwinkel des periodischen Anteils $k \cdot \nu$

Die periodischen Drehmomentenanteile können das mechanische System zu Resonanzschwingungen anregen. In kritischen Fällen sind dazu genaue Analysen notwendig.

Das vollständige Modell des Antriebsstranges nach Abb. 6.1 ist häufig für praktischen Zwecke zu aufwendig. Es ist notwendig, vereinfachte Modelle zu suchen.

6.1.1 Parametrische Modelle

Grundlage eines vereinfachten parametrischen Modells ist die Trennung der linearen, frequenzabhängigen Übertragungsglieder von einem resultierenden nichtlinearen, frequenzunabhängigen Übertragungsglied (Abb. 6.2).

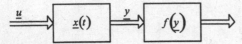

Abb. 6.2 Trennung linearer, frequenzabhängiger und nichtlinearer frequenzunabhängiger Übertragungsglieder

Im folgenden wird nur das lineare Übertragungsglied betrachtet. Das lineare
Modell wird beschrieben durch die Zustandsgleichungen

$$\dot{x} = \underline{A}x + \underline{B}u \tag{6.9}$$
$$y = \underline{C}x + \underline{D}u$$

Der Zustandsvektor $\underline{x}$ kann zerlegt werden in einen Teilvektor $\underline{x}_r$ der wesentlichen Zustandsgrößen und einen Teilvektor $\underline{x}_u$ der weniger wesentlichen Zustandsgrößen. Für die wesentlichen Zustandsgrößen gilt das reduzierte Modell

$$\dot{\tilde{x}} = \underline{\tilde{A}}\tilde{x}_r + \underline{\tilde{B}}u \tag{6.10}$$

Die reduzierten Größen sind mit $\sim$ gekennzeichnet. Im Idealfall wäre

$$\tilde{\underline{x}}_r(t) = \underline{x}_r(t) \tag{6.11}$$

und damit auch

$$\dot{\underline{x}}_r(t) = \underline{A}\tilde{x}_r(t) + \underline{\tilde{B}}.\underline{u}(t). \tag{6.12}$$

Das ist nicht erreichbar. Man kann aber den Gleichungsfehler $\underline{d}(t)$ möglichst
klein machen.

$$\underline{d}(t) = \dot{x}_r(t) - \underline{\tilde{A}}\,\tilde{\underline{x}}_r(t) - \underline{\tilde{B}}U(t) \tag{6.13}$$

Auf der Grundlage dieses Ansatzes können die Matrizen $\underline{\tilde{A}}$ und $\underline{\tilde{B}}$ des reduzierten Modells maschinell berechnet werden [6.3, 6.11].

In praktischen Anwendungen ist die Steuergröße u meist eindimensional. Beschränkt man sich auch auf eine eindimensionale Ausgangsgröße y, wird das lineare Teilsystem beschrieben durch die Übertragungsfunktion

$$\frac{y(p)}{u(p)} = \frac{K(p - p_{z1})...(p - p_{zn})}{(p - p_1)(p - p_2)...(p - p_{zn})} \qquad (6.14)$$

mit den allgemein komplexen Polen

$$p_i = \delta_i \pm j\omega_i ; \ i = 1, 2, \cdots, \cdots m$$

und den allgemein komplexen Nullstellen

$$p_{zj} = \delta_{zj} \pm j\omega_j ; \ j = 1, 2, \cdots, n$$

Eine Veranschaulichung bietet das Pol-Nullstellen-Bild in der komplexen Ebene (Abb. 6.3).

Das Eigenverhalten des Systems wird durch die Polkonfiguration bestimmt. Es dominieren die Pole, die der imaginären Achse relativ nahe liegen. Fernerliegende Pole entsprechen rasch abklingenden Komponenten. Eine anschauliche, praktische Modellvereinfachung wird durch Zusammenfassung fernerliegender Pole zu einem resultierenden „Ersatzpol" p_e möglich.

$$\frac{1}{p_e} = \frac{1}{p_m} + \frac{1}{p_{(m-1)}} + \frac{1}{p_{(m-2)}} + \cdots \qquad (6.15)$$

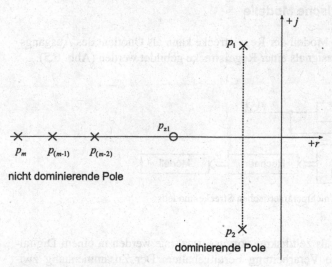

Abb. 6.3 Pol-Nullstellen-Bild eines eindimensionalen Übertragungsgliedes

Meist läßt sich das elektromechanische Übertragungssystem auf ein System 3. Ordnung zu reduzieren. dessen Parameter experimentell bestimmbar sind. Das Modell reduziert sich damit auf ein Zweimassensystem nach Abb. 6.4.

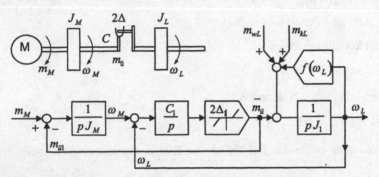

Abb. 6.4 Reduziertes Modell des mechanischen Antriebssystems

Neben den linearen Übertragungsgleichungen wurde ein resultierendes Spieleelement, Losebreite 2Δ und ein resultierendes Widerstandsmoment m_{WL} berücksichtigt, das eine nichtlineare Funktion von ω_L sein kann. Das Moment m_{kL} berücksichtigt die Kopplung zu benachbarten Antrieben.

6.1.2 Nichtparametrische Modelle

Ein nichtparametrisches Modell der Regelstrecke kann als Quotient des Ausgangssignals und des Eingangssignals einer Regelstrecke gebildet werden (Abb. 6.5).

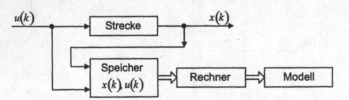

Abb. 6.5 Bestimmung eines nichtparametrischen Streckenmodells

Die Signale werden als zeitdiskret vorausgesetzt, sie werden in einem Digitalspeicher für die weitere Verarbeitung bereitgehalten. Der Zusammenhang zwischen Ausgangspulsfolge x_k und Eingangspulsfolge u_k wird als Faltungssumme geschrieben

$$x_k = \sum_{l=0}^{k} u_l \cdot g_{(k-l)} = \sum_{l=0}^{k} u_{(k-l)} \cdot g_l \tag{6.16}$$

x_k Ausgangspulsfolge

u_k Eingangspulsfolge

$g_{(k-l)}$ Gewichtsfunktion, Impulsantwort des $(k-l)$-ten Impulses

Durch Übergang in den z-Bereich ergibt sich

$$x(z) = u(z)\left(z^{-k} g(k) + z^{-(k-1)} g(k-1) + \cdots z^0 g(0)\right) \tag{6.17}$$

und daraus das nichtparametrische Modell

$$G_M(z) = \frac{x(z)}{u(z)} = \frac{1}{z^k} \cdot \sum_{l=0}^{k} g(l) \cdot z^{(k-l)} \tag{6.18}$$

Eine Realisierungsform des nichtparametrischen Modells ist in Abb. 6.6 gezeigt.

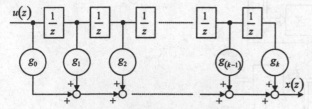

Abb. 6.6 Nichtparametrisches Streckenmodell

Nichtparametrische Modelle ermöglichen eine angenäherte Beschreibung des elektromechanischen Systems mit einem heute realisierbaren Rechenaufwand. Der Zusammenhang zwischen den Parametern des Modells und den physikalischen Parametern geht verloren. Nichtparametrische Modelle sind dadurch unanschaulich.

6.2 Zustandsregelung elektromechanischer Systeme

Die Bewegung eines nichtstarren elektromechanischen Systems kann nach dem Prinzip der Zustandsregelung in definierter Weise geführt werden. Das System wird als linear vorausgesetzt. Die Bewegung verläuft meist so langsam gegenüber der Abtastzeit des Reglers, daß eine quasikontinuierliche Betrachtungsweise zulässig ist. Allgemein gilt die Zustandsgleichung

$$\dot{\underline{x}}(t) = \underline{A}\,\underline{x}(t) + \underline{B}\,\underline{u}(t) \tag{6.19}$$

die Ausgabegleichung

$$y(t) = \underline{C}\,\underline{x}(t) + \underline{D}\,\underline{u}(t)$$
(6.20)

die Rückführgleichung

$$u(t) = \underline{w}(t) + \underline{R}\,\underline{x}(t)$$
(6.21)

Der Prinzipielle Wirkungsplan ist in Abb. 6.7 a dargestellt.

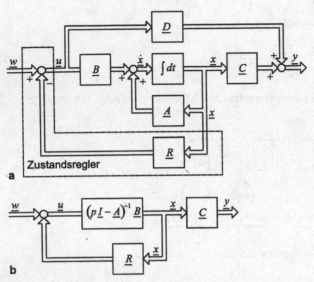

Abb. 6.7 Wirkungsplan der linearen Zustandsregelung. **a** Darstellung im Zeitbereich; **b** zusammengefaßte Darstellung im Frequenzbereich

Nach Übergang in den Laplace-Bereich ergibt sich die zusammengefaßte Darstellung nach Abb. 6.7 b

$$\underline{I} = \begin{vmatrix} 1 & & \\ & 1 & \\ & & 1 \end{vmatrix} \quad \text{Einheitsmatrix}$$

$$\underline{D} = 0 \quad \text{Durchgangsmatrix}$$

$$\underline{x}_0 = 0 \quad \text{Anfangsvektor}$$

Die Komponenten des Zustandsvektors $\underline{x}$ kennzeichnen den Energieinhalt der Speicher des Systems und beschreiben damit den dynamischen Zustand.

Als einfache Grundanordnung wird ein elastische gekoppeltes Zweimassensystem betrachtet (Abb. 6.8).

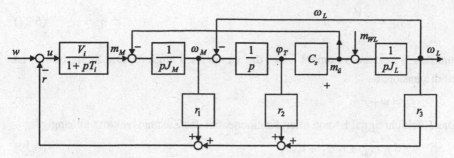

Abb. 6.8 Zustandsregelung des elastische gekoppelten Zweimassensystems mit verzögerter Einprägung des Drehmoments

Zustandsgrößen sind Winkelgeschwindigkeit der Motorwelle ω_M , Torsionswinkel der elastischen Welle φ_T und Winkelgeschwindigkeit der Lastwelle ω_L . Eingangsgrößen ist das Motormoment m_M , das verzögert eingeprägt wird. Die Verzögerung wird durch die Ersatzzeitkonstante T_i gekennzeichnet. Das Motormoment unterliegt einer Begrenzung. Ausgangsgröße ist die Winkelgeschwindigkeit der Last ω_L .

Das Wesen der Zustandsregelung besteht darin, daß alle Komponenten des Zustandsvektors

$$\underline{x} = \begin{vmatrix} \omega_M \\ \varphi_T \\ \omega_L \end{vmatrix} \tag{6.22}$$

über den vektoriellen Regler

$$\underline{R} = \begin{vmatrix} r_1 \\ r_2 \\ r_3 \end{vmatrix} \tag{6.23}$$

auf den Eingang zurückgeführt werden.

Die Regelstrecke wird beschrieben durch die Zustandsgleichungen

$$\omega_M = \frac{1}{p \, J_M} \left(m_M - C_s \, \varphi_T \right) \tag{6.24}$$

$$\varphi_T = \frac{1}{p} \left(\omega_M \, \omega_L \right) \tag{6.25}$$

$$\omega_L = \frac{1}{p \, J_L} \left(C_s \, \varphi_T - m_{WL} \right) \tag{6.26}$$

Eingangsgrößen sind das Motormoment

$$m_M = \frac{V_i}{1 + pT_i} \cdot u \tag{6.27}$$

und das Widerstandsmoment m_{WL}, das an der Last angreift. Die Stellgröße u ist eindimensional

$$u = w - r \tag{6.28}$$

Das Rückführsignal ist von allen Komponenten des Zustandsvektors abhängig.

$$r = r_1 \, \omega_M + r_2 \, \varphi_T + r_3 \, \omega_L \tag{6.29}$$

Die äußere Führungsgröße wird mit w gekennzeichnet.

Zunächst wird das Eigenverhalten des Systems untersucht, dazu werden alle Eingangsgrößen null gesetzt. Für $w = 0$ und $m_{WL} = 0$ ergibt sich aus (6.24 .. 29) die charakteristische Gleichung

$$a_0 + a_1 p + a_2 p^2 + a_3 p^3 + a_4 p^4 = 0 \tag{6.30}$$

mit

$$a_0 = r_1 + r_3 \tag{6.31}$$

$$a_1 = \frac{J_M}{V_i} + r_2 \frac{J_L}{C_s}$$

$$a_2 = \frac{T_i}{V_i} J_M + r_1 \frac{J_L}{C_s}$$

$$a_3 = \frac{J_M}{V_i} \cdot \frac{J_L}{C_s}$$

$$a_4 = \frac{T_i}{V_i} \cdot J_M \cdot \frac{J_L}{C_s}$$

Durch sinnvolle Wahl der Reglerkoeffizienten $r_1; r_2; r_3$ kann das Eigenverhalten gegenüber dem natürlichen Systemverhalten verändert werden. Mathematisch ausgedrückt werden die Pole der charakteristischen Gleichung verschoben. Als Optimierungsvorschrift eignet sich die Regel der „Doppelverhältnisse".

Durch die verzögerte Drehmomenteinprägung bestehen Einschränkungen bezüglich der möglichen Dynamik. Die Eigenzeitkonstante des Systems

$$T_E = \frac{a_1}{a_0}, \tag{6.32}$$

die die Systemdynamik beschreibt, ist von der Zeitkonstante der Drehmomenteinprägung T_i abhängig.

$$T_E = T_i \cdot \alpha_1 \cdot \alpha_2 \cdot \alpha_3 \tag{6.33}$$

Für die Parameter-Verhältnisse $\alpha_1, \cdots, \alpha_3$ gilt

$$\alpha_1 = \frac{a_1^2}{a_0\, a_2} \approx 1{,}75 \cdots 2{,}00 \cdots 2{,}50 \tag{6.34}$$

$$\alpha_2 = \frac{a_2^2}{a_1\, a_3} \approx 1{,}75 \cdots 2{,}00 \cdots 2{,}50$$

$$\alpha_3 = \frac{a_3^2}{a_2\, a_4} \approx 1{,}75 \cdots 2{,}00 \cdots 2{,}50 \; .$$

Anschaulich zeigt Abb. 6.9 die Wirkung der Zustandsregelung.

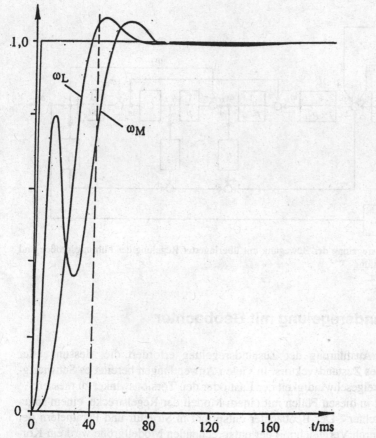

Abb. 6.9 Wirkung der Zustandsregelung am Beispiel der Sprungantwort eines Zweimassensystems

Die Schwingungen der Mechanik werden durch Eingangsgrößen eines geeigneten Motormomentes kompensiert, so daß sie im Verlauf der Lastwinkelgeschwindigkeit ω_L nicht mehr auftreten. Die Winkelgeschwindigkeit der Motorwelle ω_M zeigt die Wirkung des Motors. Die Drehmomenteinprägung muß schnell gegenüber der Eigenfrequenz der Mechanik erfolgen, damit die Kompensation der Schwingungen möglich wird.

Optimales Eigenverhalten des Systems bewirkt nicht zwangsläufig optimales Führungs- und Störungsverhalten. Der Zustandsregelung wird deshalb eine Regelung der Ausgangsgröße ω_L überlagert. Durch den I-Anteil dieser Regelung kann die bleibende Regelabweichung zu null gemacht werden (Abb. 6.10). Wenn es gelingt, ein der Hauptstörgröße entsprechendes Signal bereitzustellen, kann außerdem eine Störgrößenkompensation erfolgen.

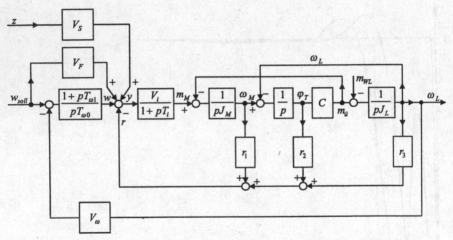

Abb. 6.10 Zustandsregelung der Bewegung mit überlagerter Regelung der Führungsgrößen und Störgrößenaufschaltung

6.3   Zustandsregelung mit Beobachter

Die technische Ausführung der Zustandsregelung erfordert die Messung aller Komponenten des Zustandsvektors. In vielen Anwendungen bereitet es Schwierigkeiten, die Winkelgeschwindigkeit der Last oder den Torsionswinkel zu messen.

Man arbeitet in diesen Fällen mit einem Modell der Regelstrecke, einem sogenannten „Beobachter". Der Beobachter entspricht in Struktur und Parametern der Regelstrecke. Durch Vergleich mit der entsprechenden Modellgröße wird ein Korrektursignal gewonnen, das zur Anpassung des Modells an die Regelstrecke genutzt wird (Abb. 6.11). Der Beobachter ist dadurch einfachen Streckenmodellen überlegen.

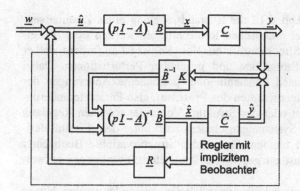

Abb. 6.11 Wirkungsplan der Zustandsregelung mit Beobachter

Beobachter können bei vollständiger Beobachtbarkeit der Strecke den gesamten Zustandsvektor rekonstruieren. Ein Beobachter wird allgemein durch die folgenden Gleichungen beschrieben

$$\dot{\hat{x}} = \hat{A}x + \hat{B}u + \underline{K}(y - \hat{y}) \tag{6.35}$$

$$\hat{y} = \hat{C}\,\hat{x} \tag{6.36}$$

In dieser Gleichung bezeichnet $\hat{x}$ den geschätzten Zustandsvektor und $\hat{y}$ die geschätzte Ausgangsgröße. Die Differenz $(y - \hat{y})$ ist der Schätzfehler und $\underline{\hat{A}}$, $\underline{\hat{B}}$, $\underline{\hat{C}}$ stehen für die als bekannt vorausgesetzten Matrizen der Streckenbeschreibung; $\underline{K}$ ist der Korrekturvektor. Bei Übereinstimmung zwischen Streckenparametern und den im Beobachter verwendeten Parametern ist es möglich, die Pole im Beobachter unabhängig von den Polen der zustandsgeregelten Strecke vorzugeben, weil das Separationsprinzip gilt. Um eine gute Übereinstimmung zwischen wirklichen und geschätzten Zustandsgrößen zu erreichen, müssen die Beobachterpole schneller als die Reglerpole eingestellt werden. Die Beobachter-Eigenwerte λ_b können gegenüber den Eigenwerten des geschlossenen Regelkreises etwa die dreifache komplexe Frequenz aufweisen und sind vorzugsweise rein reell vorzugeben. Die Berechnung des Korrekturvektors $\underline{K}$ erfolgt mit der Ackermannschen Formel aus den Eigenwerten des Beobachterkreises

$$\lambda_b = eig(A^T - C^T \cdot K^T) \tag{6.37}$$

Beobachter und Rückführvektor lassen sich zu einem Regler zusammenfassen, der als Eingang den Vektor der Meßwerte y enthält und als Ausgangsgröße die Stellgröße $\underline{u}$ liefert (Abb. 6.11). Diese Struktur wird als Regler mit implizitem Beobachter bezeichnet [6.15]. Neben Zustandsbeobachtern finden Störbeobachter Anwendung, die die Abweichung zwischen geschätzter und gemessener Ausgangsgröße auswerten.

Als Beispiel veranschaulicht Abb. 6.12 die Zustandsregelung eines Zweimassen-schwingers mit Beobachter. Bei praktischen Realisierungen werden stets Abweichungen zwischen Modell und Strecke auftreten. Vom Regler ist zu fordern, daß er robust ist bezüglich äußeren Störgrößen und gegenüber Perturbationen. Dabei versteht man unter Perturbationen transiente oder permanente Änderungen der dynamischen oder statischen Eigenschaften des Prozesses, also Parameteränderungen, Änderungen der Abtastzeit oder der Struktur. Von einer robusten Regelung wird gefordert, daß bestimmte Systemeigenschaften auch unter dem Einfluß definierter Perturbationen erhalten bleiben. Es wurden strukturvariable Beobachter entwickelt, die eine hohe Robustheit gegenüber Parameterschwankungen aufweisen.

Auch unvollständige Zustandsrückführungen können verwendet werden. Nur in einfachen Fällen können geschlossene Lösungen für die Berechnung des Systemverhaltens bei Perturbationen angegeben werden. Es wurden deshalb iterative Verfahren vorgeschlagen [6.3, 6.7]. Der Rückführvektor wird beim Entwurf mit verschiedenen, repräsentativen Strecken getestet. Durch Simulation des Gesamtsystems können charakteristische Übergangsfunktionen verglichen werden. Die Robustheit wird durch eine zulässige Region im Parameterraum gekennzeichnet.

In Abb. 6.13 wurde eine befriedigende Dynamik für zwei veränderliche Parameter a_1 und a_2 im Bereich $50 \cdots 200\%$ des Normimalwertes gefordert. Die Parameter können beispielsweise die Federkonstante C_s und die Last J_L eines mechanischen Systems sein.

Abbildung 6.14 zeigt für 5 Parameterkombinationen die Übertragungsfunktion der Lastwinkelgeschwindigkeit ω_L.

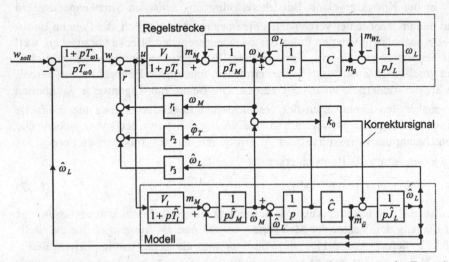

Abb. 6.12 Zustandsregelung der Bewegung, indirekte Messung der Komponenten des Zustandsvektors und der Ausgangsgröße mit Hilfe eines Modells der Regelstrecke

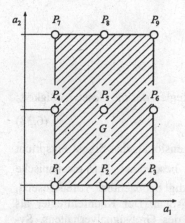

Abb. 6.13 Anforderung der Robustheitsanforderungen durch eine zulässige Region G im Parameterraum, zwei variable Parameter a_1 und a_2; Auswahl von 9 charakteristischen Parameterkombinationen $P_1 \cdots P_9$ für den Entwurf

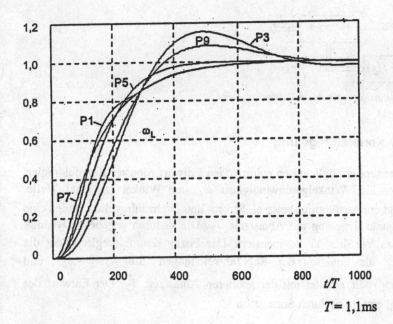

Abb. 6.14 Sprunganworten der Lastdrehzahl für 5 verschiedene Parameterkombinationen des Modells der Regelstrecke entsprechend Abb. 6.13

Durch Variation der Bewertungsmatrix $\underline{R}$ des Rückführvektors im Simulationsmodell kann eine günstige Kompromißeinstellung gefunden werden.

6.4   Kennfeld-Zustandsregler

6.4.1 Wirkprinzip

Der Kennfeldregler ist ein statischer nichtlinearer Regler, der die Gesetzmäßigkeit

$$\underline{u} = f(\underline{x})$$ (6.38)

realisiert. In Bewegungssteuerungen ist $\underline{u}$ eindimensional, das Signal entspricht dem eingeprägten Drehmoment; es ist auf u_{max} beschränkt. Das mechanische Übertragungssystem wird als linear und vollständig beobachtbar vorausgesetzt. Dann gilt der in Abb. 6.15 dargestellte Wirkungsplan. Der Kennfeldregler als nichtlinearer Regler ermöglicht die Optimierung des Großsignalverhaltens. Systeminterne Begrenzungen können berücksichtigt werden. Die praktische Schwierigkeit besteht in der Vorausbestimmung des Kennfeldes. Ein einmal berechnetes Kennfeld kann in Speichern hinterlegt werden.

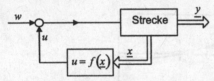

Abb. 6.15 Wirkprinzip des Kennfeld-Zustandsregelers

6.4.2 Fuzzy-Kennfeldregelung

Das Fuzzy-Konzept ermöglicht den empirischen Entwurf robuster Kennfeldregler. Zustandsgrößen sind Winkelgeschwindigkeit ω_L und Winkel φ_L einer Welle. Abb. 6.16 zeigt ein Ausführungsbeispiel. Strom- und Drehzahlregelung bilden eine klassische digitale Regelung mit Abtastzeit T_1. Die dadurch gegebene Dynamik wird durch das Vorfilter V kompensiert. Der Fuzzy Kennfeldregler bildet die Stellgröße i_{sq} als Funktion der Regelabweichungen $\Delta\omega_L = (\omega_L^* - \omega_L)$ und $\Delta\varphi_L = (\varphi_L^* - \varphi_L)$. Er arbeitet mit der größeren Abtastzeit T_2. Der Entwurf des Reglers erfolgt empirisch durch Simulation.

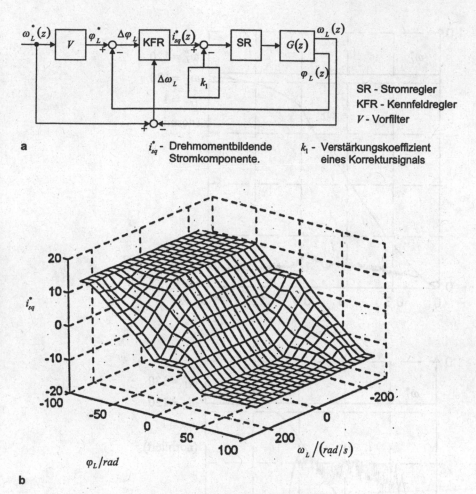

Abb. 6.16 Fuzzy-Kennfeldregelung. **a** Wirkungsplan; **b** Kennfeld

Es konnte ein Regler entwickelt werden, der in einem Änderungsbereich des Trägheitsmoments des Antriebs von 1:10 robust arbeitet und die systemeigenen Begrenzungen maximal ausnutzt (Abb. 6.17).

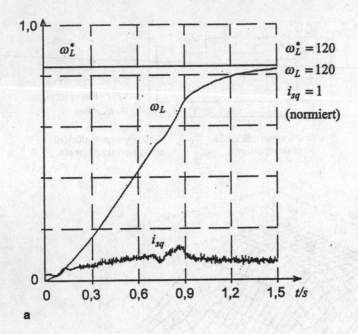

a

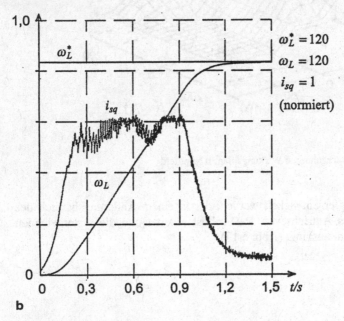

b

Abb. 6.17 Sprungantwort des Fuzzy-Kennfeldreglers bei Sollwertsprung-Großsignalverhalten. **a** kleines Trägheitsmoment; **b** großes Trägheitsmoment

6.4.3 Zeitoptimale Kennfeldregelung

Als zeitoptimale Steuerung wird derjenige zeitliche Stellgrößenverlauf $u = f(t)$ definiert, der bei gegebener Stellamplitude u_{max} und gegebenem Anfangszustand x_0 das System in minimaler Zeit in den Endzustand x_1 führt. Das Kennfeld

$$u = f(\underline{x}; t) \tag{6.39}$$

ist entsprechend festzulegen [6.14]. Die Stellgröße wird nach einer nichtlinearen Funktion gebildet und mit der Taktzeit T abgetastet. Praktisch wird die hier eindimensionale Größe zwischen $-u_{max}$ und $+u_{max}$ umgeschaltet.

In Abb. 6.18 sind für jeden Punkt der Zustandsebene $x_1; x_2$ die Spitzen der Zustandsvektoren eingetragen, die für eine zeitoptimale Regelung berechnet wurden.

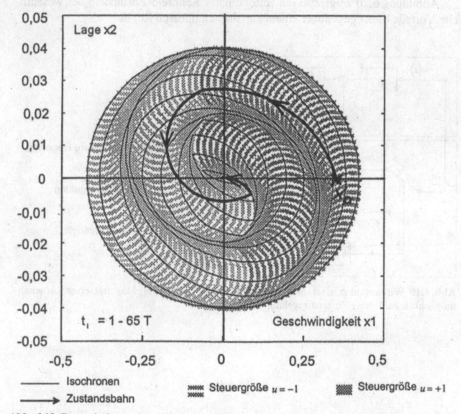

Abb. 6.18 Zustandsebene eines Einmassenschwingers mit den Komponenten x_1 und x_2 des Zustandsvektors

Außerdem wurden Isochronen eingetragen. Die Isochrone zur Zeit t_i eines zeitoptimal gesteuertes System ist der geometrische Ort aller Zustandsvektoren, die innerhalb des Zeitintervalls $t \in [0; t_i]$ zeitoptimal in den Nullpunkt überführt werden können. Schließlich wurde für einen bestimmten Anfangszustands x_0 eine Zustandsbahn eingetragen, die das System zeitoptimal in den Zeitpunkt 0;0 führt.

Die Vorausberechnung des Steuergesetzes (6.39) ist geschlossen nicht möglich. Eine off-line Berechnung der nichtlinearen Funktion ist iterativ in kurzer Zeit durchführbar [6.5, 6.6].

Wegen der abtastenden Arbeitsweise des Reglers ergeben sich in der Nähe des Nullpunktes stabile Grenzschwingungen. Diese können vermieden werden, wenn in der Nähe des Nullpunktes auf einen linearen Regelalgorithmus umgeschaltet wird (Abb. 6.19). Die Umschaltung erfolgt in Abhängigkeit vom Energieinhalt des Systems und wird zweckmäßig mit einer Hysterese ausgestattet.

Abbildung 6.20 zeigt, daß ein zeitoptimaler Kennfeld-Zustandsregler wesentliche Vorteile bietet gegenüber einem klassischen linearen Regler.

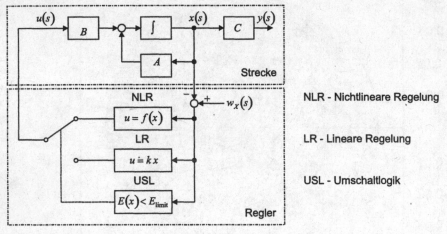

Abb. 6.19 Wirkungsplan einer nichtlinearen Kennfeld-Zustandsregelung mit einer Umschaltmöglichkeit auf lineare Zustandsregelung

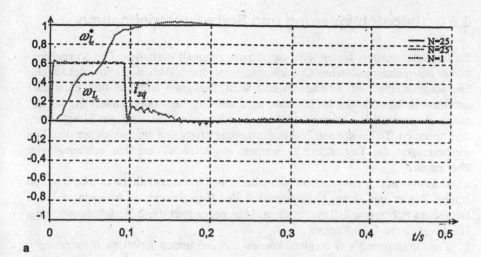

a

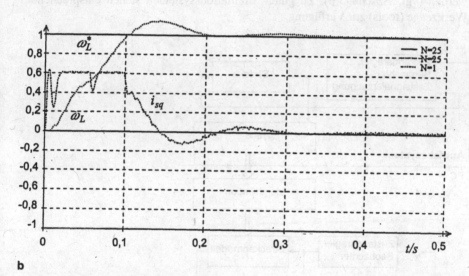

b

Abb. 6.20 Gemessene Sprungantwort der Lastdrehzahl ω_L und der momentbildlichen Stromkomponente i_{sq} . **a** zeitoptimaler Kennfeldzustandsregelung mit Reglerumschaltung; **b** lineare Regelung

6.5   Selbstoptimierung und Selbstinbetriebnahme

Zustandsgleichungen lassen sich nur schwer manuell einstellen. Die Vorgehensweise zur rechnergestützten Optimierung wird durch Abb. 6.21 veranschaulicht. Die Regelstrecke des Antriebssystems wird bezüglich Struktur und Parameter automatisch identifiziert. Im Rechner wird ein Streckenmodell hinterlegt, das mit einem Reglermodell zusammenarbeitet. Das Reglermodell wird am Streckenmodell optimiert. Dabei können Selbstoptimierungsstrategien angewandt werden. Die Einstellungen des Reglermodells werden anschließend auf den echten Regler übertragen.

Bei Anwendung entsprechend schneller Simulationsmodelle ist es möglich, den echten Regler mit einem Echtzeitmodell der Regelstrecke zu koppeln und den Regler am Echtzeitmodell einzustellen. Man bezeichnet diese Verfahrensweise als Hardware-in-the-loop-Technik.

Zur Optimierung des Reglers können die bekannten Kriterien herangezogen werden (vgl. Abschn. 5.6). Zu guten Simulationssystemen stehen entsprechende Werkzeuge (tools) zur Verfügung.

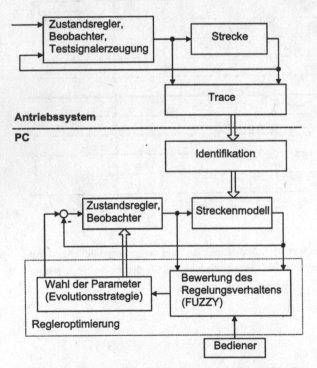

Abb. 6.21 Rechnergestützte Optimierung eines Zustandsreglers

Beispiel 8   Zustandsregelung eines Stellantriebs im linearen Bereich

Das Verfahren der Polvorgabe in Systemen mit Zustandsrückführung wird hier am Beispiel eines Systems 2. Ordnung demonstriert, da dafür noch ohne Rechner eine anschauliche Lösung gefunden werden kann.

Ein Stellantrieb wird vereinfacht durch den Signalflußplan in Abb. 6.22 beschrieben.

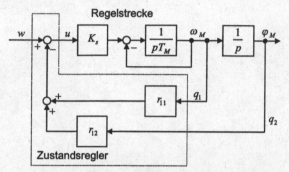

Abb. 6.22 Stellantrieb, Signalflußplan der Zustandsregelung

Eingangsgröße der Regelstrecke ist die Eingangsspannung des Stellglieds u, eine skalare Größe. Der Zustandsvektor ist gegeben durch die Komponenten

$q_1 = \omega_M$ Motordrehzahl

$q_2 = \varphi_M$ Verdrehungswinkel des Motors

Der Ausgangsvektor stimmt mit dem Zustandsvektor überein. Alle Größen sind normiert. Die Zustandsgleichungen der Regelstrecke ergeben sich zu

$$\begin{vmatrix} \dot{\omega}_M \\ \dot{\varphi}_M \end{vmatrix} = \begin{vmatrix} -\dfrac{1}{T_M} & 0 \\ 1 & 0 \end{vmatrix} \begin{vmatrix} \omega_M \\ \varphi_M \end{vmatrix} + \begin{vmatrix} \dfrac{k_s}{T_M} \\ 0 \end{vmatrix} u$$

$$\begin{vmatrix} \omega_M \\ \varphi_M \end{vmatrix} = \begin{vmatrix} q_1 \\ q_2 \end{vmatrix}$$

Es ist

$$T_M = 0{,}02\ s$$
$$k_s = 10$$

Für den Vektorregler gilt

$$u = w - \begin{vmatrix} r_{11} & r_{12} \end{vmatrix} \begin{vmatrix} q_1 \\ q_2 \end{vmatrix}$$

Die Reglerparameter r_{11} und r_{12} müssen bestimmt werden. Die charakterische Gleichung des geschlossenen Kreises ergibt sich zu

$$\begin{vmatrix} -\dfrac{1}{T_M} - p - \dfrac{k_s}{T_M} \cdot r_{11} & -\left(-\dfrac{k_s}{T_M} \cdot r_{12} \right) \\ 1 & -p \end{vmatrix} = 0$$

$$a_0 + a_1 p + a_2 p^2 = 0$$

mit

$$a_0 = 1$$

$$a_1 = \left(\frac{1}{k_s r_{12}} + \frac{r_{11}}{r_{12}} \right)$$

$$a_2 = \frac{T_M}{k_s r_{12}}$$

Für einen langsamen Stellantrieb wird vorgegeben

$$\omega_0 = 100 \, s^{-1}$$

bei einem Faktor des Doppelverhältnisses $\alpha = 2$. Dafür erhält man

$$a_1 = \frac{1}{\omega_0} = 0{,}01 \, s$$

$$a_2 = \frac{a_1^2}{a_0 \, \alpha} = 0{,}5 \cdot 10^{-4} \, s^2$$

$$r_{12} = \frac{T_M}{k_s \, a_2} = 40 \, s^{-1}$$

$$r_{11} = a_1 \, r_{12} - \frac{1}{k_s} = 0{,}3 \, .$$

Für einen schnellen Stellantrieb wird vorgegeben

$$\omega_0 = 1000 \, s^{-1}$$

bei einem Faktor des Doppelverhältnisses $\alpha = 2$. Dafür erhält man

$$a_1 = \frac{1}{\omega_0} = 0{,}001 \, s$$

$$a_2 = \frac{a_1^2}{a_0 \alpha} = 0,5 \cdot 10^{-6} s^2$$

$$r_{12} = \frac{T_M}{k_s a_2} = 4000 s^{-1}$$

$$r_{11} = a_1 r_{12} - \frac{1}{k_s} = 3,9 \,.$$

Die Übertragungsfunktion entspricht einem Schwingungsglied mit der Knickfrequenz

$$\omega_k = \sqrt{\frac{1}{a_2}} = \sqrt{\frac{a_0 \alpha}{a_1^2}} = \sqrt{2} \, \omega_0$$

und der Dämpfung

$$d = \frac{a_1 \omega_k}{2} = \frac{1}{2} \sqrt{2}$$

Die Knickfrequenz kann im Rahmen des technischen Realisierbaren frei gewählt werden. Die Dämpfung entspricht dem Betragoptimum. Die Parameter r_{11} und r_{12} sind vom Vektorregler zu realisieren.

Solange alle Glieder des Stellantriebs im linearen Bereich arbeiten, kann die Dynamik des Systems beliebig gewählt werden. Technische Grenzen ergeben sich aus stets vorhandenen Begrenzungen, insbesondere den Begrenzungen des Stellsignals.

Beispiel 9   Bewegungsvorgänge eines Positonierantriebs mit Stellgrößenbegrenzung

Der Positionierantrieb entspricht in seinem Signalflußplan einem System 2. Ordnung nach Abb. 6.23.

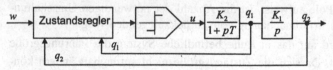

Abb. 6.23 System 2. Ordnung mit Stellgliedbegrenzung

Die Stellgrößenbegrenzung, bedingt durch die Begrenzung der Ausgangsspannung des Stellglieds, soll die einzige im System wirksame Begrenzung sein. Sie bestimmt damit zugleich die maximale Geschwindigkeit und Beschleunigung des Antriebs.

Die Zustandsbahn des Systems besteht aus Abschnitten für $u(t) = +U$ und $u(t) = -U$. Andere Abschnitte dürfen nicht auftreten.

Für das System 2.Ordnung gelten die Zustandsgleichungen

$$\frac{dq_1}{dt} = -\frac{1}{T}q_1 + \frac{k_2 u}{T}; \quad \frac{dq_2}{dt} = k_1 q_1$$

Es werden die normierten Größen

$$q_1^* = \frac{q_1}{k_2 U}; \quad t^* = \frac{t}{T}; \quad u^* = \frac{u}{U}, \quad q_2^* = \frac{q_2}{k_2 U k_1 T}$$

eingeführt und man erhält

$$\frac{dq_1^*}{dt} = -q_1^* + u^*; \quad \frac{dq_2^*}{dt^*} = q_1^*$$

Die Ruhelage des System für $t \to \infty$ ist gekennzeichnet durch

$$Q_e : (w^* - q_2^*) = 0; \qquad q_1^* = 0$$

Dafür wurden in Abb. 6.24 das Koordinatensystem gezeichnet und einige Zustandsbahnen eingetragen.

Gesucht ist eine Steuerfunktion $u(t)$, die unter maximal möglicher Ausnutzung der Begrenzung das System in kürzestmöglicher Zeit aus einem Anfangszustand Q_a in einen Endzustand Q_e bringt. Offensichtlich wird diese Aufgabe dann erfüllt, wenn die Stellgrößenbegrenzung maximal ausgenutzt wird, d.h. die Steuerfunktion $u(t)$ zunächst am oberen und danach am unteren Anschlag liegt. Allgemein läßt sich zeigen: Besitzt ein rationales Übertragungsglied n-ter-Ordnung ausschließlich reelle Pole, so ist seine zeitoptimale Steuerfunktion stückweise konstant; sie liegt abwechselnd am oberen und am unteren Anschlag und weist höchstens $(n-1)$ Umschaltungen auf (Satz von Feldbaum). Solange das Übertragungsglied nur reelle Pole aufweist, ist die Anzahl der notwendigen Umschaltungen der Steuerfunktion $u(t)$ unabhängig vom zurückzulegenden Weg.

Zur Zeit $t = 0$ wird auf das in Ruhe befindliche System die Führungsgröße $w^* = w_1^*$ aufgeschaltet. Da sich die Zustandsgröße nicht sprunghaft ändern können, ist der Anfangszustand der Bewegung

$$Q_a : (w_1^* - q_2^*) = w_1^*, \qquad q_1^* = 0$$

Der optimale Bewegungsvorgang besteht zunächst aus einem Abschnitt mit $u^* = +1$ und daran anschließend aus einem Abschnitt $u^* = -1$. Die Zustandsbahn des ersten Abschnitts muß durch den Anfangszustand Q_a verlaufen; die Zustandsbahn des zweiten Abschnitts muß durch den Endzustand Q_e verlaufen. Damit liegt der vollständige Verlauf der optimalen Zustandsbahn fest. Die optimale Schaltlinie, also die Linie, an der der Übergang von $u^* = +1$ auf $u^* = -1$ erfolgt, ist die Zustandsbahn durch den Endpunkt Q_e.

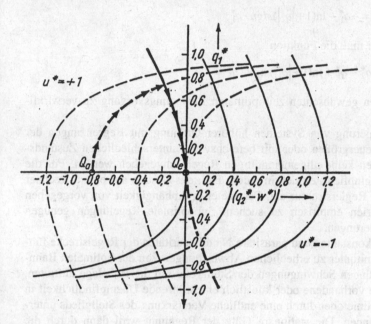

———— $q_2^* - w_1^* = -q_1^* = +\ln(1 + q_1^*)$ $u^* = -1$

- - - - - $q_2^* - w_1^* = -q_1^* = -\ln(1 - q_1^*)$ $u^* = +1$

$\underset{Q_a}{\circ} \!\!\rightarrow\!\!\rightarrow\!\! \underset{Q_e}{\circ}$ Beispiel einer Zustandsbahn Q_a: $q_2^* - w^* = -0,8$; $q_1^* = 0$

Abb. 6.24 Bestimmung der optimalen Schaltkennlinie für ein System 2. Ordnung mit Begrenzung der Stellgröße

Ist der Anfangszustand $(q_2^* - w_1^*) < 0$, d.h. $q_1^* > 0$, dann ist diese Schaltlinie der Trajektorienschar für $u^* = -1$ zugehörig. Durch Zusammenfassung und Integration erhält man

$$\frac{dq_1^*}{dq_2^*} = -1 + \frac{u^*}{q_1^*}, \qquad u^* = -1$$

$$(q_2^* - w_1^*) = -q_1^* + \ln(1 + q_1^*)$$

Ist der Anfangszustand $(q_2^* - w_1^*) > 0$, d.h. $q_1^* < 0$, dann ist die Schaltlinie der

Trajektorienschar für $u^* = +1$ zugehörig. Man erhält durch Integration für $u^* = +1$

$$(q_2^* - w_1^*) = -q_1^* - \ln(1 - q_1^*)$$

Zusammengefaßt folgt die Gleichung der Umschaltlinie zu

$$(q_2^* - w_1^*) = -q_1^* - \ln(1 + |q_1^*|)sign \cdot q_1^*$$

Der Zustandsregler muß die Funktion

$$y = w_1^* - q_2^* - q_1^* + \ln(1 + |q_1^*|)sign \cdot q_1^*$$

realisieren, um den gewünschten zeitoptimalen Bewegungsvorgang zu verwirklichen (Abb. 6.25).

Für die Optimierung von Systemen höherer Ordnung mit Begrenzungen der Zustands- oder Steuergrößen oder mit bereichsweise unterschiedlichen Zustandsgleichungen können keine allgemeingültigen Regeln angegeben werden. Für die praktische Arbeit empfiehlt es sich in jedem Fall, das System auf einem Rechner zu simulieren und Reglerstruktur und Parameter in Abhängigkeit von vorgegeben Optimierungskriterien empirisch zu suchen. Suboptimale Regelungen genügen häufig den Anforderungen.

Parasitäre Zeitkonstanten und parasitäre Nichtlinearitäten der Regelstrecke führen in der Praxis mitunter zu erheblichen Abweichungen von der optimalen Bahnkurve. Dadurch können Schwingungen der Stellgröße um die Ruhelage auftreten, die nur durch eine vorhandene oder künstlich einzuführende Unempfindlichkeit in die Stellgliedkennlinie oder durch eine endliche Verstärkung des Stellglieds unterdrückt werden können. Die stationäre Güte der Regelung wird dann durch die tatsächlichen Stellgliedeigenschaften bestimmt. In solchen Fällen ist es nicht notwendig, die optimale Zustandsbahn genau zu verwirklichen. Unter Berücksichtigung dieser parasitären Einflüsse können mit einer suboptimalen Lösung auf der Basis einer vereinfachten Steuerfunktion $f(q_1^*)$ ebenso gute Ergebnisse erreicht werden.

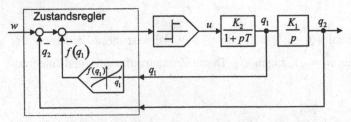

Abb. 6.25 Zeitoptimale Zustandsregler an der Strecke 2. Ordnung mit Stellgrößenbegrenzung

In Abb. 6.26 wurde beispielsweise die Schaltkennlinie als Gerade angenähert.

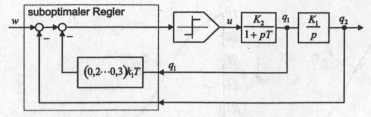

Abb. 6.26 Suboptimaler Regler eine System nach Abb. 6.25

Eine weitgehend optimale Bahnsteuerung unabhängig von Parameterschwankungen und anderen parasitären Einflüssen wird durch Trennung der Funktion der Führungsgrößenvorgabe und der Funktion der Regelung erreicht. In der Struktur nach Abb. 6.27 bestimmt ein Führungsgrößenrechner die unter Annahme idealer Verhältnisse gültige optimale Bahnkurve.

Eingangsgröße sind der Zielzustand w_z und die Begrenzungen der Zustandsgrößen w_{gr}. Diese werden entsprechend den realen Eigenschaften der Regelstrecke vorgegeben. Die Umschaltpunkte zwischen unterschiedlichen Zustandsbereichen entsprechend einer optimalen Schaltlinie werden intern vorausberechnet. Der vom Führungsgrößenrechner gesteuerte Regelkreis muß weitgehend ideales Führungs- und Störverhalten besitzen; sein Zustandsvektor q soll möglichst genau auf der durch die Steuergröße u vorgegebene Bahn verlaufen. Durch die Führungsgrößenvorgabe ist gewährleistet, daß Regler und Regelstrecke stets im linearen Bereich arbeiten. Die systemeigenen Begrenzungen werden nicht überschritten.

Die Vorausberechnung der optimalen Zustandsbahn erfolgt durch Simulation. In der praktischen Realisierung übernimmt ein Mikrorechner sowohl die Funktion der Führungsgrößenvorgabe als auch die Funktion des Reglers (Abb. 6.28).

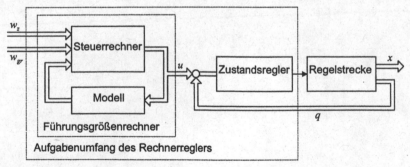

Abb. 6.27 Optimale Steuerung eines Systems mit Führungsgrößenvorgabe

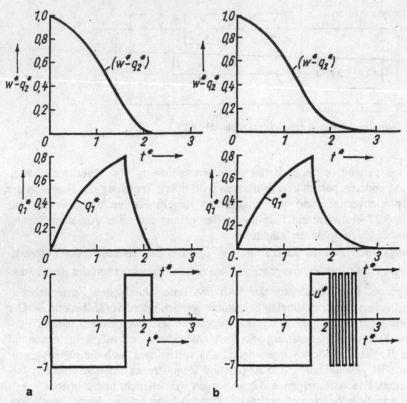

Abb. 6.28 Vergleich zwischen der zeitoptimalen (a) und der suboptimalen (b) Regelung eines Bewegungsvorgangs mit Stellgrößenbegrenzung

7 Synchronisation und Gleichlauf von Bewegungen

7.1 Antriebsstrukturen in Be- und Verarbeitungsmaschinen

Fertigungs- und Transportprozesse in Be- und Verarbeitungsmaschinen werden durch das koordinierte Zusammenwirken mehrerer Einzelbewegungen realisiert. Prinzipiell kennzeichnen Wirkpaare WP den Be- bzw. Verarbeitungsprozeß, der unter Einwirkung mechanischer Energie abläuft. Das Arbeitsgut durchläuft nacheinander mehrere Wirkpaare. Es besteht ein kontinuierlicher oder diskontinuierlicher Stofffluß, der bei manchen Anwendungen, beispielsweise bei Walzwerken, Kalandern, Haspeln mit einer Kraftübertragung verbunden ist, also eine Kraftkopplung der Wirkpaare verursacht (Abb. 7.1).

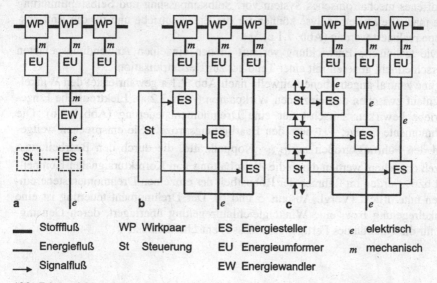

Stofffluß	WP Wirkpaar	ES Energiesteller	*e* elektrisch
Energiefluß	St Steuerung	EU Energieumformer	*m* mechanisch
Signalfluß		EW Energiewandler	

Abb. 7.1 Antriebsstrukturen in Verarbeitungsmaschinen. **a** zentraler Antrieb mit zentraler Steuerung; **b** dezentraler Antrieb mit zentraler Steuerung; **c** dezentraler Antrieb mit dezentraler Steuerung

Die für den Bearbeitungsprozeß benötigte mechanische Energie wird im Fall a) über eine Leitwelle von einem zentralen elektrischen Antrieb, dem Energiewandler EW abgeleitet. Mechanische Energieumformer EU dienen der Anpassung der Bewegungsabläufe. Diese klassische Anordnung wird auch heute noch in vielen Fällen angewandt. Sie gestattet, komplexe Bewegungsabläufe mit hoher Gleichlaufgenauigkeit zu realisieren. Sie führt jedoch zu starren mechanischen Konstruktionen, der Antrieb kann nicht an unterschiedliche Fertigungsprogramme angepaßt werden. Der Antrieb ist nicht programmierbar, es sei denn durch Umbau von Zahnradübersetzungen oder Mechanismen.

In vielen Fertigungs- und Transporteinrichtungen, wie beispielsweise Werkzeugmaschinen, Roboter werden die Einzelbewegungen dezentral durch elektrische Einzelantriebe gewährleistet. Diese können einzeln an die Antriebsaufgabe angepaßt werden.

Die Einzelbewegungen werden durch eine zentrale Regeleinrichtung koordiniert. Diese ist programmierbar. Es liegt ein geschlossenes mechatronisches System vor. Entwurf, Programmierung und Inbetriebnahme erfordern eine genaue Systemanalyse.

Alternativ dazu ist heute auch die getrennte Führung der Einzelbewegungen möglich. Jeder Antrieb ist eine intelligente Einheit. Die Koordination der Einzelbewegungen erfolgt durch Kommunikation zwischen den Einzelantrieben. Es liegt ein offenes mechatronisches System vor. Selbstanpassung und Selbstoptimierung ohne manuelle Systemanalyse können für die Einzelantriebe und für die Antriebsgruppe realisiert werden (Abb. 7.1 c).

Die technische Entwicklung verläuft in den einzelnen Anwendungsgebieten unterschiedlich, generell mit einer Tendenz zur Dezentralisation.

Eine zentral angetriebene Leitwelle nach Abb. 7.1 a gewährleistet den Winkelgleichlauf zwischen den einzelnen Wirkpaaren (Abb. 7.2 a). Elektronische Einzelantriebe bewirken zunächst nur eine Drehmomentsteuerung (Abb. 7.2 b). Die Drehmomente $m_1; m_2; \cdots$ steuern den Bearbeitungsprozeß. Sie entsprechen weitgehend den Führungsgrößen $m_1; m_2; \cdots$. Koppelkräfte, die durch den Bearbeitungsprozeß entstehen, werden durch die Aufschaltung von Korrektursignalen Kompensiert bzw. werden im Rahmen der Robustheit der einzelnen Drehmomentsteuereinheiten unterdrückt (Vergl. Abschn. 5 und 6). Der Drehmomentsteuerung ist eine Winkelregelung bzw. eine Winkelgleichlaufregelung überlagert, deren Genauigkeit für die Qualität des Fertigungsprozesses entscheidend ist.

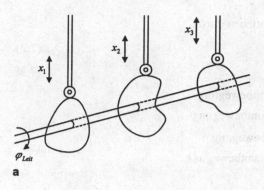

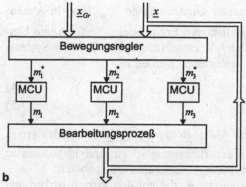

Abb. 7.2 a Winkelsteuerung über eine Leitwelle; **b** Drehmomentsteuerung über entkoppelte Drehmomentsteuereinheit MCU

7.2 Synchronisation der Bewegungen im System

Die Einzelbewegungen des Systems müssen koordiniert ablaufen. Die Koordination der Komponenten des Zustandsvektors $\underline{x}$ der Bewegung wird für zwei Antriebe A und B anschaulich im Zeitablaufdiagramm (Abb. 7.3 a) dargestellt. Der Zustandsvektor der Gesamtbewegung $\underline{x}$ setzt sich aus den Zustandsvektoren der Einzelantriebe zusammen

$$\underline{x} = \begin{vmatrix} \underline{x}_A \\ \underline{x}_B \\ \underline{x}_C \\ \vdots \end{vmatrix} \text{ mit } \underline{x}_A = \begin{vmatrix} \underline{x}_A \\ \dot{\underline{x}}_A \\ \ddot{\underline{x}}_A \\ \vdots \end{vmatrix}, \ \underline{x}_B = \begin{vmatrix} \underline{x}_B \\ \dot{\underline{x}}_B \\ \ddot{\underline{x}}_B \\ \vdots \end{vmatrix} \text{ und } \underline{x}_C = \begin{vmatrix} \underline{x}_C \\ \dot{\underline{x}}_C \\ \ddot{\underline{x}}_C \\ \vdots \end{vmatrix} \tag{7.1}$$

Er ist eine kontinuierliche Funktion der Zeit.

Die Bewegung wird als Prozeß beschrieben durch

$$\dot{\underline{x}} = \underline{f}(\underline{x};\underline{u};\underline{z};t) \tag{7.2}$$

$$\underline{y} = \underline{g}(\underline{x};\underline{u};\underline{z};t) \tag{7.3}$$

$\underline{x}$ Zustandsvektor der Gesamtbewegung

$\underline{y}$ Ausgangsvektor der Gesamtbewegung

$\underline{u}$ Steuervektor der Gesamtbewegung

$\underline{z}$ Störgrößenvektor der Gesamtbewegung

t Zeit

In Abhängigkeit vom Erreichen bestimmter Grenzzustände $\underline{x}_{Gr}$ bzw. in Abhängigkeit von der Zeit, d.h. abhängig von diskreten Ereignissen e erfolgt eine Umschaltung der Zustandsgleichungen. Unter Voraussetzung eines linearen Systems können die Zustandsgleichungen (7.2) geschrieben werden zu

$$\dot{\underline{x}} = \underline{A}(e)\underline{x} + \underline{B}(e) \cdot \underline{u}(e) \tag{7.4}$$
$$\dot{\underline{y}} = \underline{C}(e)\underline{x} + \underline{D}(e) \cdot \underline{u}(e) \tag{7.5}$$

Eingangssignal $\underline{u}(e)$ und die Matrizen $\underline{A}(e)$; $\underline{B}(e)$; $\underline{C}(e)$; $\underline{D}(e)$ werden ereignisabhängig umgeschaltet. Der Prozeß der Bewegung ist ein ereignisgesteuerter Prozeß, der zwischen den diskreten Ereignissen zeitkontinuierlich abläuft.

In Abb. 7.3 a sind die Eingangsereignisse e , die auf den Prozeß wirken und die Ausgangsereignisse a , die aus dem Prozeß abgeleitet werden, ebenso wie die externen Steuersignale s deutlich hervorgehoben. Die Signale e; a werden als Binärsignale verstanden.

$$e_i = f(s_i;a_i) \tag{7.6}$$

Der funktionelle Zusammenhang zwischen den Komponenten der Bewegungen wird deutlicher durch den hybriden Funktionsplan (Abb. 7.3 b) beschrieben.

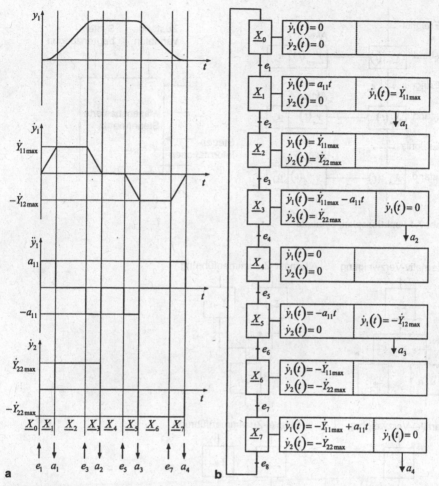

Abb. 7.3 Beschreibung des mehrdimensionalen Bewegungsablaufs als zeitkontinuierlich - ereignisdiskreter Prozeß

Zustände und Ereignisse folgen aufeinander. Die Zustände sind Zeitfunktionen. Die Komponenten des Ausgangsvektors y und die daraus abgeleiteten Ausgangsereignisse a sind als „Aktion" den Zuständen zugeordnet. Die Symbolik des hybriden Funktionsplans wird in Anlehnung an VDI/VDE 3684 [7.6] durch Abb. 7.4 näher erläutert.

Alternative Verzweigungen und Zusammenführungen sowie parallele Verweigungen und Zusammenführungen sind im hybriden Funktionsplan möglich (Abb. 7.5).

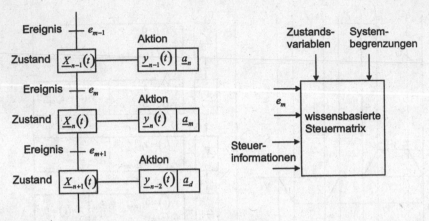

Abb. 7.4 Funktionsplan, Symbole

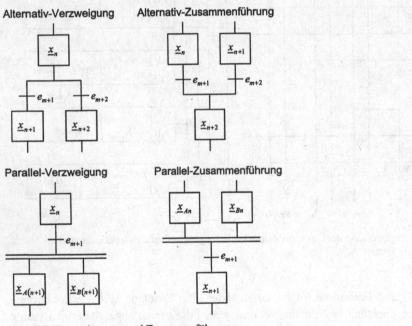

Abb. 7.5 Verzweigungen und Zusammenführungen

Alternative Verzweigungen (ODER-Verzweigungen) dienen zur Darstellung möglicher Ablaufvarianten in Abhängigkeit von diskreten Ereignissen, z.B. e_{m+1}, e_{m+2} in Abb. 7.5. Diese Ereignisse schließen sich gegenseitig aus. Alternative Zusammenführungen vereinigen diese Ablaufvarianten.

Parallele Verzweigungen (UND-Verzweigungen) starten nebenläufige Prozesse, die physikalisch unterschiedlichen Maschinenteilen zugehören können. Der Zustandsvektor der Bewegung $\underline{x}_n$ im Schritt n wird durch das Ereignis e_{m+1} vollständig in seine Teilvektoren $\underline{x}_{A(n+1)}$, $\underline{x}_{B(n+1)}$, $\underline{x}_{C(n+1)}$ aufgespalten.

Parallele Zusammenführungen beschreiben die Synchronisation der Prozeßzweige $\underline{x}_{An}$, $\underline{x}_{Bn}$, $\underline{x}_{Cn}$, ... mittels eines nachgeschalteten Ereignisses e_{m+1} zu einem resultierenden Zustandsvektor $\underline{x}_{n+1}$.

Die dem Zustandsvektor $\underline{x}_n(t)$ zugeordneten Aktionen $\underline{y}_n(t)$ werden von Bewegungszellen ausgeführt, worunter z.B. abgrenzbare Antriebseinheiten (Aktoren) mit zugeordneter Mechanik verstanden werden können. Sie werden mit Hilfe eines Wirkungsplans nach DIN 19226-1 in Abb. 7.6 erläutert.

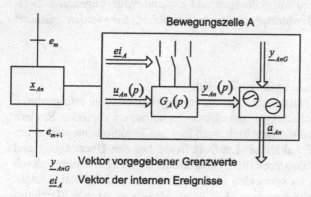

$\underline{y}_{AnG}$ Vektor vorgegebener Grenzwerte

$\underline{ei}_A$ Vektor der internen Ereignisse

Abb. 7.6 Aktor als Bewegungszelle

Ein Aktor A mit der Übertragungsfunktion $G_A(p)$ wird durch den Vektor $\underline{ei}_A$ gesteuert und erzeugt aufgrund des Steuervektors $\underline{u}_{An}(p)$ einen kontinuierlichen Ausgangsvektor $\underline{y}_{An}(p)$ mit der zugehörigen Zeitfunktion $\underline{y}_{An}(t)$. Werden die für die Steuerung wichtigen Grenzwerte

$$\underline{y}_{An}(t_n)\underline{y}_{AnG}$$

erreicht, so wird nach Digitalisierung und geeigneter logischer Verknüpfung daraus der Vektor $\underline{a}_{An}$ der binären Ausgangsereignisse gebildet. Zum Beispiel können durch derartige Bewegungszellen die Teilbewegungen A und B von Abb. 7.3 realisiert werden. Auch den durch eine Parallelverzweigung nach Abb. 7.5 entstandenen Teilsystemen A und B können Bewegungszellen entsprechen.

Der hybride Funktionsplan bietet die Möglichkeit einer aufgabengemäß unterschiedlich detaillierten Darstellung. Aus einer Grobdarstellung zur Beschreibung der grundsätzlichen Funktion kann eine Feindarstellung als Grundlage für die Hard- und Softwarerealisierung abgeleitet werden. Das gilt gleichermaßen für eine Bewegungszelle, die durch Wirkungspläne und andere Darstellungsmöglichkeiten beschrieben werden kann. Die Methoden der schrittweisen Verfeinerung oder Entfeinerung entsprechen den für Funktionspläne in DIN 40719-6 beschriebenen Verfahrensweisen.

Aus Grenzzuständen y_{max} lassen sich binäre Ausgangsereignisse a_m ableiten, die gemeinsam mit äußeren Ereignissen die inneren Ereignisse e_m zu formulieren gestatten und damit das Weiterschalten in den folgenden Zustand bewirken. Die Gesamtheit der Binärfunktionen ist in einer wissensbasierten Steuermatrix zusammengefaßt. Mit dem hybriden Funktionsplan können gleichermaßen parallelläufige Prozesse beschrieben werden. Aufspaltungen und Zusammenführungen von Zweigen des Prozeßablaufs sind widerspruchsfrei beschreibbar. Sie werden gesteuert durch Ereignisse

$$e_m = f(a_v, t)$$

die eindeutig als Binärfunktion beschreibbar sind.

Die gerätetechnische Realisierung von Bewegungssteuerungen erfolgt durch eine Kombination aus speicherprogrammierbaren Steuerungen, digitalen Reglern und Buskopplungen. Die Entwicklung zielt auch hier auf Funktionsintegration auf der Basis hochintegrierte Schaltkreise. Laufzeiteffekte bei der Übertragung und Verarbeitung digitaler Signale stören die Synchronisation. Um Differenzen durch unterschiedliche Laufzeiten zu vermeiden muß die Ereignissynchronisation unabhängig sein von der Signalübertragung. Für einen einzelnen Antrieb, Drehmomenteinprägung mit überlagerter Bewegungsteuerung, gilt der in Abb. 7.7 angegebene Signalflußplan. Die Binärereignisse e_w steuern den Antrieb in Koordination mit weiteren Antrieben des Systems.

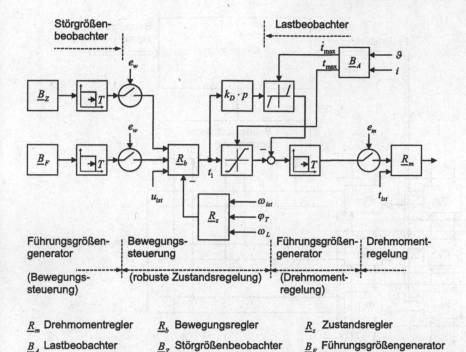

Abb. 7.7 Wirkungsplan eines Antriebs, ereignisabhängige Steuerung über e_w und e_m

Die Gesamtbewegung eines Mehrmotorantriebs wird durch Abb. 7.8 beschrieben. Bewegungsregler M_c bilden einen funktionelle Einheit, eine „Bewegungszelle". Sie hat die Aufgabe der Steuerung einer Einzelbewegung. Die Übertragungssysteme $m_{\ddot{u}1}; m_{\ddot{u}2}; \cdots$ wirken über Koppelmomente und Koppelkräfte aufeinander ein. Die Bewegungsregler $m_{c1}; m_{c2}; \cdots$ wirken über Steuersignale aufeinander ein. Jede Bewegungszelle arbeitet in sich optimal. Der Umfang der zwischen den Bewegungszellen auszutauschenden Informationen sollte gering gehalten werden. Die Gesamtbewegung wird bezüglich ihrer Eckdaten von Steuersignalen vorgegeben. Diese werden mittels einer Steuermatrix aus systemexternen und systeminternen Grenzdaten abgeleitet.

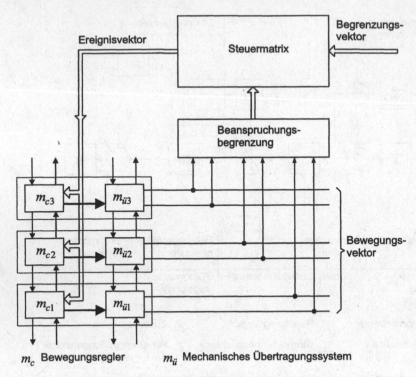

m_c Bewegungsregler $m_{\ddot{u}}$ Mechanisches Übertragungssystem

Abb. 7.8 Steuerung mehrdimensionaler Bewegungen

7.3   Steuerung kontinuierlicher Fertigungsprozesse

In kontinuierlichen Fertigungsanlagen wie Walzwerken, Kalandern, Papiermaschinen durchläuft das Arbeitsgut als kontinuierliche Stoffbahn nacheinander mehrere Bearbeitungsstationen und unterliegt dort einem Bearbeitungsprozeß. Über das Arbeitsgut werden Koppelkräfte wirksam. Das Arbeitsgut wird am Anfang des Prozesses von einer Haspel abgehaspelt und am Ende auf eine Haspel aufgehaspelt oder in einer Zerteilanlage in Handelslängen aufgeteilt (Abb. 7.9).

Der kontinuierliche Durchlauf des Arbeitsgutes erfordert, Gleichlaufbedingungen zwischen den Bearbeitungsstationen einzuhalten. In Abhängigkeit vom Bearbeitungsprozeß wird Winkelgleichlauf oder Drehzahlgleichlauf; absoluter Gleichlauf oder relativer Gleichlauf gefordert.

Der Regelung der Drehzahl der Motoren ist die Regelung von Zustandsgrößen des technologischen Prozesses zu überlagern.

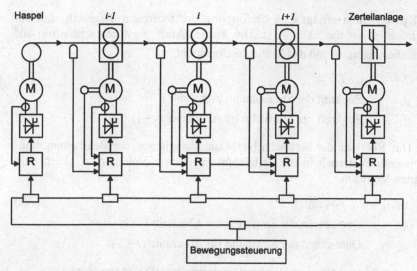

Abb. 7.9 Kontinuierliche Fertigungsanlage, Schema

Der Prozeß ist, reduziert auf die wesentlichen Zusammenhänge, als Folge von Klemmstellen und freien Bahnen zu verstehen (Abb. 7.10).

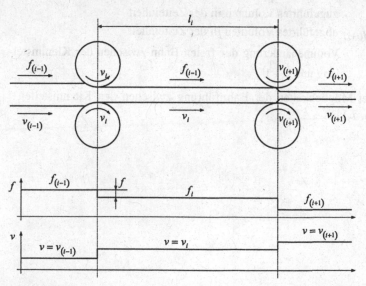

Abb. 7.10 Ausschnitt aus einem kontinuierlichen Fertigungsprozeß, Bilanz der Kräfte und des Stoffflusses

In den Klemmstellen erfolgt eine Umformung der Stoffbahn dergestalt, daß ein Anpreßdruck p auf die Bahn wirkt. Die Antriebskraft f werde schlupffrei auf die Bahn übertragen, so daß das Kräftegleichgewicht

$$f = f_{(i-1)} - f_i \tag{7.7}$$

f_i Zugkraft der Stoffbahn im Abschnitt i

$f_{(i-1)}$ Zugkraft der Stoffbahn im Abschnitt $(i-1)$

besteht. Das Volumen der Stoffbahn bleibt unabhängig von der Bearbeitung konstant, das dem Walzspalt in der Zeiteinheit zugeführte Volumen ist gleich dem abgeführten Volumen

$$v_{(i-1)} \cdot q_{(i-1)} = v_i \cdot q_i \tag{7.8}$$

q_i Querschnitt der Stoffbahn im Abschnitt i

$q_{(i-1)}$ Querschnitt der Stoffbahn im Abschnitt $(i-1)$

Die Klemmstelle wird als unendlich kurz vorausgesetzt. Sie ist speicherfrei.

Im Unterschied dazu stellt die freie Bahn zwischen zwei Klemmstellen einen Massenspeicher dar. Unter Voraussetzung konstanter Dichte des Materials gilt das Volumengleichgewicht

$$v_i \cdot q_i - v_{(i+1)} \cdot q_{(i+1)} = \frac{d(q_i \cdot l_i)}{dt} \tag{7.8}$$

$v_i \cdot q_i$ zugeführtes Volumen in der Zeiteinheit

$v_{(i+1)} \cdot q_{(i+1)}$ abgeführtes Volumen in der Zeiteinheit

$d(q_i \cdot l_i)$ Volumenänderung der freien Bahn zwischen der Klemmstellen i und $(i+1)$

Es bestehen drei Möglichkeiten der Bahnführung zwischen den Klemmstellen i und $(i+1)$ (Abb. 7.11)

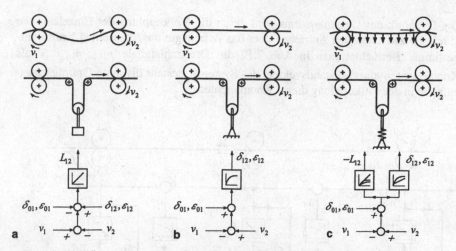

Abb. 7.11 Zum Übertragungsverhalten der Stoffbahn zwischen zwei Klemmpunkten. **a** freie Bahnlänge; **b** vorgegebene Bahnlänge; **c** veränderlicher Bahnlänge

a) Die Bahnenlänge ist frei, über eine Tänzerwalze wird eine bestimmte Zugkraft f_i eingestellt, diese bestimmt die Zugbeanspruchung σ und Dehnung ε der Bahn. Zustandsgröße ist die Länge der Bahn bzw. des Schlingendurchhangs. Sie folgt der Geschwindigkeitsdifferenz entsprechend einem I-Glied.

b) Die Bahnlänge ist konstant. Die Geschwindigkeitsdifferenz der Bahn in aufeinanderfolgenden Klemmstellen bestimmt die Dehnung ε, zur Zugbeanspruchung σ besteht meist ein nichtlinearer Zusammenhang. Zustandsgröße ist die Dehnung ε der Bahn. Sie folgt der Geschwindigkeitsdifferenz entsprechend einem Proportionalglied mit Verzögerung 1. Ordnung.

c) Die Bahnlänge ist veränderlich. Zwischen Längenänderung und Zugkraft bestehen prozeßspezifische Zusammenhänge. Typisch ist ein System mit federgespannter Tänzerwalze. Zustandsgrößen sind sowohl die Längenänderung als auch die Änderung der Dehnung.

Zu regeln sind die Bewegungen der Einzelantriebe im Systemverbund. Die für die Regelung wesentlichen Zustandsgrößen sind vom spezifischen Prozeß abhängig. In Warm- und Kaltwalzwerken, insbesondere auch in Haspeln, erfolgt eine Steuerung der Zugkraft durch Drehmomentsteuerung der Motoren. In Kunststoffkalandern erfolgt eine Steuerung der Dehnung durch Steuern des Geschwindigkeitsverhältnisse aufeinanderfolgender Antriebe. In Textilmaschinen, Papiermaschinen und ähnlichen Anlagen erfolgt eine Steuerung der Bahnlänge.

Zwischen den Einzelantrieben sowie zwischen Einzelantrieben und einer Leiteinrichtung werden Führungsgrößen und Zustandsgrößen ausgetauscht. Die große räumliche Ausdehnung der Fertigungsanlage läßt die Anwendung einer Bussteuerung meist vorteilhaft erscheinen.

Die Dynamik des Gesamtsystems wird durch die Verkopplung der Einzelantriebe durch die zwischen den Antrieben über das Arbeitsgut ausgetauschten Kräfte mitbestimmt. Betrachtet man in Abb. 7.12 die Drehzahlsignale n_{i-1}; n_i; n_{i+1} als Komponenten eines Zustandsvektors des Systems, besteht die erste Optimierungsaufgabe in der Entkopplung dieser Komponenten.

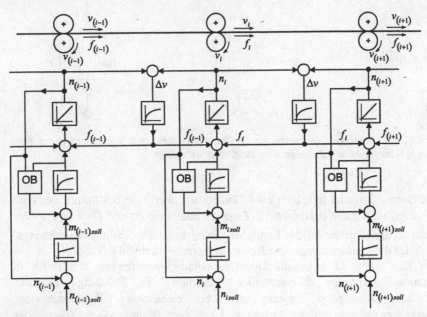

Abb. 7.12 Signalflußplan der Regelung eines kontinuierlichen Fertigungsprozesses, Kompensation der Koppelkräfte mit Hilfe von Beobachtern

Mit Hilfe der Bahnkraftbeobachter OB wird ein Signal gewonnen, das der Störgröße Zugkraft entspricht und auf den Eingang des Drehmomentreglers aufgeschaltet wird. Im Idealfall wird damit die Wechselwirkung der Kräfte kompensiert. In einem weiteren Optimierungsschritt wird es möglich, das Führungsverhalten des Gesamtsystems zu optimieren, so daß auch Anfahr- und Stillsetzvorgänge bei gleichguter Produktqualität beherrscht werden.

7.4   Steuerung kontinuierlich-diskontinuierlicher Fertigungsprozesse

In Fertigungsprozessen sind kontinuierliche Bewegungen mit diskontinuierlichen Bewegungen verknüpft. Diskontinuierliche Bewegungen laufen in vergleichsweise kurzer Zeit ab, enthalten in einem entsprechend aufgelösten Zeitmaßstab aber auch kontinuierliche Bewegungsabschnitte (Abb. 7.13).

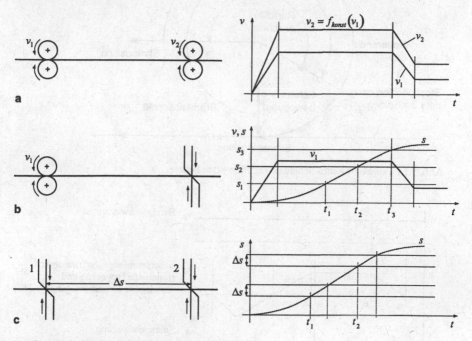

v - Geschwindigkeit der kontinuierlichen Bewegung

s - Weg der kontinuierlichen Bewegung

t_1, t_2, t_3 - Zeitpunkt der diskontinuierlichen Bewegung

Abb. 7.13 Systematisierung prozeßgekoppelter Bewegungen

In einem prinzipiell kontinuierlichen Fertigungsprozeß nach Abb. 7.9 verkörpert die Zerteilanlage die diskontinuierliche Bewegung. Sie teilt die kontinuierliche Stoffbahn in Abschnitte vorgegebener Länge. Bei hoher Bahngeschwindigkeit ist eine Lagesynchronisation der Translationsgeschwindigkeit der Schneidmesser mit der Translationsgeschwindigkeit der Stoffbahn notwendig. Das wird durch eine „fliegende Schere" (Abb. 7.14) realisiert.

Das Schneidwerkzeug wird so bewegt, daß zunächst Geschwindigkeitssynchronisation, danach Lagegleichlauf mit der kontinuierlich bewegten Stoffbahn erfolgt. Im Synchronisationspunkt setzt der Schneidvorgang ein. Zeitablaufdiagramm und Funktionsplan (Abb. 7.15) erläutern den ereignisgesteuerten Bewegungsablauf.

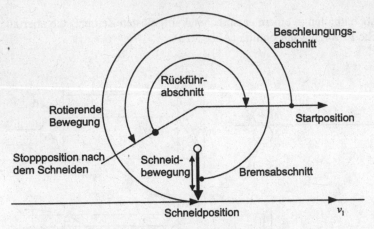

Abb. 7.14 Technologisches Schema einer fliegenden Schere

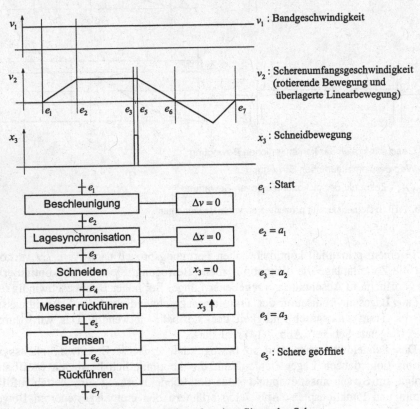

Abb. 7.15 Zeitablaufplan und Funktionsplan einer fliegenden Schere

Beispiel 10   Automatische Werkstückübergabe in einer Zweispindeldrehmaschine

Als Beispiel [1] dient eine Drehmaschine mit zwei angetriebenen Spindeln. Für die rationelle Fertigbearbeitung von Werkstücken wird die Werkstückübergabe während des Betriebs durch Umspannen bei synchronisierter Drehzahl der beiden Spindeln bewerkstelligt. Die in Abb. 7.16 dargestellte Prinzipskizze zeigt die hierzu notwendigen drei separaten Antriebe (Bewegungszellen A, B und C) und die zwei Spannvorrichtungen D und E.

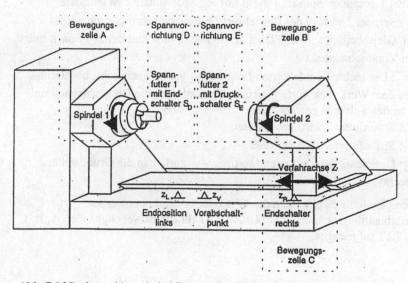

Abb. 7.16 Drehmaschine mit drei Bewegungszellen

Bewegungszelle A beinhaltet die Spindel 1 (links) zur Rotation des Werkstücks mit der Nenndrehzahl n_0 (Winkelgeschwindigkeit ω_0).

Bewegungszelle B beinhaltet die Spindel 2 (rechts) mit den Funktionen:

- Drehzahlbereich $0 \cdots n_{max}$, $n_{max} > n_0$
- Drehzahlsynchronisation mit Spindel 1.

Bewegungszelle C beinhaltet die Linearachse zum Verfahren des rechten Spindelkastens mit folgenden Funktionen:

- Eilganggeschwindigkeit $v_1 / - v_1$ nach links und rechts,
- reduzierte Geschwindigkeit v_2 nach links zum Anfahren an das Werkstück

---

[1] Dieses Beispiel wurde freundlicherweise von Herrn Dipl.-Ing. R. Lutz, Stuttgart zur Verfügung gestellt

Spannvorrichtung D beinhaltet das Spannfutter 1 (links) mit den Funktionen:

- pneumatisches Spannen mit Überwachung
- Entspannen mit Überwachung (Endschalter S_D)

Spannvorrichtung E beinhaltet das Spannfutter 2 (rechts) mit den Funktionen:

- pneumatisches Spannen mit Überwachung (Druckschalter S_E)
- Entspannen mit Überwachung

Die Werkstückübergabe wird nach folgendem Ablauf durchgeführt:

- Zeitabschnitt $t_0 \rightarrow t_1$: Das Werkstück ist nach dem ersten Bearbeitungsschritt in Spindel 1 gespannt. Spindel 1 dreht mit n_0, Spannfutter 2 ist geöffnet.
- $t_1 \rightarrow t_2$: Spindel 2 wird in der Betriebsart Drehzahlsynchronisation eingeschaltet. Gleichzeitig ($t_1 \rightarrow t_{31}$) fährt der rechte Spindelkasten mit v_1 nach links bis zum Vorabschaltpunkt z_v
- $t_{31} \rightarrow t_{32}$: Der rechte Spindelkasten fährt mit v_2 weiter nach links, bis Berührung mit dem Werkstück vorliegt, dann stop. Dabei ist die Drehzahlsynchronität der beiden Spindeln gewährleistet.
- $t_3 \rightarrow t_4$: Spannfutter 2 wird geschlossen.
- $t_4 \rightarrow t_5$: Spannfutter 1 wird geöffnet
- $t_5 \rightarrow t_6$: Der rechte Spindelkasten fährt mit $-v_1$ zurück in die Grundstellung z_R (nach rechts)

Abschließend kann die zweite Seite des Werkstücks bearbeitet werden.

Das Zeitablaufdiagramm nach DIN 40719-11 für die Bewegungszellen A, B, C ist in Abb. 7.17 aufgetragen.

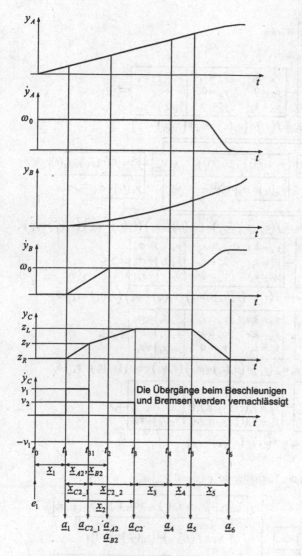

Abb. 7.17 Zeitablaufdiagramm der Teilbewegungen A; B; C bei Werkstückwechsel

Die Nebenläufigkeit der Verfahrbewegung in Z-Richtung (Bewegungszelle C) und der Drehzahlsynchronisation zwischen den Bewegungszellen A und B wird im hybriden Funktionsplan in Abb. 7.18 durch eine Parallelverzweigung dargestellt.

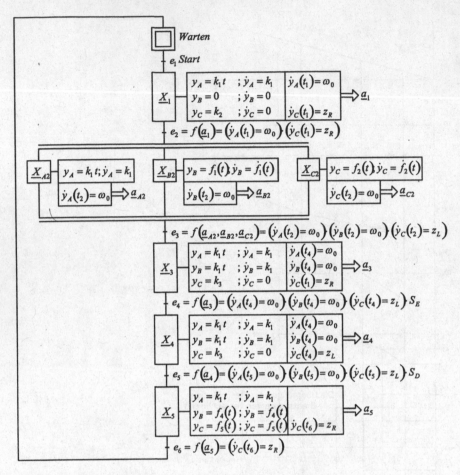

Auflösung des Zustandes $\underline{X}_{C2}$ in die Teilzustände $\underline{X}_{C21}$ und $\underline{X}_{C22}$

Abb. 7.18 Hybrider Funktionsplan der Teilbewegungen A; B; C bei Werkstückwechsel

Die Zeitabschnitte $t_1 \rightarrow t_2$ (Drehzahlsynchronisation) und $t_1 \rightarrow t_3$ (Verfahren in Z-Richtung) werden daher unabhängig voneinander beschrieben.

In den Zeitabschnitten $t_3 \rightarrow t_4$ und $t_4 \rightarrow t_5$ findet das Umspannen des Werkstücks statt (rechtes Spannfutter schließen, linkes Spannfutter öffnen), an dem keine der drei Bewegungszellen A, B und C beteiligt ist.

Die folgenden Gleichungen beschreiben den verbal erläuterten Ablauf formal.

- Zeitabschnitt $t_0 \le t < t_1$

$$\underline{x}_1 = \begin{vmatrix} \underline{x}_{A1} \\ \underline{x}_{B1} \\ \underline{x}_{C1} \end{vmatrix}; \quad \underline{y}_1 = \begin{vmatrix} \underline{y}_{A1} \\ \underline{y}_{B1} \\ \underline{y}_{C1} \end{vmatrix}$$

$$\underline{y}_{A1} = \begin{vmatrix} y_{A1} \\ \dot{y}_{A1} \end{vmatrix} = \begin{vmatrix} k_1 \cdot t \\ k_1 \end{vmatrix}; \quad \underline{y}_{B1} = \begin{vmatrix} y_{B1} \\ \dot{y}_{B1} \end{vmatrix} = \begin{vmatrix} 0 \\ 0 \end{vmatrix}; \quad \underline{y}_{C1} = \begin{vmatrix} y_{C1} \\ \dot{y}_{C1} \end{vmatrix} = \begin{vmatrix} k_2 \\ 0 \end{vmatrix}$$

- Zeitabschnitt $t_1 \le t < t_2$ bzw. $t_1 \le t < t_3$

$$\underline{x}_2 = \begin{vmatrix} \underline{x}_{A2} \\ \underline{x}_{B2} \\ \underline{x}_{C2} \end{vmatrix}; \quad \underline{y}_2 = \begin{vmatrix} \underline{y}_{A2} \\ \underline{y}_{B2} \\ \underline{y}_{C2} \end{vmatrix}$$

$$\underline{y}_{A2} = \begin{vmatrix} y_{A2} \\ \dot{y}_{A2} \end{vmatrix} = \begin{vmatrix} k_1 \cdot t \\ k_1 \end{vmatrix}; \quad \underline{y}_{B2} = \begin{vmatrix} y_{B2} \\ \dot{y}_{B2} \end{vmatrix} = \begin{vmatrix} f_1(t) \\ \dot{f}_1(t) \end{vmatrix}; \quad \underline{y}_{C2} = \begin{vmatrix} y_{C2} \\ \dot{y}_{C2} \end{vmatrix} = \begin{vmatrix} f_2(t) \\ \dot{f}_2(t) \end{vmatrix}$$

- Zeitabschnitt $t_3 \le t < t_4$

$$\underline{x}_3 = \begin{vmatrix} \underline{x}_{A3} \\ \underline{x}_{B3} \\ \underline{x}_{C3} \end{vmatrix}; \quad \underline{y}_3 = \begin{vmatrix} \underline{y}_{A3} \\ \underline{y}_{B3} \\ \underline{y}_{C3} \end{vmatrix}$$

$$\underline{y}_{A3} = \begin{vmatrix} y_{A3} \\ \dot{y}_{A3} \end{vmatrix} = \begin{vmatrix} k_1 \cdot t \\ k_1 \end{vmatrix}; \quad \underline{y}_{B3} = \begin{vmatrix} y_{B3} \\ \dot{y}_{B3} \end{vmatrix} = \begin{vmatrix} k_1 \cdot t \\ k_1 \end{vmatrix}; \quad \underline{y}_{C3} = \begin{vmatrix} y_{C3} \\ \dot{y}_{C3} \end{vmatrix} = \begin{vmatrix} k_3 \\ 0 \end{vmatrix}$$

- Zeitabschnitt $t_3 \le t < t_4$

$$\underline{x}_4 = \begin{vmatrix} \underline{x}_{A4} \\ \underline{x}_{B4} \\ \underline{x}_{C4} \end{vmatrix}; \quad \underline{y}_4 = \begin{vmatrix} \underline{y}_{A4} \\ \underline{y}_{B4} \\ \underline{y}_{C4} \end{vmatrix}$$

$$\underline{y}_{A4} = \begin{vmatrix} y_{A4} \\ \dot{y}_{A4} \end{vmatrix} = \begin{vmatrix} k_1 \cdot t \\ k_1 \end{vmatrix}; \quad \underline{y}_{B4} = \begin{vmatrix} y_{B4} \\ \dot{y}_{B4} \end{vmatrix} = \begin{vmatrix} k_1 \cdot t \\ k_1 \end{vmatrix}; \quad \underline{y}_{C4} = \begin{vmatrix} y_{C4} \\ \dot{y}_{C4} \end{vmatrix} = \begin{vmatrix} k_3 \\ 0 \end{vmatrix}$$

8 Bewegungssteuerungen im Raum

8.1 Robotermechanik

Rechnergesteuerte Industrieroboter ermöglichen die Steuerung mehrdimensionaler Bewegungen im Raum (Abb. 8.1). Die Bewegungen in den drei Hauptachsen mit den Koordinaten $\varepsilon_1; \varepsilon_2; \varepsilon_3$ wird ergänzt durch die Bewegung der drei Nebenachsen mit den Koordinaten $\varepsilon_4; \varepsilon_5; \varepsilon_6$. Ein voll ausgebauter Industrieroboter hat 6 Freiheitsgrade. Die Parameter der Einzelachse sind von der Stellung anderer Achsen abhängig. Ferner sind die einzelnen Komponenten der Bewegung infolge von Trägheitskräften von anderen Bewegungskomponenten abhängig. Der Zustand des Lastangriffspunktes des Roboters im Raum wird durch den „externen" Zustandsvektor

$$\underline{x} = \begin{vmatrix} x_1 \\ x_2 \\ x_3 \end{vmatrix}; \qquad\qquad \underline{\dot{x}} = \begin{vmatrix} \dot{x}_1 \\ \dot{x}_2 \\ \dot{x}_3 \end{vmatrix} \tag{8.1}$$

mit den kartesischen Koordinaten $x_1; x_2; x_3$ und seine Ableitung $\underline{\dot{x}}$ beschrieben. Die Bewegung wird durch Antriebe in den Dreh- und Schubgelenken realisiert. die Koordinaten und ihre Ableitungen bestimmen den „internen" Systemzustand

$$\underline{q} = \begin{vmatrix} q_1 \\ q_2 \\ q_3 \end{vmatrix}; \qquad\qquad \underline{\dot{q}} = \begin{vmatrix} \dot{q}_1 \\ \dot{q}_2 \\ \dot{q}_3 \end{vmatrix} \tag{8.2}$$

Die $q_1; q_2; \cdots$ sind Winkel- oder Schubkoordinaten. Der Roboter wird als starr vorausgesetzt. Die Massen sind in Massenpunkten konzentriert. Getriebe werden als starr, spielfrei, verlustfrei betrachtet. Zwischen den externen Zustandsvektor $\underline{x}$ und den internen Zustandsvektor $\underline{q}$ besteht eine eindeutige transzendente Beziehung

$$\underline{x}(t) = x\big(\underline{q}(t)\big) \tag{8.3}$$

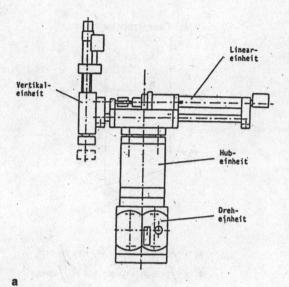

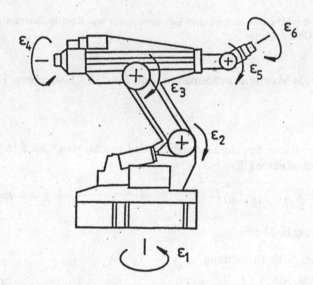

Abb. 8.1 Grundkonstruktion typischer Industrieroboter a Schubroboter; b Gelenkroboter

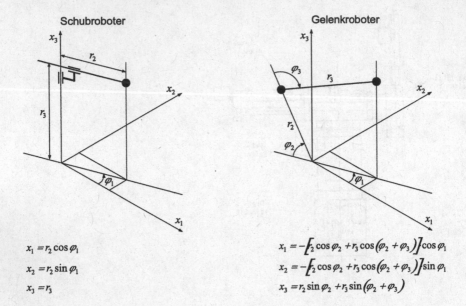

Schubroboter

Gelenkroboter

$x_1 = r_2 \cos \varphi_1$

$x_2 = r_2 \sin \varphi_1$

$x_3 = r_3$

$x_1 = -\left[r_2 \cos \varphi_2 + r_3 \cos \left(\varphi_2 + \varphi_3\right)\right] \cos \varphi_1$

$x_2 = -\left[r_2 \cos \varphi_2 + r_3 \cos \left(\varphi_2 + \varphi_3\right)\right] \sin \varphi_1$

$x_3 = r_2 \sin \varphi_2 + r_3 \sin \left(\varphi_2 + \varphi_3\right)$

Abb. 8.2 Getriebeschema der Hauptachsen typischer Industrieroboter und Koordinatentransformation **a** Schubroboter; **b** Gelenkroboter

Man bezeichnet diese als Matrizentransformation nach Denavit / Hartenberg. Die Umkehrung

$$\underline{q}(t) = q\left(\underline{x}(t)\right)$$

ist nicht für alle kinematische Strukturen eindeutig und geschlossen lösbar [8.1]. Für den Geschwindigkeitsvektor gilt

$$\underline{\dot{x}}(t) = \frac{\partial \underline{x}(q)}{\partial \underline{q}} \cdot \underline{\dot{q}}(t) = J(q) \cdot \underline{\dot{q}}(t) \tag{8.4}$$

$J(q)$ ist die Jakobi-Matrix

Soweit $n \leq 6$ ist, gilt auch die Umkehrung

$$\underline{\dot{q}}(t) = J(q)^{-1} \cdot \underline{\dot{x}}(t) \tag{8.5}$$

Die Transformation der Bewegung aus dem internen Koordinatensystem q in das externe Koordinatensystem x erfolgt durch die Robotermechanik. Sie wird in Abb. 8.3 durch die Matrix $\underline{K}$ beschrieben.

Die Bahnvorgabe erfolgt im externen Koordinatensystem x, gesteuert werden die internen Gelenkkoordinaten q. Diese „Rücktransformation" mit Matrix $\underline{K}^{-1}$ ist im Rechner zu realisieren [8.2].

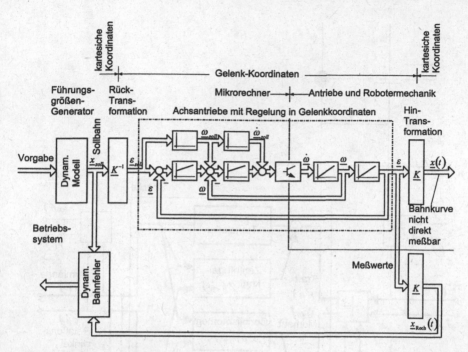

Abb. 8.3 Grundstruktur einer Roboterregelung

8.2 Zustandsregelung und nichtlineare Systementkopplung

Die Verkopplung von Rotations- und Translationsbewegungen eines Roboters wird zunächst anschaulich an einer zweiachsigen Anordnung nach Abb. 8.4 demonstriert.

Die inneren Verkopplungen der Achsen sollen durch ein äußeres Entkopplungsnetzwerk kompensiert werden, so daß die Ausgangsgrößen $r(t)$ und $\varphi(t)$ ausschließlich Funktion der zugeordneten Führungsgrößen $r^*(t)$ und $\varphi^*(t)$ sind.

Allgemein wird der Roboter als Regelstrecke durch die nichtlinearen und zeitvariablen Zustandsgleichungen im $x;t$ -Raum beschrieben.

$$\underline{\dot{x}}(t) = \underline{A}(\underline{x};t) + \underline{B}(\underline{x};t) \cdot \underline{u}(t) \tag{8.6}$$

$$\underline{y}(t) = \underline{C}(\underline{x};t) + \underline{D}(\underline{x};t) \cdot \underline{u}(t) \tag{8.7}$$

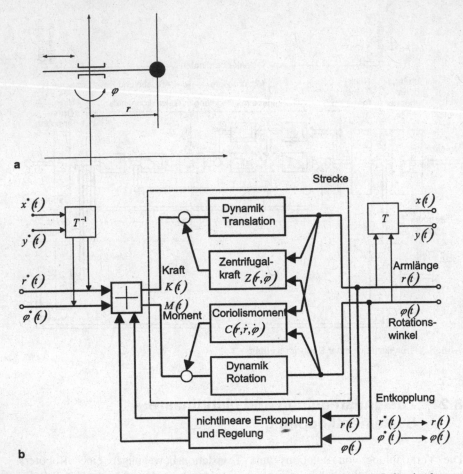

Abb. 8.4 Verkopplung von Rotations- und Translationsbewegung eines Industrieroboters. **a** Koordinatendefinition; **b** Blockdiagramm

Es wird vorausgesetzt, daß im Bereich R_0 des $x;t$ -Raums eine ausreichende Anzahl von stetigen, partiellen Ableitungen nach x und t existiert. Lediglich für den Steuervektor $\underline{u}(t)$ wird ein linearer Zusammenhang zu $\underline{B}(\underline{x};t)$ und $\underline{D}(\underline{x};t)$ vorausgesetzt (Abb. 8.5).

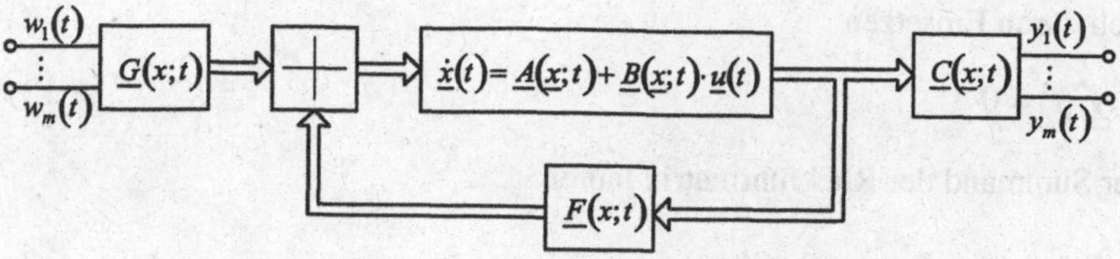

$$\underline{G}(x;t)=\underbrace{\underline{D}^{*-1}(\underline{x};t)\cdot\underline{\lambda}}_{\text{Vorwärtszweig}} \qquad\qquad \underline{F}(x;t)=\underbrace{-\underline{D}^{*-1}(\underline{x};t)\underline{C}^*(\underline{x};t)}_{\text{Entkopplung}}-\underbrace{\underline{D}^{*-1}(\underline{x};t)\underline{M}^*(\underline{x};t)}_{\text{Regelung}}$$

Gesamtverhalten

$$y_1^{(d_1)}+\quad+\alpha_{11}\,\dot{y}_1(t)+\alpha_{01}\,y_1(t)=\lambda_1 w_1(t)$$
$$\vdots$$
$$y_m^{(d_m)}+\quad+\alpha_{1m}\,\dot{y}_m(t)+\alpha_{0m}\,y_m(t)=\lambda_m w_m(t)$$

Abb. 8.5 Prinzip der nichtlinearen Entkopplung und Regelung

Zur Entkopplung wird eine nichtlineare, zeitvariable Zustandsrückführung angenommen.

$$\underline{u}(t)=\underline{F}(\underline{x};t)+\underline{G}(\underline{x};t)\cdot\underline{w}(t) \tag{8.8}$$

$\underline{F}(\underline{x};t)$: m-dimensionaler Spaltenvektor

$\underline{G}(\underline{x};t)$: (m,m)-Matrix, nicht singulär

Eingesetzt in (8.6) und (8.7) ergeben sich die Zustandsgleichungen für das geschlossenen System

$$\underline{\dot{x}}(t)=\left[\underline{A}(\underline{x};t)+\underline{B}(x;t)\cdot\underline{F}(\underline{x};t)\right]+\underline{B}(x;t)\cdot\underline{G}(x;t)\cdot\underline{w}(t) \tag{8.9}$$

$$\underline{y}(t)=\left[\underline{C}(x;t)+\underline{D}(x;t)\cdot\underline{F}(x;t)\right]+\underline{D}(x;t)\cdot\underline{G}(x;t)\cdot\underline{w}(t) \tag{8.10}$$

Systementkopplung liegt vor, wenn im Bereich R_0 des $x;t$-Raumes, die i-te Komponente des Eingangsvektors $w_i(t)$ nur die i-te Komponente des Ausgangsvektors $y_i(t)$ für alle $i=1;2;\cdots m$ beeinflußt. Die Ausdrücke $\underline{F}(\underline{x};t)$ und $\underline{G}(\underline{x};t)$ müssen so bestimmt werden, daß diese Forderung erfüllt wird, und die Dynamik des entkoppelten Systems durch eine frei wählbare Polverschiebung einstellbar ist. Für das entkoppelte Gesamtsystem gilt als Ansatz

$$\underline{y}^*(t)=\underline{C}^*(\underline{x};t)+\underline{D}^*(\underline{x};t)\cdot\underline{u}(t) \tag{8.11}$$

Setzt man für den Eingangsvektor als ersten Ansatz

$$\underline{u}(t)=\underline{F}_1(\underline{x};t)=-\underline{D}^{*-1}(\underline{x};t)\cdot\underline{C}(\underline{x};t) \tag{8.12}$$

ergibt sich durch Einsetzen

$$\underline{y}^*(t) = 0 \tag{8.13}$$

Ein erster Summand der Rückführmatrix lautet

$$\underline{F}_1(\underline{x};t) = -\underline{D}^{*^{-1}}(\underline{x};t) \cdot \underline{C}(x;t)$$

Erweitert man nun den Ansatz für die Rückführung

$$\underline{u}(t) = \underline{F}_1(\underline{x};t) + \underline{G}(\underline{x};t) \cdot \underline{w}(t) \tag{8.15}$$

$$\underline{u}(t) = -\underline{D}^{*^{-1}}(\underline{x};t) \cdot \underline{C}^*(\underline{x};t) + -\underline{D}^{*^{-1}}(\underline{x};t) \cdot \underline{\lambda} \cdot \underline{w}(t)$$

mit

$$\underline{\lambda} = diag.\left\{ \lambda_i \right\} ; \qquad\qquad i = 1; 2; \cdots m$$

erhält man für den Ausgangsvektor

$$\underline{y}^*(t)(t) = \underline{\lambda} \cdot w(t) \tag{8.16}$$

Dieser Ansatz gewährleistet die freie Wahl einer Eingangsverstärkung λ_i für das i-te Untersystem. Dem entspricht ein erweiterter Ansatz für die Rückführmatrix

$$\underline{F}_2(\underline{x};t) = -\underline{D}^{*^{-1}}(\underline{x};t) \cdot \underline{M}^*(\underline{x};t) \tag{8.17}$$

die Matrix $\underline{M}^*(\underline{x};t)$ ermöglicht die frei wählbare Dynamik.

Durch Zusammenfassen der Ansätze erhält man

$$\underline{F}(\underline{x};t) = \underline{F}_1(\underline{x};t) + \underline{F}_2(\underline{x};t) \tag{8.18}$$

$$\underline{u}(t) = \underline{F}_1(\underline{x};t) + \underline{G}(\underline{x};t) \cdot w(t)$$

$$\underline{u}(t) = -\underline{D}^{*^{-1}}(\underline{x};t)\left[\underline{C}^*(\underline{x};t) + \underline{M}^*(\underline{x};t)\right] + \underline{D}^{*^{-1}}(\underline{x};t) \cdot \underline{\lambda} \cdot \underline{w}(t) \tag{8.19}$$

mit

$$\underline{F}(\underline{x};t) = -\underline{D}^{*^{-1}}(\underline{x};t)\left[\underline{C}^*(\underline{x};t) + \underline{M}^*(\underline{x};t)\right] \tag{8.20}$$

und

$$\underline{G}(\underline{x};t) = -\underline{D}^{*^{-1}}(\underline{x};t) \cdot \underline{\lambda} \tag{8.21}$$

Durch Einsetzen wird

$$\underline{y}^*(t) = -\underline{M}^*(\underline{x};t) + \underline{\lambda} \cdot \underline{w}(t)$$

Der Ansatz nach Gleichung (8.19)

- entkoppelt das Mehrgrößensystem
- gestattet über $\underline{M}^*$ die Dynamik festzulegen
- ermöglicht über $\underline{\lambda}$ die freie Wahl der Eingangsverstärkung.

8.3 Robuste Regelung

Das Prinzip der nichtlinearen Systementkopplung ist nur in Sonderfällen praktikabel. Die Parameter der Regelstrecke in ihrer Abhängigkeit von anderen Achsbewegungen sind nicht genügend genau bekannt. Die notwendigen Regelalgorithmen sind zu kompliziert.

Tatsächlich werden die Regler der Einzelachsen einzeln entworfen und einzeln eingestellt. Es erfolgt eine Kompensation der Koppelkräfte durch Störgrößenaufschaltung. Führungsfehler werden durch Vorsteuerung über ein inverses Modell der Regelstrecke ausgeglichen. Die Parameterschwankungen liegen im allgemeinen in einem Bereich, in dem sie von robusten Regelungen beherrscht werden können. Abb. 8.6 zeigt ein Beispiel [8.8].Entkopplung der Achsen kann durch zustandsabhängige Steuerung der Reglerparameter erreicht werden.

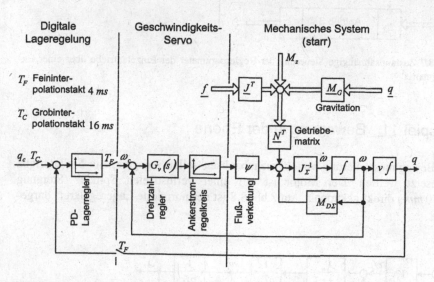

Abb. 8.6 Dezentrale Lageregelungsstruktur einer Roboterachse

In Abb. 8.7 erfassen die Binärsignale $\underline{a}$ diskrete Werte des Systemzustands und steuern über die Binärsignale $\underline{e}$ die Reglerparameter so, daß sich stufig eine Entkopplung der Achsen ergibt. Die Expertenmatrix ermöglicht eine empirische Optimierung.

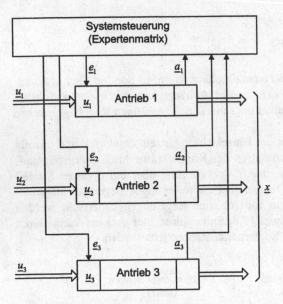

Abb. 8.7 Zustandsabhängige Steuerung der Reglerparameter der Einzelantriebe über einer Expertenmatrix

Beispiel 11   Bewegung in der Ebene

Zur Bewegungssteuerung von Vorschubachsen sollen lagegeregelte Stellantriebe eingesetzt werden. Der Motor ist mit einer verlustfreien Spindel (Steigung $h = 10\ mm$) direkt gekuppelt. Auf Abb. 8.8 ist der normierte Lageregelkreis dargestellt.

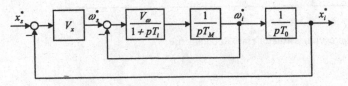

Abb. 8.8 Wirkungsplan der Lageregelung

Bei der Inbetriebnahme wurden die Reglerparameter nach der Gleichung (8.22) eingestellt.

$$V_\omega = \frac{T_M}{T_i} \tag{8.22}$$

$$\frac{V_x}{T_0} = \frac{1}{2 \cdot T_i} \quad \text{mit } T_i = \frac{1}{750Hz} \text{ (Betragsoptimum)}$$

Für den geschlossenen Drehzahlregelkreis ergibt sich Gleichung (8.23) und für den geschlossenen Lageregelkreis folgt Gleichung (8.24).

$$G_{g\omega} = \frac{\omega_i^*}{\omega_s^*} = \frac{1}{1 + pT_i + p^2 T_i^2} \approx \frac{1}{1 + pT_i} \tag{8.23}$$

$$G_{gx} = \frac{x_i^*}{x_s^*} = \frac{1}{1 + 2pT_i + 2p^2 T_i^2} \tag{8.24}$$

Zur Normierung wurden die Gleichungen (8.25) .. (8.28) verwendet.

$$t^* = \frac{t}{2T_i} \qquad t: \qquad \text{Zeit} \tag{8.25}$$

$$x^* = \frac{x}{2T_i \alpha_{max}} \qquad x: \qquad \text{Lage der x-Achse} \tag{8.26}$$

$$\alpha^* = \frac{\alpha}{\alpha_{max}} \qquad \alpha: \qquad \text{Geschwindigkeit} \tag{8.27}$$

$$\qquad\qquad\qquad \alpha_{max}: \qquad \text{Maximalgeschwindigkeit}$$

$$y^* = \frac{y}{2T_i \alpha_{max}} \qquad y: \qquad \text{Lage der y-Achse} \tag{8.28}$$

Es soll eine Bahn in der $x^* - y^*$-Ebene entsprechend Abb. 8.9 durchfahren werden. Dem stillstehenden Antrieb wird ein rampenförmiger Sollwert

$$x_{s+}^* = \alpha^* \cdot t^*$$

vorgegeben. Mit Hilfe der Näherung der Übertragungsfunktion für den geschlossenen Drehzahlregelkreis in Gl. 8.23 ergibt sich der Bewegungsverlauf des Antriebs der x-Achse zu

$$x_{i+}^* = \alpha^* \cdot (t^* - 1 + e^{-t^*} \cos t^*)$$

Nach einem großen Verfahrweg ($t_1^* \gg 1$) wird zur Zeit t_1^* der Sollwert

$$x_{s+}^* = \alpha^* \cdot t_1^*$$

erreicht. Hier beginnt die Sollwertvorgabe

$$y_s^* = k_{y\varphi}\alpha^*(t^* - t_1^*)$$

für die y-Achse. Gleichzeitig muß eine Änderung von x_{s1}^* erfolgen. Für $t^* \geq t_1^*$ gilt

$$x_s^* = k_{x\varphi}\alpha^*(t^* - t_1^*) + x_{s1}^*$$

In der Rechnung wird dem laufenden Sollwert x_{s+}^* eine negative Rampe x_{s-}^* überlagert, so daß gilt

$$x_s^* = x_{s+}^*(t^*) + x_{s-}^*(t^* - t_1^*)$$

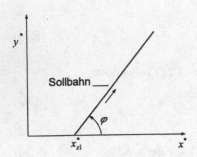 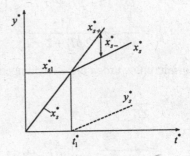

Abb. 8.9 Verlauf der Führungsgrößen. **a** $y^* = f(x^*)$; **b** $y^* = f(t^*)$ und $x^* = f(t^*)$

Die Geschwindigkeiten $k_{x\varphi}\alpha^*$ in x-Richtung und $k_{y\varphi}\alpha^*$ in y-Richtung sollen so festgelegt werden, daß die resultierende Bahngeschwindigkeit unabhängig vom Winkel φ konstant gleich α^* ist. Aus der geometrischen Addition von x_s^* und y_s^* nach Abb. 8.10 ergibt sich für $t^* \geq t_1^*$

$$x_s^* = \alpha^*\cos\varphi \qquad\qquad y_s^* = \alpha^*\sin\varphi$$

$$x_s^* = \alpha^*\cos\varphi\int_{t_1^*}^{t^*} dt + x_{s1}^* \qquad\qquad y_s^* = \alpha^*\sin\varphi\int_{t_1^*}^{t^*} dt$$

$$x_s^* = \alpha^*\cos\varphi(t^* - t_1^*) + x_{s1}^* \qquad\qquad y_s^* = \alpha^*\sin\varphi(t^* - t_1^*)$$

$$k_{x\varphi} = \cos\varphi \qquad\qquad k_{y\varphi} = \sin\varphi$$

Mit

$$x_{s1}^* = \alpha^* \cdot t_1^* \quad \text{wird}$$
$$x_{s-}^* = x_s^* - x_{s+}^* = (\cos\varphi - 1)\cdot\alpha^*\cdot(t^* - t_1^*)$$

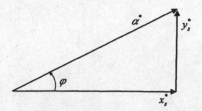

Abb. 8.10 Zur Bildung der resultierenden Bahngeschwindigkeit

Die Istwertverläufe $(x_i^* - x_{s1}^*)/\alpha^*$ und y_i^*/α^* werden für die Zeitpunkte

$$(t^* - t_1^*) = 0/0,5/1,0/1,5/2,0/2,5/3,0$$

berechnet. Der Verlauf der Istbahn

$$\frac{y_i^*}{\alpha^*} = f\left(\frac{x_i^* - x_{s1}^*}{\alpha^*}\right)$$

ist in Abb. 8.11 gezeichnet.

Aus der Beziehung für die Sollwertvorgabe

$$x_s^* = x_{s-}^* + x_{s+}^*$$

folgt für die Istwerte

$$x_i^* = x_{i-}^* + x_{i+}^* .$$

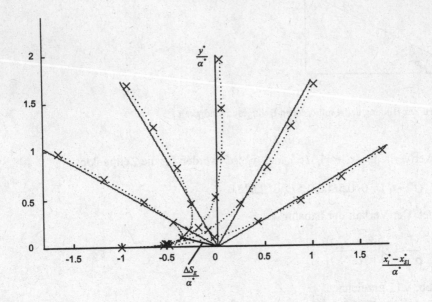

Abb. 8.11 Verlauf der Istwerte der Bahn $\dfrac{y_i^*}{\alpha^*} = f\!\left(\dfrac{x_i^* - x_{s1}^*}{\alpha^*}\right)$

Da zum Zeitpunkt t_1^* bereits ein großer Verfahrweg zurückgelegt wurde, muß nur noch für den zweiten Teil der Gleichung ein dynamischer Anteil berücksichtigt werden, und es ergeben sich die folgenden Beziehungen.

$$x_{s1}^* = \alpha^* \cdot t_1^*$$

für $t^* \geq t_1^*$ gilt

$$x_{i+}^* = \alpha^* \cdot (t^* - 1)$$

$$x_{i-}^* = (\cos\varphi - 1) \cdot \alpha^* \cdot \left((t^* - t_1^*) - 1 + e^{-(t^* - t_1^*)} \cdot \cos(t^* - t_1^*)\right)$$

$$\frac{x_{i-}^* - x_{s1}^*}{\alpha^*} = \cos\varphi \cdot (t^* - t_1^* - 1) + (\cos\varphi - 1) \cdot e^{-(t^* - t_1^*)} \cdot \cos(t^* - t_1^*)$$

$$\frac{y_i^*}{\alpha^*} = \sin\varphi \cdot \left((t^* - t_1^*) - 1 + e^{-(t^* - t_1^*)} \cdot \cos(t^* - t_1^*)\right)$$

Daraus folgt für die Bahnabweichungen

$$\frac{\Delta x^*}{\alpha^*} = \frac{x_s^* - x_i^*}{\alpha^*} = \cos\varphi + (\cos\varphi - 1) \cdot e^{-(t^* - t_1^*)} \cdot \cos(t^* - t_1^*)$$

$$\frac{\Delta y^*}{\alpha^*} = \frac{y_s^* - x_i^*}{\alpha^*} = \sin\varphi - \sin\varphi \cdot e^{-(t^* - t_1^*)} \cdot \cos(t^* - t_1^*)$$

Für $t^* \to \infty$ ergibt sich ein konstanter Geschwindigkeitsfehler zu

$$\Delta x^* = \cos\varphi$$

bzw.

$$\Delta y^* = \sin\varphi$$

Für die Skizze des Bahnverlaufs folgt daraus, daß die Istbahn der Sollbahn nach Abklingen der transienten Anteile zeitversetzt, aber auf der Sollbahn folgt (Abb. 8.11).

Aus der Zeichnung können die normierten Werte für die Eckenabweichung $\Delta s_E / \alpha^*$ bestimmt werden. Die entnormierung erfolgt nach der Gleichung

$$\Delta s_E = \left(\frac{\Delta s_E^*}{\alpha^*}\right) \cdot \alpha^* \cdot 2 \cdot T_i \cdot \alpha_{max} = \left(\frac{\Delta s_E^*}{\alpha^*}\right) \cdot \alpha \cdot 2 \cdot T_i$$

Die folgende Tabelle enthält die gemessenen und die berechneten Werte für $\alpha = 15\,mm/s$ und $\alpha = 45\,mm/s$

φ in °		30	60	90	120	150
$\dfrac{\Delta s_E^*}{\alpha^*}$		0,1	0,2	0,28	0,34	0,38
Δs_E in μm	$\alpha = 15\,\dfrac{mm}{s}$	4,0	8,0	11,2	13,6	15,2
	$\alpha = 45\,\dfrac{mm}{s}$	12,0	24,0	33,4	40,8	45,6

9 Steuerung von Verfahrbewegungen

Verfahrbewegungen in begrenzten Fertigungseinrichtungen und Fahrbewegungen in Transssporteinrichtungen folgen einheitlichen Gesetzen. Es handelt sich um Linearbewegungen, die in der Regel zeitoptimal gesteuert werden müssen. Fahrbewegungen über größere Entfernungen werden meist aus rotierenden Bewegungen abgeleitet. Die Zugkraft wird über den Reibschluß zwischen Rad und Unterlage aufgebaut. Häufig arbeiten zwei oder mehr Antriebe elektrisch parallel an einem schwachen Netz.

9.1 Steuerung der Einzelbewegung

Die Steuerung der Einzelbewegung (Tafel 9.1) erfolgt traditionell durch einen rotierenden Motor mit nachgeschaltetem Getriebe. Das Getriebe übernimmt die Aufgabe der Anpassung des Motors an die Maschine, es kann wenn notwendig auch nichtlineare Gesetzmäßigkeiten realisieren. Schneckengetriebe sind selbsthemmend, sie wirken nur in der Energieflußrichtung vom Motor zur Last und blockieren die Gegenrichtung.

Die höhere Energiedichte moderner Elektromotoren in Verbindung mit forcierter Kühlung ermöglichen kompakte Konstruktionen, insbesondere auch die konstruktiveVereinigung von Motor und Getriebe. Die elektromechanischen Energiewandler arbeiten nach dem Prinzip des Asynchronmotors oder auch nach dem Prinzip des selbstgesteuerten Synchronmotors.

Eine unverzögerte Drehmoment- bzw. Krafteinprägung ermöglichen getriebelose Direktantriebe, ausgeführt als Linearantrieb bzw. Gelenkdirektantriebe. Als elektromechanische Energiewandler werden für Kräfte bis 3000 Newton selbstgesteuerte Synchronmotoren (bürstenlose Gleichstrommotoren) bevorzugt. Insbesondere im Bereich größerer Vorschubkräfte werden auch Asynchronmotoren mit feldorientierter Regelung eingesetzt.

Die Struktur der Lageregelung eines Linearantriebs unterscheidet sich prinzipiell nicht von der Struktur eines rotierenden Antriebs (Abb. 9.1). Es müssen lineare Wegmeßglieder eingesetzt werden.

Tafel 9.1 Steuerung der Einzelbewegung

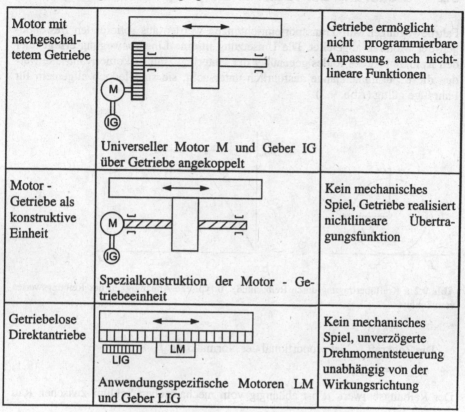

Motor mit nachgeschaltetem Getriebe	Universeller Motor M und Geber IG über Getriebe angekoppelt	Getriebe ermöglicht nicht programmierbare Anpassung, auch nichtlineare Funktionen
Motor - Getriebe als konstruktive Einheit	Spezialkonstruktion der Motor - Getriebeeinheit	Kein mechanisches Spiel, Getriebe realisiert nichtlineare Übertragungsfunktion
Getriebelose Direktantriebe	Anwendungsspezifische Motoren LM und Geber LIG	Kein mechanisches Spiel, unverzögerte Drehmomentsteuerung unabhängig von der Wirkungsrichtung

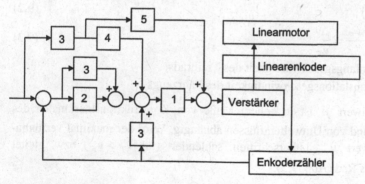

1 - Geschwindigkeitsregler   2 - Lageregler   3 - Differentiation

4,5 - Vorwärtsaufschaltung von Geschwindigkeit und Beschleunigung

Abb. 9.1 Regelstruktur eines Linearantriebs

9.2   Steuerung der Kraftübertragung Rad-Unterlage

Fahrbewegungen von Transsporteinrichtungen werden aus rotierenden Bewegungen der Motoren abgeleitet. Die Umsetzung in eine Linearbewegung erfogt über den Reibkontakt des Rades gegenüber der Unterlage. Für Lokomotivantriebe werden diese Zusammenhänge ausführlich untersucht, sie sind jedoch allgemein für Fahrzüge gültig (Abb. 9.2).

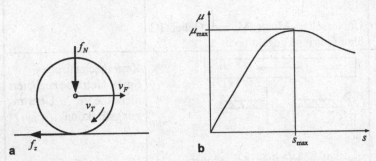

Abb. 9.2 a Kraftübertragung durch Reibschluß; **b** typische Abhängigkeit des Reibungswertes vom Schlupf

Die Zugkraft f_z ist proportional der Normalkraft f_N

$$f_z = \mu \cdot f_N \tag{9.1}$$

Der Reibungsbeiwert μ ist abhängig vom mechanischen Schlupf zwischen Rad und Unterlage

$$\mu = f(s) \tag{9.2}$$

$$s = \frac{v_T - v_F}{v_F} = \frac{\Delta v}{v_F} \tag{9.3}$$

v_T Umfangsgeschwindigkeit des Treibrads
v_F Translationsgeschwindigkeit des Fahrzeugs

Der Reibungsbeiwert μ ist in hohem Maße von Konstruktionsmerkmalen des Triebfahrzeugs und von Umwelteinflüssen abhängig. Wird der maximal verfügbare Reibungsbeiwert μ_{max} überschritten, schleudert (für $v_T > v_F$) bzw. gleitet (für $v_F > v_T$) das Rad (Abb. 9.3).

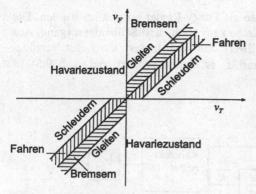

Abb. 9.3 Bereiche stabiler Übertragung

Die vom Rad auf die Unterlage übertragene Zugkraft muß so gesteuert werden, daß der verfügbare Reibbeiwert möglichst gut ausgenutzt wird. Es soll ein optimaler Schlupf s_{opt} so eingestellt werden, daß ein Gleiten oder Schleudern mit Sicherheit nicht eintritt.

Die Steuerung der Zugkraft erfolgt in Abhängigkeit von dieser optimalen Differenzgeschwindigkeit Δv_{opt}. Beginnendes Gleiten oder Schleudern deutet sich durch eine raschere Änderung von v_T an (Abb. 9.4).

Man erreicht eine prädikative Wirksamkeit der Zugkraftsteuerung, indem man diese vom Differentialquotienten $\dfrac{d\Delta v}{dt}$ oder $\dfrac{dv_T}{dt}$ abhängig macht. Die Gesetzmäßigkeit, nach denen die Zugkraft f_z von Δv und $\dfrac{dv_T}{dt}$ abhängt, lassen sich nicht quantitativ angeben.

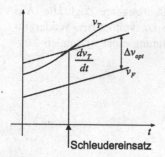

Abb. 9.4 v_F und v_T bei Schleudereinsatz

Ein Kennfeldregler kann vorzugsweise als Fuzzy-Regler ausgeführt werden. Die Reglermatrix trägt das empirische Wissen zum Gleit- und Schleudervorgang. Aus einem so gleitenden Drehmomentsollwert muß der Istwert möglichst verzögerungsfrei abgeleitet werden, die Zugkraft f_z ist diesem proportional (Abb. 9.5).

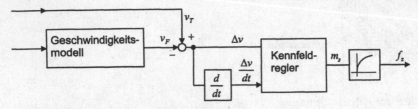

Abb. 9.5 Arbeitsprinzip der Zugkraftsteuerung

Treibfahrzeugantriebe sind Mehrmotorenantriebe. Bereits im regulären Betrieb ergeben sich unterschiedliche Belastungen beispielsweise der Achsen einer Lokomotive (Abb. 9.6).

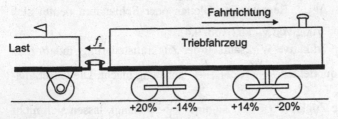

Abb. 9.6 Achsbelastung bei einem Triebfahrzeug, bezogen auf Gleichverteilung (Beispiel)

Daraus ergeben sich für die Achsen unterschiedliche übertragbare Zugkräfte. Aus Unregelmäßigkeiten der Unterlage resultieren weitere Unsymmetrien. Weiterentwickelte Konzepte berücksichtigen das bei der Berechnung einer optimalen Zugkraftsteuerung.

9.3   Parallelbetrieb von Fahrantrieben

Die Fahrantriebe arbeiten elektrisch parallel am Gleichspannungszwischenkreis und mechanisch parallel auf der Schiene oder Straße (Abb. 9.7).

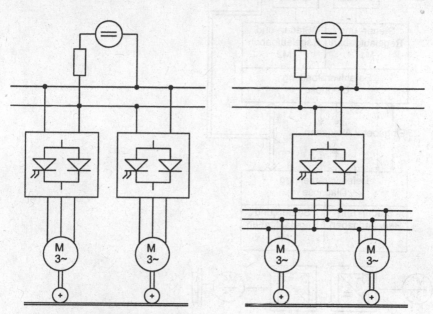

Abb. 9.7 Parallelbetrieb von Fahrantrieben am Netz

Einzelspeisung der Motoren über einen Wechselrichter ermöglicht die unabhängige Drehmomentsteuerung nach Abschn. 5. Damit kann eine gleichmäßige Lastaufteilung erreicht werden oder auch eine Lastaufteilung entsprechend der auf die Achsen wirkenden Normalkräfte. Der Gleit- und Schleuderschutz wirkt auf die einzelnen Räder und ermöglicht eine Entlastung des schleudernden Rades.

Parallelbetrieb zweier oder mehrerer Radmotoren an einem Wechselrichter führt zu ungleicher Belastungsverteilung, wenn die Parameter der Motoren differieren. Diese Belastungsdifferenz läßt sich elektrisch nicht ausgleichen. Die Motoren müssen für den zu erwartenden ungünstigsten Fall ausgelegt werden. Die Regelung der Motoren, auch die feldorientierte Regelung, orientiert sich an einem mittleren Motor.

Eine rotorflußorientierte Regelung ist nur möglich, wenn dem Flußmodell der gemittelte Drehzahlistwert der Motorgruppe zur Verfügung steht. Praktisch kann dieser mittlere Wert aus Strom und Spannung im Umrichter geschätzt werden.

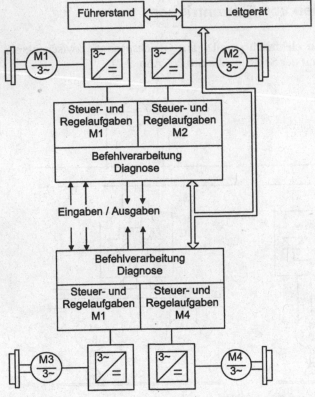

Abb. 9.8 Antriebskonfiguration eines Fahrzeugs mit Einzelradantrieb

Durch eine lastmomentabhängige Flußsollwertführung lassen sich Momentendifferenzen zwischen den Motoren einer Gruppe im Teillastbereich reduzieren. Darüber hinaus werden Schwingungen zwischen den einzelnen Motoren stärker gedämpft und der Wirkungsgrad des Antriebs erhöht.

10 Simulation und rechnergestützter Entwurf

10.1 Simulation als Entwurfshilfsmittel

Die Entwicklung der Rechentechnik beeinflußt die Arbeitsmethoden des Ingenieurs. Traditionelle Hilfsmittel zum Reglerentwurf wie grafische Entwurfsmethoden, Diagramme und Funktionstafeln verlieren an Bedeutung. Die modernen Entwurfsverfahren für Bewegungssteuerungen werden zunehmend durch die Möglichkeiten des Rechnereinsatzes geprägt.

Besonders die modellmäßige Betrachtung und Analyse elektromechanischer Systeme durch Simulationsuntersuchungen hat sich in den letzten Jahren zu einem immer wichtigeren Bestandteil der Ingenieurarbeit entwickelt. Der Begriff Simulation wird entsprechend der VDI-Richtlinie 3633 dabei wie folgt definiert:

„Die Simulation ist die Nachbildung eines dynamischen Prozesses in einem Modell, um zu Erkenntnissen zu gelangen, die auf die Wirklichkeit übertragbar sind."

Durch die Simulation läßt sich unter Nutzung von Modellen geplanter oder bestehender Anlagen eine detaillierte Systemanalyse für normale oder extreme Betriebszustände durchführen. Die Simulation ist eine quantitative Methode, die die Zeitabhängigkeit des Systemverhaltens durch zahlenmäßige Ergebnisse auf Grund zahlenmäßiger Eingaben widerspiegelt. Sie kann damit den Ersatz einer im Regelfall nicht möglichen rechnerischen Lösung darstellen, da die mathematische Behandlung von Systemen mit nichtlinearen Beziehungen normalerweise die Lösung komplizierter Gleichungssysteme erfordert [10.1].

Unter folgenden Gesichtspunkten ist der verstärkte Einsatz von entwicklungsbegleitenden Simulationsuntersuchungen im Entwurfsprozeß elektromechanischer Systeme und Bewegungssteuerungen zu empfehlen:

- Experimente am realen System sind zu gefährlich, zu zeitaufwendig oder zu teuer.
- Das reale System ist (noch) nicht verfügbar, so daß bereits in einem frühen Entwurfsstadium Schwachstellen der Konstruktion erkannt und beseitigt werden können.
- Die Überprüfung der Gesamtstruktur auf Prüfständen ist nicht möglich.
- Für Variantenvergleiche sind Parameter- und Strukturänderungen notwendig.

Für die Simulation der einzelnen Komponenten des elektromechanischen Systems gibt es verschiedene, den Aufgaben angepaßte Simulationssysteme. Ein umfangreiches Angebot findet man für den zwei- und dreidimensionalen Entwurf der mechanischen Komponenten durch Mehrkörperprogramme wie ADAMS, NEWEUL und SIMPACK. Sie sind für Standardaufgaben der Mechanik geeignet. Elektrische und elektronische Schaltungen können sehr gut mit den Programmpaketen SPICE (Informationselektronik) und SIMPLORER (Leistungselektronik) simuliert und analysiert werden. Für die allgemeine Systemsimulation und den Reglerentwurf stehen ebenfalls mehrere Programmsysteme zur Verfügung, z. B. ACSL, MATLAB / SIMULINK und MATRIX$_x$.

Im folgenden soll mit dem Programmpaket *DS88*, eine Entwicklung des Elektrotechnischen Instituts der TU Dresden, ein Simulationssystem vorgestellt werden, das speziell für die Simulation von Regelstrukturen elektrischer Antriebe entwickelt wurde [10.2]. Der Modellvorrat umfaßt neben Standardelementen mit kontinuierlichen, diskontinuierlichen, logischen und arithmetischen Übertragungsgliedern, eine ganze Reihe komplexer Modelle für die elektrischen Antriebstechnik, z. B. Maschinen und Stromrichter. Sehr vorteilhaft lassen sich auch die mechanischen Komponenten des Antriebsstrangs in elektromechanischen Systemen simulieren. Dabei bildet die Untersuchung von Torsionsschwingungen mittels elastisch gekoppelter Feder-Masse-Systeme einen besonderem Schwerpunkt. Die Bewegungsabläufe in elektromechanischen Systemen sind ereignisdiskretzeitkontinuierliche Prozesse [10.3]. Der Simulator ist für die numerische Behandlung solcher Strukturen ausgelegt.

Durch die einfache und flexible Handhabbarkeit als Windows-Applikation kann *DS88* an vielen Stellen in Forschung und Entwicklung sowie in der Lehre eingesetzt werden (Abb. 10.1). Das Simulationsprogramm besitzt einen blockorientierten grafischen Editor zur Eingabe der Systembeschreibung auf der Grundlage von Wirkschaltplänen. Wie in der Regelungstechnik üblich, wird jeder Block als rückwirkungsfreies Übertragungsglied mit Eingangs- und Ausgangssignalen betrachtet. Die Bedienfunktionen des grafischen Editors ermöglichen beispielsweise das Kopieren und Verschieben von Blöcken und Blockgruppen und das beliebige Verzweigen der Signallinien. Zeichenaktionen können unbegrenzt rückgängig gemacht oder widerrufen werden. Beliebige Blockstrukturen lassen sich zu Makroblöcken zusammenfassen. Diese Makroblöcke gestatten die modulare und übersichtliche Programmierung komplexer Systeme. Wie auch allen anderen Blöcken, lassen sich den Makroblöcken benutzerdefinierte Bitmap-Grafiken zur Kennzeichnung zuweisen. Der Standardblockvorrat von ca. 100 Übertragungsgliedern ist erweiterbar. Der Anwender kann eigene Funktionsblöcke vorzugsweise in den Programmiersprachen C und Pascal definieren und dem Simulationssystem hinzufügen.

Die Ergebnisdarstellung erfolgt während des Simulationslaufs als on-line-Grafik. Es sind weiterhin Funktionen zur Analyse und Simulation linearer Systeme im Zeit- und Frequenzbereich implementiert. Die grafische Ergebnisausgabe geschieht beispielsweise als Frequenzgang im Bodediagramm oder als Wurzelortskurve.

Durch symbolische Parameter, die in Parameterdateien gespeichert werden, lassen sich die Signalflußpläne einfach und flexibel parametrieren. Mit der direkten Eingabe von Berechnungsformeln verringern sich die Fehlermöglichkeiten.

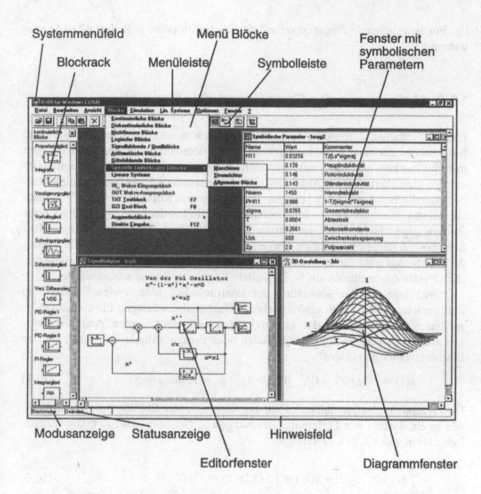

Abb. 10.1 Die Bedienoberfläche des *DS88*

Umfangreiche grafische Auswerteprogramme unterstützen die ingenieurmäßige Darstellung der Simulationsergebnisse: Zeitverlaufsdarstellung, zwei- und dreidimensionale Darstellung mit wahlfreier Achsenzuordnung, die Darstellung komplexer Größen als bewegliche Zeiger sowie die Fourier- und Korrelationsanalyse der Simulationsdaten.

Sehr nützlich für die erfolgreiche und effiziente Durchführung von Simulationsaufgaben sind Grundkenntnisse über numerische Integrationsverfahren, Integrationsfehler sowie die Behandlung von Schaltvorgängen und Ereignissen durch den Simulator. Der folgende Abschnitt soll nur auf die wichtigsten dieser Gesichtspunkte beim Entwurf von Regelstrukturen elektromechanischer Systeme unter Nutzung der Simulationstechnik eingehen. Die Ausführungen beziehen sich dabei nicht speziell auf das Simulationsprogramm *DS88*, sondern sind allgemeingültig. Für tiefergehende Angaben sei auf die Spezialliteratur, z. B. [10.4][10.5] verwiesen.

10.2 Mathematische Grundlagen der Simulation

Elektromechanische Systeme sind ereignisgesteuert-zeitkontinuierliche Systeme. Sie bestehen aus einer Kombination von informationsverarbeitenden Einrichtungen mit elektrischen und mechanischen Antriebskomponenten. Die Simulation sollte auf der gleichberechtigten Abbildung der elektrischen und mechanischen Systembestandteile beruhen. Dabei besitzen die elektrischen Komponenten im Vergleich zur Mechanik relativ kleine Zeitkonstanten (Millisekundenbereich), die eine hohe Änderungsgeschwindigkeit der Zustandsgrößen zulassen und sind durch häufige Schaltvorgänge gekennzeichnet (Pulsmodulation der Wechselrichter). Sie weisen darüber hinaus eine starke Vermischung von kontinuierlichen und diskontinuierlichen Systembestandteilen auf (z. B. digitale Regelung, Stromrichtermodelle).

Grundlage für die Simulation der kontinuierlich ablaufenden Prozesse im Zeitbereich ist ein System gewöhnlicher Differentialgleichungen für die Zustandsgrößen $x_i(t)$, die im Zustandsvektor $\underline{x}(t)$ zusammengefaßt werden. Außerdem wirken auf das System noch Eingangsgrößen oder Erregungsfunktionen $u_j(t)$, die den Eingangsvektor $\underline{u}(t)$ bilden

$$\underline{\dot{x}}(t) = \underline{f}(t, \underline{x}(t), \underline{u}(t)), \quad \underline{x}(t_0) = \underline{x}_0, \quad \underline{x}_0 = Anfangswert \tag{10.1}$$

Differentialgleichungen höherer Ordnung werden unter Einführung von Hilfsgrößen in ein System von Differentialgleichungen 1. Ordnung überführt. Die formale Integration von Gl. (10.1) führt zu

$$\int_{t_0}^{t} \underline{\dot{x}}(\tau)d\tau = \underline{x}(t) - \underline{x}(t_0) = \int_{t_0}^{t} \underline{f}(\tau, \underline{x}(\tau), \underline{u}(\tau))d\tau \tag{10.2}$$

Da $\underline{x}(t_0)$ bekannt ist, kann $\underline{x}(t)$ und speziell auch $\underline{x}(t_1)$ berechnet werden. Das Integral in Gl. (10.2) läßt sich in zwei Summanden aufspalten:

$$\underline{x}(t) = \left\{ \underline{x}(t_0) + \int_{t_0}^{t_1} \underline{f}(\tau, \underline{x}(\tau), \underline{u}(\tau))d\tau \right\} + \int_{t_1}^{t} \underline{f}(\tau, \underline{x}(\tau), \underline{u}(\tau))d\tau \tag{10.3}$$

Der Klammerausdruck { } in Gl. (10.3) wird durch $\underline{x}(t_1)$ ersetzt, so daß man erhält

$$\underline{x}(t) = \underline{x}(t_1) + \int_{t_1}^{t} \underline{f}(\tau, \underline{x}(\tau), \underline{u}(\tau))d\tau \tag{10.4}$$

Diese Vorgehensweise läßt sich verallgemeinern: bei bekannten $\underline{x}(t_i)$ kann man $x(t_{i+1})$ berechnen durch

$$\underline{x}(t_{i+1}) = \underline{x}(t_i) + \int_{t_i}^{t_{i+1}} \underline{f}(\tau, \underline{x}(\tau), \underline{u}(\tau)) d\tau \tag{10.5}$$

Damit wurde eine exakte Formel aus Gl. (10.2) abgeleitet, die schrittweise von bekannten Werten $\underline{x}(t_i)$ ausgehend, die Bestimmung der Folgewerte $\underline{x}(t_{i+1})$ zuläßt (Rekursionsformel zur Lösung des Anfangswertproblems).

Die Differenz der Zeiten $t_{i+1}-t_i$ entspricht der Integrationsschrittweite h. Die Lösung der Differentialgleichung wird auf die näherungsweise Berechnung bestimmter Integrale der Länge h zurückgeführt. Alle Integrationsverfahren beruhen auf der oben ausgeführten Umformung. Sie unterscheiden sich darin, wie sie das Integral berechnen.

Für den Ablauf der Simulation im Zeitbereich sind somit zwei Teilaufgaben zu bewältigen, die zyklisch mit fortschreitender Zeit bis zum Ende des Simulationslaufs zu lösen sind:

- Berechnung der Ableitung der Zustandsgrößen über

  $\dot{\underline{x}}(t) = \underline{f}(t, \underline{x}(t), \underline{u}(t))$

  als Eingangsgrößen des Integrationsalgorithmus
- Berechnung der nächsten Werte des Zustandsvektors durch Auswertung der numerischen Integrationsformel auf der Basis von Gl. (10.5).

Diese Vorgehensweise läßt sich nach Abb. 10.2 grafisch darstellen.

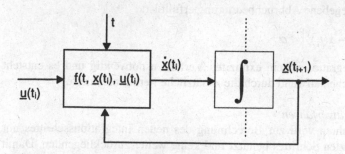

Abb. 10.2 Iterative Berechnung der Zustandsgrößen

Die Auswahl eines geeigneten Integrationsverfahrens mit den entsprechenden Parametern ist von großer Bedeutung für die effektive und erfolgreiche Ausführung von Simulationsuntersuchungen. Nachfolgend einige Gesichtspunkte, die die Entscheidung beeinflussen können:

- Genauigkeit und Fehler des Verfahrens (Rundungsfehler, Abbruchfehler)
- Zuverlässigkeit des Verfahrens bezüglich numerischer Stabilität und Konvergenz der iterativen Prozesse
- Eignung für typische anwenderspezifische Besonderheiten:

Unstetigkeiten der rechten Seite der Differentialgleichung Gl. (10.1), z. B. bei Schaltvorgängen
- Steifigkeit des Differentialgleichungssystems
- Rechenzeiten, Möglichkeiten der Schrittweitensteuerung

Die Integrationsverfahren lassen sich unterteilen in
- Explizite und implizite Verfahren
- Einschritt- und Mehrschrittverfahren

Explizite und implizite Verfahren:
Bei expliziten oder offenen Verfahren enthält die rechte Seite der Rechenvorschrift für die Integration nur bereits bekannte Größen. „Euler vorwärts" ist das einfachste explizite Verfahren

$$\dot{\underline{x}}(t_i) = f(\underline{x}(t_i), \underline{u}(t_i))$$
$$\underline{x}(t_{i+1}) = \underline{x}(t_i) + h \cdot \dot{\underline{x}}(t_i)$$
(10.6)

Im Gegensatz dazu stehen implizite Verfahren, wie z. B. „Euler rückwärts"

$$\dot{\underline{x}}(t_i) = f(\underline{x}(t_i), \underline{u}(t_i))$$
$$\underline{x}(t_{i+1}) = \underline{x}(t_i) + h \cdot \dot{\underline{x}}(t_{i+1})$$
(10.7)

die in jedem Integrationsschritt das Gleichungssystem numerisch lösen müssen. Der Vektor $\dot{\underline{x}}(t_{i+1})$ in Gl. (10.7) wird iterativ bestimmt (z. B. sukzessive Approximation), bis eine gegebene Abbruchbedingung erfüllt ist:

$$\left| \underline{x}(t_{i+1})^{\nu+1} - \underline{x}(t_i)^{\nu} \right| < \alpha$$

Zum Start der Integration ist ein explizites Verfahren notwendig und es entsteht ein erheblicher Rechenaufwand durch die zusätzliche Iterationsschleife.

Ein- und Mehrschrittverfahren:
Bei Einschrittverfahren wird zur Berechnung des neuen Integrationsschrittes nur die Lösung des letzten Schrittes benutzt und keine weiter zurückliegenden. Damit gehören alle Argumente der Integrationsformel zum Intervall $[t_i, t_{i+1}]$. Im Gegensatz dazu verwenden Mehrschrittverfahren auch die Ergebnisse weiter zurückliegender Lösungen. Das führt beispielsweise zu Komplikationen beim Start des Verfahrens oder bei der Änderung der Integrationsschrittweite. Moderne Mehrschrittverfahren sind heute allerdings durch Ordnungssteuerung selbststartend. Es entsteht ein erhöhter Aufwand bei häufigen Strukturumschaltungen und Schaltvorgängen: die Argumente vor dem Schaltvorgang können nicht einfach mit Werten nach dem Schaltvorgang verrechnet werden, es ist jeweils ein Neustart des Verfahrens notwendig.

Elektrische Antriebe sind hybride Systeme mit kontinuierlich wirkenden Bestandteilen (Motor, Mechanik) und diskontinuierlich arbeitenden Komponenten wie Stromrichter und digitale Regelung. Sie weisen oft häufige Schaltvorgänge (z.

B. Pulsmodulation der Wechselrichter) und Strukturumschaltungen (z. B. bei Kupplungen) aus. Es sind große Änderungsgeschwindigkeiten der Zustandsgrößen Strom und Spannung möglich. Hierfür sind explizite Einschrittverfahren vom Runge-Kutta-Typ am besten geeignet [10.4].

Einer besonderen Behandlung bedürfen sogenannte steife Differentialgleichungssysteme. Diese entstehen, wenn bei der Modellbildung auf die Beiträge der höherfrequenten Lösungsanteile nicht verzichtet werden kann, d. h. das Verhältnis von kleinster zu größter Systemzeitkonstante größer 1:1000 ist. Für diesen Fall stehen speziell angepaßte implizite Mehrschrittverfahren zur Verfügung, die mit relativ großen Integrationsschrittweiten arbeiten. Ansonsten sollte bereits bei der Modellbildung durch Skalierung oder Modellvereinfachung darauf geachtet werden, daß die Zeitkonstanten sich nicht zu stark voneinander unterscheiden.

Numerische Integrationsverfahren sind Näherungsmethoden für die exakte Lösung nach Gl. (10.5). Besonders deutlich wird das beim einfachsten Verfahren, dem Euler-Verfahren nach Gl. (10.6), dessen geometrische Deutung in Abb. 10.3 dargestellt ist.

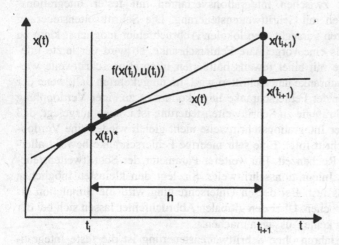

Abb. 10.3 Geometrische Deutung des Euler-Verfahrens

Die Funktion $f(x(t_i), u(t_i))$ definiert zum Zeitpunkt t_i die Lösungskurve der Differentialgleichung, die durch diesen Punkt hindurchgeht. Die Lösungskurve wird für ein kurzes Zeitintervall, die Integrationsschrittweite h, als Geradenstück angenähert. Die Geradensteigung entspricht der Steigung der Tangente im Punkt $x(t_i)^*$. Die Näherung ist um so genauer, je kleiner die Schrittweite h ist und würde für $h \rightarrow 0$ in die exakte Lösung übergehen. Die Differenz zwischen exaktem und genähertem Wert

$$\varepsilon = x(t_{i+1})^* - x(t_{i+1})$$

wird der lokale Abbruchfehler ε genannt. Die Bezeichnung Abbruchfehler ist darauf zurück zu führen, daß er durch die Näherung des Integrals in Gl. (10.5) mittels einer endlichen Summe entsteht. Die lokalen Abbruchfehler summieren sich durch Fehlerfortpflanzung zum globalen Abbruchfehler auf. Für das Euler-Verfahren müßte die Integrationsschrittweite sehr klein gewählt werden, um eine gute Näherung zu erhalten. Durch Auswertung zusätzlicher Funktionswerte innerhalb des Integrationsintervalls erhält man verbesserte Integrationsverfahren, wie das Runge-Kutta-Verfahren 4. Ordnung, die bei einer möglichst großen Integrationsschrittweite zu einem möglichst kleinen Fehler ε führen. Das soll an einem Zahlenbeispiel verdeutlicht werden: Beim Euler-Verfahren mit der Fehlerordnung 1 (ε~h) braucht man für ein 1000mal genaueres Rechenergebnis (3 zusätzliche Dezimalstellen) auch eine 1000mal kleinere Integrationsschrittweite. Bei Anwendung des Runge-Kutta-Verfahrens 4. Ordnung mit der Fehlerordnung 4 (ε~h^4) wird diese Genauigkeit bereits bei einem Sechstel der ursprünglichen Integrationsschrittweite überschritten, da 6^4=1296.

Man unterscheidet zwischen Integrationsverfahren mit fester Integrationsschrittweite und solchen mit Schrittweitensteuerung. Die Schrittweitensteuerung der Integrationsverfahren versucht, den lokalen Abbruchfehler möglichst klein zu halten. Ist er größer als eine vorgebbare Fehlerschranke, so wird der letzte Integrationsschritt so lange mit einer jeweils halbierten Integrationsschrittweite wiederholt, bis die Fehlerschranke unterschritten wird. Im umgekehrten Fall, wenn der Fehler wesentlich unter der Fehlerschranke liegt, kommt es zu einer Verdopplung der Schrittweite. Die Strategie zu Schrittweitensteuerung ist i. a. so ausgelegt, daß auf eine Halbierung der Integrationsschrittweite nicht gleich wieder eine Verdoppelung im nächsten Schritt folgt. Eine sehr niedrige Fehlerschranke bewirkt allerdings auch eine lange Rechenzeit. Ein weiterer Parameter der Schrittweitensteuerung ist die minimale Integrationsschrittweite. Sie legt den kleinsten möglichen Zeitschritt des Systems fest. Bei dessen Unterschreitung wird die Simulation als undurchführbar abgebrochen. Über den globalen Abbruchfehler lassen sich bei der Schrittweitensteuerung keine Aussagen machen.

Bei Integrationsverfahren ohne Schrittweitensteuerung ist die feste Integrationsschrittweite durch den Anwender vorzugeben. Auch hier gilt wie bei Verfahren mit Schrittweitensteuerung, daß ein Kompromiß zwischen angestrebter Genauigkeit und der dafür notwendigen Rechenzeit zu finden ist. Die Integrationsschrittweite muß sich dabei nach der kleinsten Zeitkonstante des Systems richten, auch wenn diese nur einen sehr geringen Einfluß auf das Systemverhalten haben sollte. Bei Wahl einer zu großen Integrationsschrittweite ist es durch Fehlerfortpflanzung sogar möglich, daß die Simulation instabil wird, obwohl das technische Realsystem stabil bleibt.

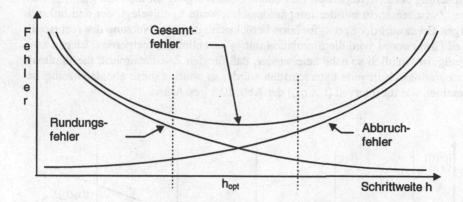

Abb. 10.4 Fehler bei der numerischen Integration

Eine Faustregel für die Wahl der Integrationsschrittweite bei Runge-Kutta-Verfahren besagt, daß sie ein Zehntel bis die Hälfte der kleinsten Zeitkonstante betragen·soll. Zur Sicherheit sollte man für ein typisches Beispiel die Ergebnisse von zwei Simulationen miteinander vergleichen, wobei die erste mit einer wie oben beschrieben festgelegten Integrationsschrittweite und die zweite mit der halbierten Integrationsschrittweite durchgeführt wurden. Stimmen die Resultate im Rahmen der gewünschten Genauigkeit überein, so ist die erste Integrationsschrittweite als ausreichend zu betrachten, ansonsten ist die Integrationsschrittweite weiter zu verkleinern.

Eine weitere Fehlerquelle bei der numerischen Integration sind die Rundungsfehler, die sich auf Grund der endlichen Wortlänge der Gleitkomma-Zahlendarstellung einstellen. Die interne Zahlendarstellung des Simulationsprogramms sollte daher mindestens im Double-Format (64 bit) oder noch besser im Long Double-Format (80 bit) erfolgen. Der Einfluß der Rundungsfehler wächst mit der Anzahl der Rechenoperationen (besonders Addition) und damit mit kleiner werdender Integrationsschrittweite. Der Abbruchfehler nimmt in dieser Richtung gerade ab, so daß sich eine optimale Integrationsschrittweite h_{opt} nach Abb. 10.4 ergibt.

In elektrischen Antriebssystemen wirken nichtlineare Übertragungsglieder wie Begrenzungen und Hysterese und es treten häufig Schaltvorgänge durch die Nachbildung der Stromrichter oder ereignisdiskreter Prozesse bei der Bewegungssteuerung auf. Diese äußern sich in Unstetigkeiten der Ableitungsfunktion $f(x(t_i),u(t_i))$, die dann nicht mehr glatt verläuft. Eine Integration über die Unstetigkeit hinweg führt zu einem Fehler, so daß sie möglichst genau ermittelt und bei der Schrittweitensteuerung berücksichtigt werden muß. Unstetigkeiten sind Ereignisse, die zeitabhängig oder zustandsabhängig auftreten. Zeitereignisse sind im voraus bekannt und genau erfaßbar. Als Beispiele sind die Pulsung der Stromrichter und die Abtastung der digitalen Regler zu nennen. Die Abb. 10.5 zeigt die Schrittweitensteuerung bei Zeitereignissen. Bei einem Schaltvorgang im Intervall $[t_{i+1}, t_{i+2}]$ wird ein Zwischenschritt mit der Integrationsschrittweite h_1 eingelegt, der den linksseitigen Grenzwert der Sprungfunktion berücksichtigt. Unter Nutzung des rechtsseitigen Grenzwertes wird die Simulation mit h_2 anschließend fortgesetzt. Liegen zwei Ereignisse zeitlich so nahe beieinander, daß für den Zwischenschritt die minimale Integrationsschrittweite unterschritten würde, so werden diese als gleichzeitig betrachtet, wie im Intervall $[t_{i+3}, t_{i+4}]$ der Abb. 10.5 geschehen.

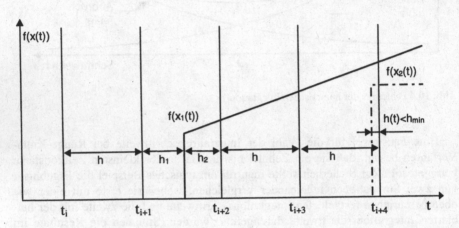

Abb. 10.5 Schrittweitensteuerung bei Zeitereignissen; $f(x(t))$ - Verlauf der Ableitungsfunktionen, h - Integrationsschrittweite

Zustandsereignisse treten in Abhängigkeit von Zustandswerten ein. Ihr Auftreten ist daher zeitlich nicht bekannt. Beispiele hierfür sind Nulldurchgänge von verzerrten Spannungen oder Knickpunkte in Kennlinien. Sie lassen sich nur iterativ bis zum Erreichen einer vorgebbaren Abbruchschranke, beispielsweise mittels der Regula-Falsi-Iteration, ermitteln. Abb. 10.6 zeigt das Prinzip beim Erfassen eines Nulldurchgangs. Nach Ermittlung des Zeitpunkts des Nulldurchgangs wird wieder ein Zwischenschritt bei der Integration eingelegt. Auch alle übrigen Zustandsereignisse lassen sich auf das Auffinden von Nullstellen zurückführen. Es bleibt anzumerken, daß jede Iteration in Abhängigkeit von der Konvergenz mehrere zusätzliche Rechenschritte benötigt, was sich in der Länge der Rechenzeit niederschlägt.

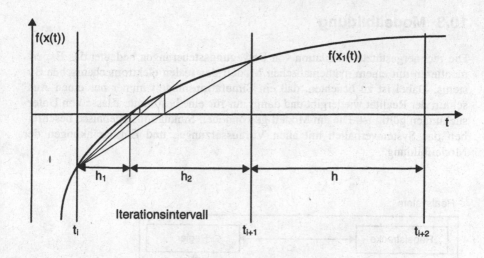

Abb. 10.6 Erfassung von Zustandsereignissen durch Iteration; *f(x(t))* - Zeitverlauf der Ableitungsfunktionen, *h* - Integrationsschrittweite

Die Tafel 10.1 gibt eine Übersicht über die im Simulationssystem *DS88* implementierten Integrationsverfahren.

Tafel 10.1   Integrationsverfahren im Simulationssystem *DS88*

Verfahren	Genauigkeitsord-nung	Fehler proportional	Rechenschritte pro Integrationsschritt
Eul	1	h^2	1
RK2	2	h^3	2
RK4	4	h^5	4
RKF45	4(5)	h^5	5

Als Standardverfahren ist das Runge-Kutta-Verfahren 4. Ordnung (RK4) anzusehen. Bei Systemen mit sehr häufigen Schaltvorgängen können wegen der ohnehin geringen Integrationsschrittweite auch einfachere Verfahren wie das Euler-Verfahren (Eul) oder das Runge-Kutta-Verfahren 2. Ordnung (RK2) mit Erfolg angewandt werden. Für weitgehend kontinuierlich verlaufende Zustandsgrößen ist das Runge-Kutta-Fehlberg-Verfahren (RKF45) mit Schrittweitensteuerung zu empfehlen.

10.3 Modellbildung

Die rechnergestützte Simulation von Bewegungssteuerungen bedeutet das Experimentieren mit einem mathematischen Modell des realen elektromechanischen Systems. Dabei ist zu beachten, daß ein Simulationsmodell immer nur einen Ausschnitt der Realität wiedergibt und damit nur für eine bestimmte Klasse von Untersuchungen gültig ist. Die am Modell gewonnenen Simulationsergebnisse beschreiben das Systemverhalten mit allen Voraussetzungen und Einschränkungen der Modellbildung.

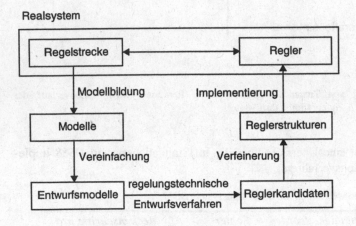

Abb. 10.7 Regelungstechnischer Entwurfsprozeß (nach [10.8])

Modelle elektromechanischer Systeme können auf theoretischem Weg (Bilanzgleichungen, Erhaltungssätze, Analogiebetrachtungen) oder experimentellem Weg (Auswertung von Systemantworten auf Testsignale, Identifikationsverfahren) gewonnen werden. Das Modell wird mit Differentialgleichungen und Booleschen Gleichungen formuliert. Danach ist das Modell in die Notationsform des Simulationsprogramms zu überführen. Das kann eine blockorientierte, gleichungsorientierte, netzwerkorientierte oder ereignisorientierte Notationsform sein. Komplexere Simulationsmodelle sollten systematisch entwickelt werden: entweder durch schrittweise Verfeinerung vorhandener Modelle („Top-Down" Entwurf) oder durch Kombination überprüfter Module („Bottom-Up" Entwurf). Aus den detaillierten mathematischen Modellen müssen für den Reglerentwurf vereinfachte Entwurfsmodelle der Regelstrecke durch Modell- und Systemreduktion sowie Linearisierung abgeleitet werden. Das ist die Voraussetzung, um viele Entwurfs- und Auslegungsverfahren überhaupt anwenden zu können. Die simulationstechnische Überprüfung muß natürlich mit dem detaillierten Modell erfolgen. Ein abschließender wichtiger Schritt ist die Überprüfung oder Validierung des Modells. Das kann von einfachen Plausibilitätstests bis hin zum zielgerichteten Vergleich zwischen Simulationsergebnissen und gemessenem Verhalten am realen System reichen. Damit wird letztlich über den Gültigkeits- und Vertrauensbereich des Modells entschieden. Die Stellung der Modellbildung im regelungstechnischen Entwurfsprozeß beschreibt Abb. 10.7. Die Qualität von Simulationsmodellen wird bestimmt durch:

- Geltungsbereich (Allgemeingültigkeit)
- Wiederverwendbarkeit (Schnittstellen)
- Beschaffbarkeit der Parameter
- Eignung für numerische Verfahren (Rechenzeit, Probleme bei der numerischen Berechnung)
- Dokumentation

Die Übersicht in Abb. 10.8 zeigt eine allgemeine Struktur, die der Modellbildung eines elektromechanischen Einzelantriebs zugrunde liegt. Technologisch verkettete Antriebssysteme sowie übergeordnete Steuer- und Bedienebenen sollen hier nicht betrachtet werden.

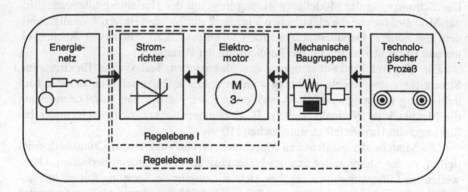

Abb. 10.8 Grundstruktur elektrischer Antriebssysteme (nur energetisches Teilsystem dargestellt)

In Abb. 10.8 sind die Aufteilung der Komponenten und die Schnittstellen zwischen ihnen ersichtlich. Die Gesamtstruktur setzt sich aus den Komponenten Energieversorgungsnetz, Stromrichter, Motor, den mechanischen Baugruppen sowie dem technologischen Prozeß mit seinem charakteristischen Verhalten zusammen. Die Regelstruktur besteht meist aus mehreren Ebenen. Die innerste motornahe Ebene I enthält die Motorstrom- oder Momentregelung sowie die Schutz - und Verriegelungsfunktionen. Die Regelebene II steht für die zur Realisierung der Bewegungsabläufe notwendigen Regelkreise der Drehzahl und der Lage.

Zur Beschränkung der Komplexität sollte für viele Untersuchungen geprüft werden, ob zum vorgelagerten Netz nicht eine rückwirkungsfreie Trennstelle angenommen und das Energieversorgungsnetz somit als starr betrachtet werden kann. Gleiches gilt für die Schnittstelle zum technologischen Prozeß. Auch hier dürfte dessen Nachbildung durch eine stationäre Kennlinie für viele Zwecke ausreichend sein, so daß sich eine weitere rückwirkungsfreie Trennstelle setzen läßt. Trotz dieser Einschränkungen sind damit, unter Einbeziehung der Regeleinrichtung zur Steuerung des Energieflusses, alle Baugruppen zur Wandlung elektrischer Energie in mechanische Energie erfaßt.

Einen Schwerpunkt bei der Untersuchung von Bewegungssteuerungen in elektromechanischen Systemen stellt die Drehschwingungssimulation dar. Das erfordert die Ableitung von Modellen des elektrischen und des mechanischen Teilsystems, die an die vorgegebene Aufgabenstellung angepaßt sind. Besondere Beachtung finden Drehmomentoberschwingungen und Kenngrößen wie Eigenfrequenzen und dominierende Zeitkonstanten sowie dynamische und stationäre Beanspruchungen [10.7].

10.4 Modelle des elektrischen Systems

Der Schwerpunkt der Modellentwicklung liegt auf der Herleitung allgemeingültiger Modelle, welche die elektrischen Vorgänge nur so genau wie notwendig abbilden. Ein höherer Detailierungsgrad führt unweigerlich zu sehr langen Rechenzeiten und ist problematisch für die Beschaffung der Parameter.

Für die drei Funktionsgruppen des elektrischen Teilsystems Elektromotor, Stromrichter und Regeleinrichtung werden spezielle Eigenschaften bei der Modellbildung festgelegt, um die Auswirkungen der elektrischen Komponenten auf die Mechanik im Normalbetrieb (z. B. Drehmomentoberschwingungen) oder bei Störungen im Havariefall zu untersuchen [10.9].

Die Modelle der elektrischen Maschinen beruhen auf einem Grundwellenmodell, d. h. der Motor selbst erzeugt keine zusätzlichen Momentoberwellen. Oberwellen im Luftspaltmoment ergeben sich nur durch die Speisung mit nichtsinusförmigen Spannungen oder Strömen. Weiterhin wird von symmetrisch aufgebauten Maschinen mit konstanten Parametern ausgegangen. Nicht berücksichtigt werden u. a. Nichtlinearitäten im Magnetkreis, Wirbelstromverluste und Stromverdrängung. Trotz dieser Einschränkungen lassen sich die wichtigen Betriebszustände der realen Anlage mit ausreichender Genauigkeit wiedergeben.

Synchronmaschine
Für die Synchronmaschine mit Erreger- und Dämpferwicklungen läßt sich unter den genannten Voraussetzungen, auf der Basis der Raumzeigertheorie (vgl. Abschn. 4) in einem synchron mit dem Erregerfeld (Polrad) umlaufenden rechtwinkligen Koordinatensystem (d, q)-Koordinatensystem), folgendes Gleichungssystem angeben [10.10], [10.11]:

Ständerspannnungsgleichungen

$$u_{sd} = R_s i_{sd} + p\Psi_{sd} - \omega_m \Psi_{sq}$$
$$u_{sq} = R_s i_{sq} + p\Psi_{sq} + \omega_m \Psi_{sd}$$

(10.8)

Feldspannungsgleichung

$$u_f = R_f (1 + pT_{d0}') i_f + (X_d - X_d') \frac{U_{f0}}{U_0} pT_{d0}'$$

(10.9)

Ständerflußgleichungen

$$\Psi_{sd} = \frac{X_d(p)}{\omega_0} i_{sd} + \frac{1/R_f}{1 + pT_{do}'} \frac{U_0}{\omega_0 I_{f0}} u_f$$

$$\Psi_{sq} = \frac{X_q(p)}{\omega_0} i_{sq};$$

(10.10)

Motormoment

$$m_M = \frac{3}{2} z_p (\Psi_{sd} i_{sq} - \Psi_{sq} i_{sd})$$

(10.11)

Bei den Ausdrücken $X_d(p)$ und $X_q(p)$ handelt es sich um die Reaktanzoperatoren der Synchronmaschine. Man erhält sie durch Eliminierung der Dämpferströme aus dem Gleichungssystem. Sie haben folgende Form:

$$X_d(p) = \frac{(1 + pT_d')(1 + pT_d'')}{(1 + pT_{d0}')(1 + pT_{d0}'')} X_d; \quad X_q(p) = \frac{(1 + pT_q'')}{(1 + pT_{q0}'')} X_q$$

(10.12)

Stationär nehmen diese Operatoren den Wert der synchronen Reaktanzen an, während im dynamischen Bereich die subtransienten und transienten Anteile dominieren. Die transienten Anteile (Parameter: T_d', T_{d0}', X_d) geben dabei die Wechselwirkung zwischen Erreger- und Ständerwicklungssystem wieder, während die subtransienten Anteile (Parameter: T_d'', T_{d0}'', X_d'' und T_q'', T_{q0}'', X_q'') die Kopplung zwischen den magnetischen Dämpfer- und Ständerkreisen repräsentieren. Das Modell besitzt folgende Ein- und Ausgangssignale und benötigt nachstehende Parameter:

- **Eingangssignale**:
  $u_{s\alpha}$, $u_{s\beta}$: Ständerspannungen
  u_e: Erregerspannung
  ω_m: mechanische Kreisfrequenz

- **Ausgangssignale**:
  m_M: Motormoment
  ϑ : Erregerfeldwinkel
  ψ_{sq}, ψ_{sd}: Ständerflußverkettungen
  i_e: Erregerstrom
  $i_{s\alpha}$, $i_{s\beta}$: Ständerströme

- **Parameter**:

R_s: Ständerwiderstand [Ω]

X_d: synchrone Längsreaktanz [Ω]

X_d': transiente Längsreaktanz [Ω]

X_d'': subtransiente Längsreaktanz [Ω]

X_q: synchrone Querreaktanz [Ω]

X_q'': subtransiente Querreaktanz [Ω]

T_d': transiente Kurzschlußzeitkonstante (längs) [s]

T_d'': subtransiente Kurzschlußzeitkonstante (längs) [s]

T_q'': subtransiente Kurzschlußzeitkonstante (quer) [s]

T_e: Erregerzeitkonstante [s]

U_n: Nennspannung [V]

I_n: Nennstrom [A]

N_n: Nenndrehzahl [1/s]

z_p: Polpaarzahl

Abb. 10.9 zeigt den Wirkschaltplan der Synchronmaschine. Der Block SM$^\varphi$ symbolisiert das Differentialgleichungssystem Gl. (10.8) bis Gl. (10.12) des elektrischen Teils im feldorientierten Koordinatensystem. Vektordreher übernehmen die Transformation zum äußerem ständerfesten Koordinatensystem (s. Abschn. 4).

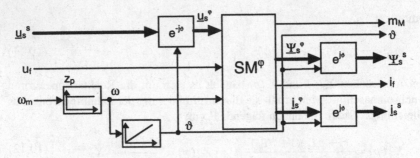

Abb. 10.9 Wirkschaltplan der fremderregten Synchronmaschine mit Dämpferwicklung

Asynchronmaschine

Unter Beibehaltung der o. g. Vereinfachungen erhält man in einem umlaufenden rechtwinkligen Koordinatensystem ((d, q)-Koordinatensystem) das Gleichungssystem der Asynchronmaschine mit Kurzschlußläufer [10.12]. Dabei ist die d-Achse des Koordinatensystems am Zeiger der Rotorflußverkettung $\underline{\Psi}_r$ orientiert.

Ständerspannungsgleichungen

$$u_{sd} = R_s i_{sd} + p\Psi_{sd} - \omega_s \Psi_{sq}$$
$$u_{sq} = R_s i_{sq} + p\Psi_{sq} + \omega_s \Psi_{sd}$$

(10.13)

Rotorspannungsgleichungen

$$0 = R_r i_{rd} + p\psi_{rd} - \omega_r\psi_{rq}$$
$$0 = R_r i_{rq} + p\psi_{rq} + \omega_r\psi_{rd} \tag{10.14}$$

Ständerflußgleichungen

$$\psi_{sd} = L_s i_{sd} + L_m i_{rd}$$
$$\psi_{sq} = L_s i_{sq} + L_m i_{rq} \tag{10.15}$$

Rotorflußgleichungen

$$\psi_{rd} = L_m i_{sd} + L_r i_{rq}$$
$$\psi_{rq} = L_m i_{sq} + L_r i_{rq} \tag{10.16}$$

Motormoment, Drehwinkel

$$m_M = \frac{3}{2} z_p \frac{L_m}{L_r} \psi_{rd} i_{sq}$$

$$\omega_m = \frac{\omega}{z_p}; \quad \omega_s = \frac{d\vartheta}{dt}; \quad \omega_r = \omega_s - \omega = \frac{L_m}{T_r}\frac{i_{sq}}{\psi_{rd}} \tag{10.17}$$

Das Modell besitzt folgende Ein- und Ausgangssignale und benötigt nachstehende Parameter:

- **Eingangssignale**:
$u_{s\alpha}$, $u_{s\beta}$: Ständerspannungen
ω_m: mechanische Kreisfrequenz

- **Ausgangssignale**:
m_M: Motormoment
ϑ : Feldwinkel
ψ_{rd}: Rotorfluß
$i_{s\alpha}$, $i_{s\beta}$: Ständerströme

- **Parameter**:
R_s: Ständerwiderstand [Ω]
L_s: Ständerinduktivität [H]
R_r: Rotorwiderstand [Ω]

L_r: Rotorinduktivität [H]
L_m: Hauptinduktivität [H]
z_p: Polpaarzahl

Durch Einführung des Motormoments als Ausgangssignal und der mechanischen Kreisfrequenz ω_m als Eingangssignal für die Asynchronmaschine und die Synchronmaschine ist die direkte Kopplung mit den Modellen der mechanischen Komponenten nach Abschn. 10.5 möglich.

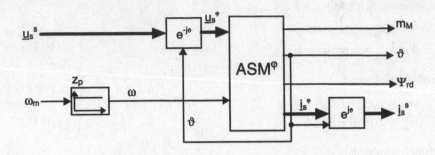

Abb. 10.10 Wirkschaltplan der Asynchronmaschine mit Kurzschlußläufer

Abb. 10.10 zeigt den Wirkschaltplan des Modells der Asynchronmaschine. Der Block ASM$^\varphi$ symbolisiert das Differentialgleichungssystem Gl. (10.13) bis Gl. (10.17) des elektrischen Teils im feldorientierten Koordinatensystem.

Stromrichter werden als Stellglieder moderner Drehstromantriebe eingesetzt, da sie in der Lage sind, die elektrische Maschine mit veränderlichen und weitgehend verzögerungsfrei einstellbaren Spannungen bezüglich Frequenz und Amplitude zu versorgen.

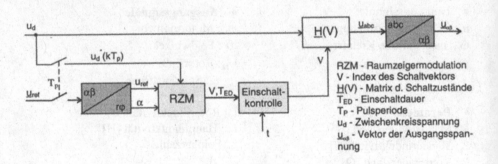

Abb. 10.11 Wirkschaltplan des Pulswechselrichters

Selbstgeführte Stromrichter mit Gleichspannungszwischenkreis sind dabei am weitesten verbreitet. Abb. 10.11 zeigt den Wirkschaltplan eines Pulswechselrichters. Das Stellglied arbeitet abtastend mit einer fest vorgegebenen konstanten Pulsperiode T_p. Die Leistungshalbleiter werden durch ideale Schalter nachgebildet. Sie erhalten vom Steuergerät (RZM) im Zusammenwirken mit der Einschaltsteuerung die Zünd- und Löschimpulse. Die Generierung dieser Impulse erfolgt im Steuergerät nach der Methode der Raumzeigermodulation (vgl. Abschn. 4). Der nachfolgende Funktionsblock verknüpft den Index des Schaltvektors V und die Zwischenkreisspannung u_d mit der Matrix der möglichen Schaltzustände $\underline{H}(V)$. Die Matrix $\underline{H}(V)$ ergibt sich unter Anwendung des Schaltermodels für die Halbleiterventile bei der Analyse der Maschengleichung der Stromrichterschaltung [10.13]. Eine nichtideale Kommutierung ist über eine Kommutierungsdauer $T_k > 0$ einstellbar. Das Wirkschaltbild in Abb. 10.11 läßt erkennen, daß die Eingangsgrößen aus dem karthesischen (α, β)-Koordinatensystem in das Polarkoordinatensystem mit den Komponenten (r, φ) transformiert werden. Nach der Berechnung der Ausgangsspannung erfolgt wieder die Rücktransformation in das äußere (α, β)-Koordinatensystem. Da von einem freien Sternpunkt der Last ausgegangen wird, kann die Nullkomponente entfallen.

In einem stark vereinfachten Modell oder als Entwurfsmodell für die Auslegung der Reglerstruktur wird der Pulswechselrichter durch ein Verzögerungsglied 1. Ordnung oder ein Totzeitglied beschrieben

$$G(p) = \frac{1}{1 + pT_p} \text{ bzw. } G(p) = e^{-pT_p} \text{ mit } T_p = \frac{1}{f_p} \tag{10.18}$$

Das Oszillogramm in Abb. 10.12 zeigt die Strangspannungen des Pulswechselrichters bei einer Pulsfrequenz $f_p = 1/T_p = 1\text{kHz}$.

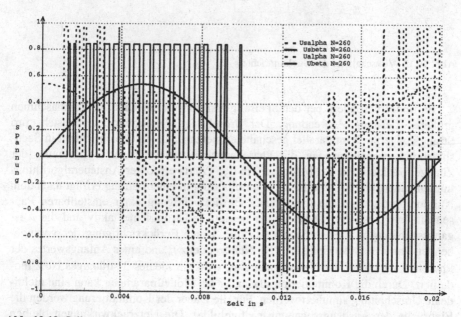

Abb. 10.12 Soll- und Istwerte der Strangspannungen im rechtwinkligen Koordinatensystem; Usalpha - Sollspannung α-Komponente, Usbeta - Sollspannung β-Komponente, Ualpha - Istspannung α-Komponente, Ubeta - Istspannung β-Komponente

Als ein Beispiel für die Modellierung eines anderen Wirkprinzips der Stromrichter, der netzgeführten Stromrichter, soll der Direktumrichter nach Abb. 10.13 dienen.

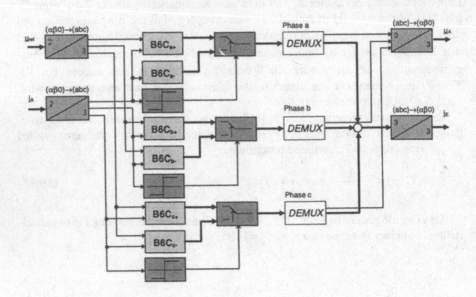

Abb. 10.13 Wirkschaltbild des Direktumrichters

Er findet besonders bei der Speisung langsam laufender Synchronmaschinen größerer Leistung Anwendung. Der dreiphasige Direktumrichter besteht pro Strang aus je zwei antiparallel geschalteten netzgelöschten Gleichrichtern in Sechspulsbrückenschaltung. Für die Phasenanschnittsteuerung zur Bestimmung der Zündzeitpunkte ist in das Modell ein in der Praxis erprobter Ansteueralgorithmus implementiert [10.14]. Die Brückenumschaltung in einem Strang erfolgt nach dem Nulldurchgang des Laststromes unter Berücksichtigung einer einstellbaren Pausenzeit. Für diese Zeit ist keiner der beiden Teilstromrichter aktiv und die Ausgangsspannung in diesem Strang ist Null. Unter Berücksichtigung der vorzugebenden Parameter Netzspannung U_n, Netzfrequenz f_n und eines Anfangswertes der Phasenverschiebung der Netzspannung φ_n wird ein ideales 3-strängiges Netz modelliert. Durch die Kommutierungsdauer T_K als Modellparameter kann eine nichtideale Umschaltung simuliert werden. Für die Dauer der Kommutierung werden die Einbrüche der Ausgangsspannung nachgebildet. Die Netzrückwirkungen bleiben unberücksichtigt. Der Ansteuerautomat enthält einen Algorithmus zur Berechnung der Schaltvektoren und zur Ventilauswahl nach [10.13]. Der Wirkschaltplan in Abb. 10.13 zeigt, daß die Eingangsgrößen aus dem rechtwinkligen und ständerfesten (α, β, 0)-Koordinatensystem in das Netzkoordinatensystem (schiefwinkliges

Koordinatensystem) mit den Komponenten (a, b, c) transformiert werden. Nach der Berechnung der Modelle der Strangstromrichter erfolgt am Ausgang wieder die Rücktransformation in das äußere (α, β, 0)-Koordinatensystem.

In einem stark vereinfachten Modell oder als Entwurfsmodell für die Auslegung der Reglerstruktur kann der Direktumrichter durch ein Verzögerungsglied 1. Ordnung oder ein Totzeitglied beschrieben werden:

$$G(p) = \frac{1}{1 + pT_{SR}} \quad \text{bzw.} \quad G(p) = e^{-pT_{SR}} \quad \text{mit } T_{SR} = 3{,}3ms \tag{10.19}$$

bei Sechspulsbrückenschaltung und 50Hz Netzfrequenz (mittlere Ersatzlaufzeit des Stromrichters). Das Oszillogramm in Abb. 10.14 enthält den Verlauf von Sollwert und Istwert einer Strangspannung.

Die Nachbildung der Regelstrukturen für die Drehstromantriebe sollte, dem Stand der Technik entsprechend, als digitale feldorientierte Regelung modelliert werden (vgl. Abschn. 4). Unter [10.15] sind Simulationsbeispiele zu modernen Regelstrukturen in Drehstromantrieben mit dem Programm *DS88* zu finden.

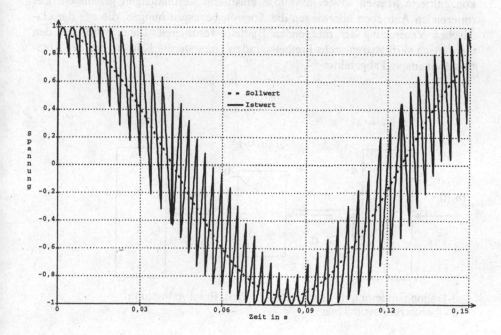

Abb. 10.14 Verlauf der Ausgangsspannung eines Direktumrichters

10.5 Modelle des mechanischen Systems

Die modellmäßige Beschreibung der Mechanik geht oft von der stark idealisierten Annahme aus, daß alle rotierenden Schwungmassen starr miteinander verkoppelt sind und zu einem resultierenden Trägheitsmoment zusammengefaßt werden können, auf welches zum einen das Motormoment und zum anderen das Lastmoment einwirken.

Bei einer ganzen Reihe technischer Anwendungen kann allerdings nicht von dieser starren Kopplung von Motor und Last (Arbeitsmaschine) ausgegangen werden (z. B. lange Verbindungswellen, Treibriemen, elastische Kupplungen). Diese mechanischen Verbindungsglieder besitzen Eigenschaften (Dämpfung, Elastizität, Lose, Reibung), die das regelungstechnische Verhalten maßgeblich beeinflussen.

Zur Modellierung komplexer mechanischer Vorgänge muß der mechanische Antriebsstrang in seiner Gesamtheit nachgebildet werden. Das mathematische Abbild des mechanischen Realsystems für die Untersuchung von Drehschwingungen wird durch die gedankliche Zerlegung des Antriebsstranges in verwindungssteife konzentrierte Massen sowie masselose elastische Verbindungen gewonnen. Bei rotierenden Antrieben überwiegen die Torsionsbeanspruchungen, die aus der elastischen Verdrehung der rotierenden Bauteile resultieren. Daher wird von den theoretisch verfügbaren sechs Freiheitsgraden eines starren Körpers nur der Rotationsfreiheitsgrad abgebildet.

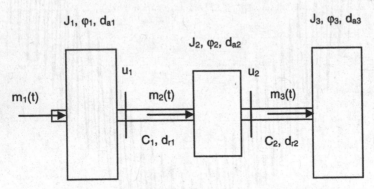

J-Trägheitsmoment; d_a-Absolutdämpfung; d_r-Relativdämpfung;
ü-Übersetzungsverhältnis

Abb. 10.15 Modell eines Torsionsschwingungssystems mit drei Massen

Die Bewegungsgleichungen des entstehenden Feder-Masse-Dämpfer-Sytems werden mit Hilfe des Drallsatz abgeleitet [10.6]. Für das Modell eines geraden Torsionsschwingungssystems nach Abb. 10.15 ergibt sich das System von Differentialgleichungen nach Gl. (10.20).

$$m_1(t) = J_1\ddot{\varphi}_1 + d_{a1}\dot{\varphi}_1 + \frac{1}{u_1}\left[d_{r1}\left(\frac{\dot{\varphi}_1}{u_1} - \dot{\varphi}_2\right) + c_1\left(\frac{\varphi_1}{u_1} - \varphi_2\right)\right]$$

$$m_2(t) = J_2\ddot{\varphi}_2 + d_{a2}\dot{\varphi}_2 + \frac{1}{u_2}\left[d_{r2}\left(\frac{\dot{\varphi}_2}{u_2} - \dot{\varphi}_3\right) + c_2\left(\frac{\varphi_2}{u_2} - \varphi_3\right)\right]$$

$$\qquad\qquad - d_{r1}\left(\frac{\dot{\varphi}_1}{u_1} - \dot{\varphi}_2\right) - c_1\left(\frac{\varphi_1}{u_1} - \varphi_2\right)$$

(10.20)

$$m_3(t) = J_3\ddot{\varphi}_3 + d_{a3}\dot{\varphi}_3 + d_{r2}\left(\frac{\dot{\varphi}_2}{u_2} - \dot{\varphi}_3\right) - c_2\left(\frac{\varphi_2}{u_2} - \varphi_3\right)$$

Daraus läßt sich das allgemeine Bildungsgesetz für die Differentialgleichungen nach Gl. (10.21) aufstellen.

$$m_i(t) = J_i\ddot{\varphi}_i + d_{ai}\dot{\varphi}_i + \frac{1}{u_i}\left[d_{ri}\left(\frac{\dot{\varphi}_i}{u_i} - \dot{\varphi}_{i+1}\right) + c_i\left(\frac{\varphi_i}{u_i} - \varphi_{i+1}\right)\right]$$

$$\qquad\qquad - d_{ri-1}\left(\frac{\dot{\varphi}_{i-1}}{u_{i-1}} - \dot{\varphi}_i\right) - c_{i-1}\left(\frac{\varphi_{i-1}}{u_{i-1}} - \varphi_i\right)$$

(10.21)

Es wird von einem geschwindigkeitsproportionalen Dämpfungsmoment ausgegangen. Dieses kann sowohl proportional zur Absolutgeschwindigkeit $\dot{\varphi}_i$ oder zur Relativgeschwindigkeit $\Delta\varphi_{i,i-1}$ zwischen zwei benachbarten Massen sein. Die Absolutdämpfungen d_{ai} entstehen durch Bewegungswiderstände und Arbeitskräfte, während die Relativdämpfungen d_{ri} als Werkstoffdämpfung bei der Verformung der elastischen Verbindungselemente auftreten.

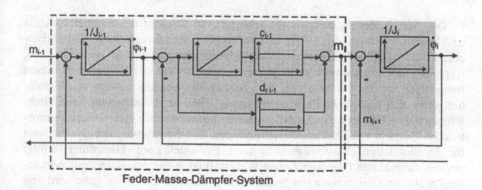

Feder-Masse-Dämpfer-System

Abb. 10.16 Signalflußplan eines Ausschnitts des Antriebsstrangs

Bei Annahme der Übersetzungen $\ddot{u}_i=1$ und Vernachlässigung der Absolutdämpfungen (freies System) entsteht die vereinfachte Differentialgleichung nach Gl. (10.22)

$$m_i(t) = J_i\ddot{\varphi}_i + d_{ri}(\dot{\varphi}_i - \dot{\varphi}_{i+1}) + c_i(\varphi_i - \varphi_{i+1})$$
$$-d_{ri-1}(\dot{\varphi}_{i-1} - \dot{\varphi}_i) - c_{i-1}(\varphi_{i-1} - \varphi_i)$$

(10.22)

die für die grafische Eingabe in einem Simulationssystem in eine blockorientierte Darstellung überführt wird. Der Signalflußplan in Abb. 10.16 zeigt den Ausschnitt eines Antriebsstrangs.

Das Moment m_{i-1} beschleunigt die Masse mit dem Trägheitsmoment J_{i-1}. Von der nachfolgenden Masse mit dem Trägheitsmoment J_i wirkt über das Verbindungselement mit der Federsteifigkeit c_{i-1} und der Relativdämpfung $d_{r\,i-1}$ ein Moment m_i bremsend auf J_{i-1}. Unter Nutzung der Makroblocktechnik des *DS88* werden Makroblöcke für rotierende Massen und elastische Verbindungen gebildet, so daß die Unterteilung in Massen und Verbindungen aufrecht erhalten bleibt (Abb. 10.17).

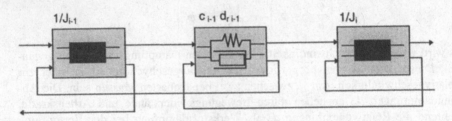

Abb. 10.17 Feder-Masse-Dämpfer-System in Makroblockdarstellung

Der Aufbau des Antriebsstrangs bestimmt die Struktur des Koppelplans. Es sind beliebige gerade, verzweigte und vermaschte Strukturen erlaubt. Durch Einbeziehung von Modellen nichtlinearer Übertragungselemente wie Getriebe, Kupplung und Kardanwelle entsteht daraus ein nichtlineares System. Bei diesen Baugruppen werden die Parameter der Übertragungsfunktion während der Simulation stetig neu berechnet (Parametererregung). Bei der Untersuchung von Drehschwingungen bestehen die Antriebselemente normalerweise aus rotationssymmetrischen Körpern mit Durchmesserabstufungen. Die Berechnung der Systemdaten für die Simulation (Masseträgheitsmoment, Federsteifigkeit, Dämpfung) erfolgt aus den Grunddaten (Geometrie- und Werkstoffdaten aus den Einzelteilzeichnungen) nach den Gleichungen der technischen Mechanik. Diese Aufgabe wird von einem Berechnungsprogramm übernommen.

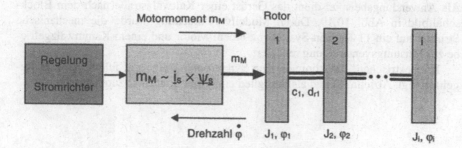

Abb. 10.18 Prinzip der Kopplung zwischen elektrischem und mechanischem Teilsystem

Das Ziel ist die ganzheitliche Simulation des elektromechanischen Antriebsstrangs mit einer gleichberechtigten Abbildung der elektrischen und mechanischen Systemkomponenten. Das betrifft auch die Frage welcher Detaillierungsgrad bei der Modellbildung eingehalten werden muß (Modellgenauigkeit) und mit welcher numerischen Genauigkeit das einheitliche Differentialgleichungssystem zu lösen ist. Von zentraler Bedeutung ist dabei die Abbildung der Kopplung zwischen den elektrischen und mechanischen Komponenten (Abb. 10.18). Das durch die elektrische Maschine erzeugte Motormoment m_M wirkt auf den mechanischen Antriebsstrang als äußere Anregung auf die Rotormasse. Die Rückführung der Bewegung des mechanischen Antriebsstrangs erfolgt durch die Motordrehzahl $\dot{\varphi}$. Ein zusätzlicher Wirkungskreis schließt sich durch die Strom- und Drehzahlregelung der elektrischen Maschine. So können Fehler, die ansonsten durch die isolierte Betrachtung der beiden Teilsysteme entstehen, vermieden werden.

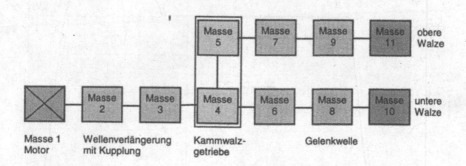

Abb. 10.19 Vereinfachtes Modell eines Walzgerüsts

Als Anwendungsbeispiel dient das Gerüst einer Kaltwalzstraße nach dem Block-
schaltbild in Abb. 10.19. Durch Modellvereinfachung wurde die mechanische
Struktur auf ein 11-Massen-System mit einem Motor und einem Kammwalzgetrie-
be zur Leistungsverzweigung reduziert.

Im elektrischen Teil kommen eine Synchronmaschine mit feldorientierter Regelung (vgl. Abschn. 4) und als Stellglied ein Direktumrichter zum Einsatz.

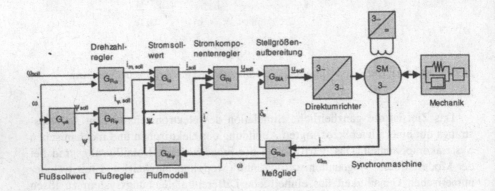

Abb. 10.20 Wirkschaltplan der Gesamtstruktur des Walzwerksantriebs

Der Wirkschaltplan in Abb. 10.20 gibt einen Überblick über die Gesamtstruktur. Der Block Mechanik steht für das Modell des Walzgerüsts nach Abb. 10.19.
Der Aufbau der elektrischen Modelle wurde im Abschn. 10.4 dargelegt.

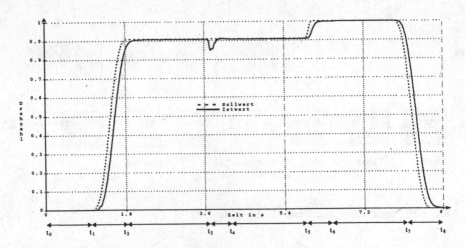

Abb. 10.21 Soll- und Istwert der Drehzahl an der oberen Walze

Um den Gesamtaufwand zur Simulation so gering wie möglich zu halten, wurde ein Simulationsablauf aufgestellt, der wichtige Betriebszustände beinhaltet. Somit kann ein Ausschnitt eines kompletten Simulationslaufs wie in Abb. 10.21 aussehen:

t0 bis t1: Aufbau des Erregerfeldes der Synchronmaschine und Synchronisation

t1 bis t2: Hochlauf auf eine Drehzahl $n_N = 90\text{min}^{-1}$ mit einer Sollwertvorgabe nach einer biharmonischen Funktion.

t2 bis t3: Stationärer Zustand im Leerlauf

t3 bis t4: Stoßförmige Belastung der Walzen mit einem Moment von $0.25 \cdot M_N$ je Walze.

t4 bis t5: Stationärer Zustand bei Belastung

t5 bis t6: Drehzahlsteigerung um 10% nach einer biharmonischen Funktion; Eintritt in den Feldschwächbereich

t6 bis t7: Stationärer Zustand bei Belastung und Feldschwächung

t7 bis t8: Abbremsen des gesamten Antriebs unter Lastbedingungen.

Damit sind sicherlich nicht alle Aussagen bezüglich des Antriebsverhalten in die Untersuchungen einbezogen, jedoch wird damit das reguläre Verhalten beschrieben. Insbesondere die Möglichkeiten der Regelung beim Anfahren, zum Ausgleich des Lasteingriffs und beim Übergang in den Feldschwächbereich unter Last sind somit erfaßt.

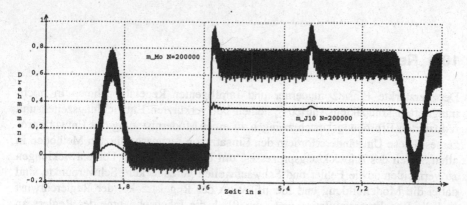

Abb. 10.22 Motormoment und Walzmoment an der unteren Walze mit einem detaillierten Modell des Direktumrichters; m_Mo - Motormoment, m_J10 - Moment an der unteren Walze

Für die Simulation in Abb. 10.22 wurde für die Nachbildung des Direktumrichters das detaillierte Modell nach Abb. 10.13 benutzt. Die Drehmomentoberschwingungen werden durch die stark oberschwingungsbehaftete Ständerspannung verursachten. Sie haben allerdings nur geringen Einfluß auf das Moment an der Walze. Für den Simulationslauf in Abb. 10.23 kam hingegen mit einem Verzögerungsglied 1. Ordnung nach Gl. (10.19) ein stark vereinfachtes Modell für den

Stromrichter zum Einsatz. Das Motormoment enthält damit keine vom Direktumrichter herrührenden Oberschwingungen. Die Zeitverläufe des Walzmoments in
Abb. 10.22 und Abb. 10.23 stimmen praktisch überein. Für die Nachbildung der
Verhältnisse an den Walzen reicht also in diesem Fall das einfache Modell. Das
führt gleichzeitig zu wesentlich kürzeren Simulationsläufen.

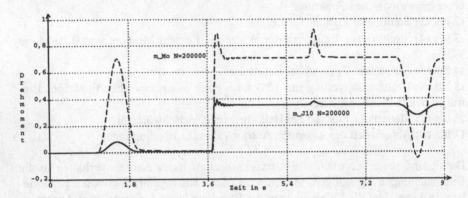

Abb. 10.23 Motormoment und Walzmoment an der unteren Walze mit einem vereinfachten
Modell des Direktumrichters; m_Mo - Motormoment, m_J10 - Moment an der unteren Walze

10.6 Rechnergestützter Entwurf

Der verstärkte Einsatz moderner und intelligenter Regelalgorithmen in hoch-
integrierten kompakten Antriebssystemen bei verkürzten Entwicklungszeiten und
reduzierten Erprobungskosten zwingen zu einer Modernisierung des Entwurfspro-
zesses. Diese Umstände erfordern den Einsatz von rechnergestützten Methoden in
allen Stufen des Entwicklungsprozesses, um bereits frühzeitig Fehlentwicklungen
zu vermeiden sowie Fehler und Schwachstellen aufzudecken. Schwerpunkte sind
dabei die Modellbildung und Identifikation der Regelstrecke, der Reglerentwurf
und die Regelkreissimulation und schließlich die Inbetriebnahme des Reglers an
der realen Regelstrecke. Die wichtigsten Möglichkeiten des Rechnereinsatzes sollen im folgenden kurz erläutert werden.

Off-line Simulation
In dieser Stufe werden, wie in den vorangehenden Abschnitten dargelegt, mathematische Modelle der Regelstrecke für die Simulation erstellt und Regelalgorithmen ausgewählt. Die Modellzeit ist langsamer als die Originalzeit (Abb. 10.24).

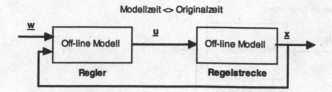

Abb. 10.24 Funktionsprinzip off-line Simulation

Control Prototyping
In diesem Abschnitt erfolgt die Optimierung der bisher entwickelten Reglerstrukturen und -algorithmen.

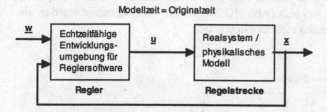

Abb. 10.25 Funktionsprinzip Control Prototyping

Hierfür werden sie in eine echtzeitfähig Entwicklungsumgebung mit Anbindung an die reale Regelstrecke oder an ein verkleinertes physikalisches Modell (bei Geräten großer Leistung) implementiert. Die Erprobung wird am realen Prozeß durchgeführt, so daß damit auch Effekte berücksichtigt werden können, die durch mathematische Modelle nicht oder nur schwer nachzubilden sind. Änderungen der Reglersoftware sind flexibel und schnell ausführbar (Abb. 10.25).

Software-in-the-Loop
In diesem Schritt wird der fertige Programmcode des Reglers (i. a. in der Sprache C oder in Assemblersprache) in der Simulationsumgebung off-line getestet. Entweder wird der C-Code direkt abgearbeitet oder es ist ein Simulator für den Microcontroller oder den Signalprozessor der Zielhardware notwendig (s. Abschn. 10.7). Hardwarespezifische Funktionen wie Wechselrichteransteuerung (z. B. Überwachung der Mindesteinschaltzeiten bei der PWM), Übertragungsverhalten der Meßglieder (A/D-, D/A-Wandlung), Einhaltung der Zeitbedingungen und Funktionsfähigkeit der Interruptstrukturen können nur bedingt überprüft werden (Abb. 10.26).

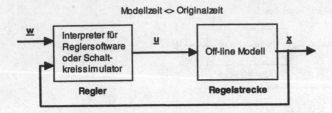

Abb. 10.26 Funktionsprinzip Software-in-the-Loop

Hardware-in-the-Loop
Abschließend wird die Reglerbaugruppe bzw. der Antrieb an einem Echtzeitmodell der Regelstrecke getestet (s. Abschn. 10.8). Die Hardwarekomponenten können sowohl reale Baugruppen des zu entwickelnden Antriebssystems oder auch echtzeitfähige Modelle davon sein (Abb. 10.27). In der Vergangenheit wurden als Echtzeitsimulatoren oft Analogrechner eingesetzt.

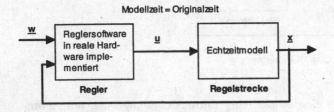

Abb. 10.27 Funktionsprinzip von Hardware-in-the-Loop

Mit wachsender Rechenleistung und verbesserten Bedienoberflächen der Digitalrechner wurden die Analogrechner inzwischen fast völlig durch diese verdrängt. Entscheidend hierfür war u. a. die größere Flexibilität durch freie Programmierung und die genaue Reproduzierbarkeit der Ergebnisse an verschiedenen Orten.

10.7 Erprobung von Reglersoftware

Die Regelungstechnik für Drehstromantriebe ist durch den breiten Einsatz schneller Mikroprozessoren bei der digitalen Signalverarbeitung gekennzeichnet (vgl. Abschn. 3). Ihr Aufgabengebiet innerhalb der Informations- und Regelelektronik umfaßt die Grundfunktionen Strom-, Drehzahl und Flußregelung, die PWM-Berechnung und die Berechnung des Flußmodells. Daneben können moderne

Drehstromantriebe auch Zusatzfunktionen zur adaptiven Regelung, zur automatischen Selbstinbetriebnahme oder zu sensorlosen Regelung enthalten. Das erfordert die Implementierung umfangreicher Algorithmen in der Programmiersprache C oder im Assembler-Code. Zusätzliche Probleme können bei der internen Darstellung der physikalischen Größen Strom, Spannung magnetischer Fluß und Drehzahl sowie der Reglerparameter als Zahlenwerte im Integer-Format auftreten (z. B. Überschreitung des darstellbaren Zahlenbereichs, Diskretisierung der Zahlendarstellung). Auch die notwendigen Normierungen sind oft die Quelle von schwer feststellbaren Fehlern. Solche Programmierfehler lassen sich am fertigen Antrieb nur sehr mühsam finden und beseitigen.

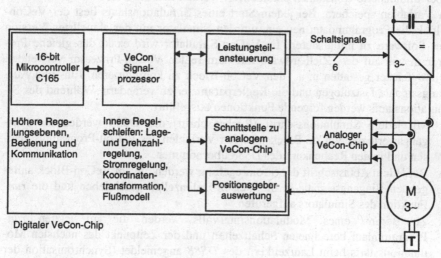

Abb. 10.28 Wirkschaltplan des VeCon-Chipsatzes

Es ist daher wünschenswert, die Reglersoftware vor ihrer Implementierung auf der Ziel-Hardware in einer Simulationsumgebung zu testen. Diese Überprüfung kann nach dem Prinzip Software-in-the-Loop ohne Zeitbindung an den realen Prozeß (off-line) mit einem Zeitdehnungsfaktor erfolgen. Das Simulationsprogramm bildet die Regelstrecke durch ein mathematisches Modell nach. Diese Vorgehensweise soll bei der Vorstellung einer Entwurfs- und Testumgebung für die Software des VeCon-Prozessors[1] näher erläutert werden [10.16], vgl. auch Abschn. 3.
Der VeCon Chipsatz besteht aus einem Digital- und einem Analog-Chip (Abb. 10.28). Der analoge VeCon-Chip beherbergt unter anderem die A/D-Wandlung zur Meßwerterfassung. Auf dem digitalen VeCon-Chip sind ein spezialisierter Signalprozessor, ein 16-bit-Mikrocontroller (C165) sowie deren Speicher und Peri-

---

[1] Das VeCon-Projekt wurde am Institut für Angewandte Mikroelektronik in Braunschweig realisiert

pherieregister integriert. Diese Prozessoren übernehmen die Steuerungs- und Regelungsaufgaben. Sie sind frei programmierbar und gewährleisten damit die notwendige Flexibilität für eine große Zahl unterschiedlicher Anwendungen.

Der Signalprozessor[2] ist für die schnellen Regelkreise vorgesehen, die mit hoher Abtastfrequenz ausgeführt werden. Die Prozessorstruktur und der Befehlssatz wurden für die Anwendung optimiert.

Für die Erprobung der Reglersoftware wird der Simulator des VeCon-Prozessors als Anwenderblock in das Simulationssystem *DS88* (s. Abschn. 10.1) eingebunden. Ausgangspunkt für die Arbeit mit dem VeCon-Block ist ein VeCon-Programm (*.C), das durch Assemblieren einer Quelldatei (*.VAS) erzeugt wurde (Abb. 10.29). Im der Quelldatei sind die Regelalgorithmen implementiert, welche über initialisierte Konstanten parametriert werden und die Berechnungsergebnisse in Variablen speichern. Bei jedem Start eines Simulationslaufs liest der VeCon-Block die Programmdatei neu ein, um den Simulator mit der aktuellsten Version der Software zu initialisieren. Im VeCon-Simulator wird exakt das gleiche Programm wie auf der Zielhardware mit dem realen VeCon-Prozessor verwendet. Dialogfenster gestatten u. a. den VeCon-Block zu konfigurieren, Ein- und Ausgangssignale festzulegen und die Reglerparameter zu verändern. Während des Simulationslaufs werden folgende Funktionen ausgeführt:

- Mit jedem Simulationsschritt (Rechenschritt) des *DS88* werden die Ausgangswerte des VeCon-Blocks aus den Variablen des VeCon-Programms gelesen und in den Rechenkern des *DS88* übernommen.

- Bei jedem Abtastschritt der Stromregelung werden die am VeCon-Block anliegenden Eingangssignale in die VeCon-Datenzellen geschrieben und die *run*-Funktion des Simulators aufgerufen.

- Zu Beginn eines Modulationsintervalls werden die im letzten *run*-Programmlauf berechneten Schaltzeiten und der Zeitpunkt des nächsten Modulationsstarts beim Laufzeitkern des *DS88* angemeldet (Synchronisation der Schrittweitensteuerung).

- Stimmt die aktuelle Simulationszeit mit dem angemeldeten Schaltzeitpunkt überein, werden die Schaltersignale für den nachgeschalteten Pulswechselrichterblock generiert.

Andere, parallel verlaufende Vorgänge auf dem digitalen VeCon-Chip werden, mit Ausnahme der Schaltsignalerzeugung, nicht simuliert (z.B. Kommunikation mit dem Controller C165, Funktionen der Leistungsteilansteuerung nach Übernahme der Schaltzeiten).

---

[2]im weiteren als VeCon-Prozessor, dessen Programm als VeCon-Programm bezeichnet

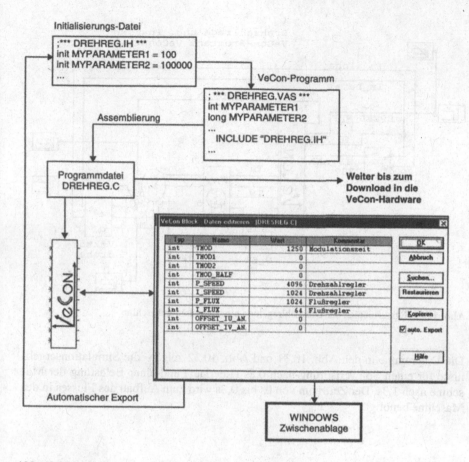

Abb. 10.29 Datenfluß der VeCon-Variablen im Entwurfszyklus

Als Anwendungsbeispiel wird die Drehzahlregelung mit unterlagerter Stromregelung einer 35kW-Asynchronmaschine untersucht. Der Signalflußplan ist in Abb. 10.30 zu sehen. Das VeCon-Programm DREHREG.VAS enthält als Hauptkomponenten das Flußmodell, den Flußregler, den Drehzahlregler, den Quer- und Längsstromregler sowie die Koordinatentransformationen und die PWM-Berechnung. Die Ausgangssignale des Motormodells (s. Abschn. 10.4) sind die Drehzahl und die Motorströme im feldorientierten Koordinatensystem ((d,q)-Koordinatensystem). Der nachgeschaltete Vektordreher wandelt die Ströme in das ständerfeste Koordinatensystem um. Ströme und Spannungen erfahren zusätzlich jeweils eine weitere Koordinatenumrechnung, da die Schnittstelle zum Vecon-Programm ein 120°-Koordinatensystem verlangt, das Motormodell jedoch im rechtwinkligen Ersatzsystem rechnet.

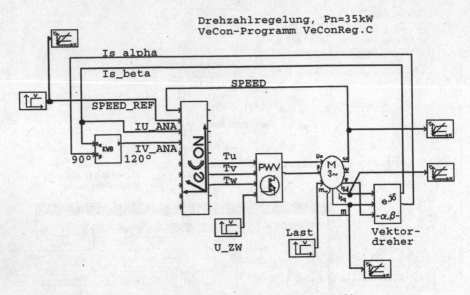

Abb. 10.30 Signalflußplan der Drehzahlregelung einer Asynchronmaschine

Die Diagramme in den Abb. 10.31 und Abb. 10.32 zeigen die Simulationsergebnisse für einen Sollwertsprung nach 0,8s (Leerlauf) und einer Belastung der Maschine nach 1,3s. Der Zeitraum von 0s bis 0,8s wird zum Aufbau des Flusses in der Maschine benötigt.

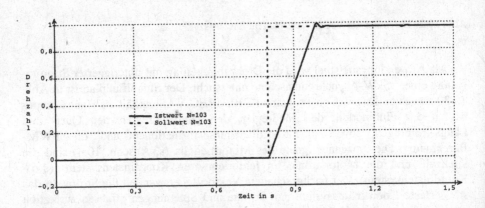

Abb. 10.31 Soll- und Istwert der Drehzahl

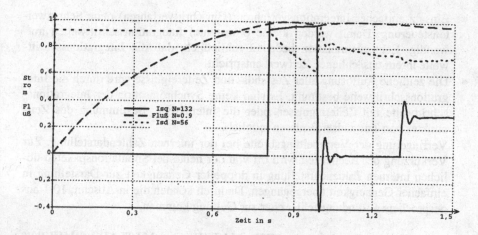

Abb. 10.32 Istwerte der Ständerstromkomponenten und des Flusses

Durch Anwendung des Prinzips „Software-in-the-Loop" (SIL) ist der Entwurf und der Test der Regelungssoftware vor der Inbetriebnahme in der Hardware gewährleistet. Im einzelnen ergeben sich folgende Möglichkeiten:

- Beobachtung und Aufzeichnung einer Vielzahl innerer Größen des VeCon-Prozessors und der Drehstrommaschine
- Modifikation der editierbaren Parameter
- Äußere Vorgabe von Hilfsgrößen zur schrittweisen Inbetriebnahme der Reglerstruktur (Strom- und Flußsollwerte)
- Untersuchung von Stör- und Havariefällen ohne Gefährdung der Hardware
- Durchführung regelungstechnischer Untersuchungen (Parameterempfindlichkeit, neuartige Regelstrukturen)

10.8 Echtzeitsimulation

Echtzeitsimulation nach dem Prinzip „Hardware-in-the-Loop" (HIL) bedeutet die Einfügung realer Hardwarekomponenten in die Regelkreissimulation. Als Ergänzung zum off-line-Test (SIL) gestattet HIL die Überprüfung der hardwarespezifischen Funktionen und des Echtzeitverhaltens der Reglersoftware. Die Modellzeit entspricht damit zu jedem Zeitpunkt der Originalzeit. Die Kopplung zwischen Rechner und Prozeß erfolgt mit digitalen oder analogen I/O-Baugruppen.

Zur Verringerung der Rechenzeit muß gegenüber der off-line-Simulation oft ein vereinfachtes Modell verwendet werden. Zur Einhaltung der strengen Zeitbedingungen sind weiterhin einige Einschränkungen bei der numerischen Verarbeitung zu beachten:

- Einsatz einfacher Integrationsverfahren (Einschrittverfahren) ohne Schrittweitensteuerung. Damit werden kleine (konstante) Integrationsschrittweiten notwendig. Echtzeitsimulation bedeutet schließlich, daß die Integrationsschrittweite ihrem tatsächlichen Zeitwert entspricht.
- Die zeitliche Auflösung aller Zustands- und Zeitereignisse wird durch die Integrationsschrittweite bestimmt. Es sind keine Synchronisation der Integrationsschrittweite mit Zeitereignissen oder die interaktive Bestimmung des Zeitpunktes von Zustandsereignissen möglich.
- Verringerung der Verarbeitungsbreite bei der internen Zahlendarstellung. Zur Verkürzung der Rechenzeit wird oft von der heute bei Simulationspaketen üblichen internen Zahlendarstellung in doppelter Genauigkeit zur Darstellung in einfacher Genauigkeit übergegangen. Dadurch können die in Abschn. 10.1 angesprochenen Rundungsfehler eher zur Geltung kommen.

Bekannte Simulationspakete wie ACSL, MATRIX$_x$ und MATLAB / SIMULINK verfügen über Programmschnittstellen zur Generierung von C-Code aus dem Prozeßmodell, welches in Form eines Signalflußplanes in einem grafischen Editor erstellt wurde. Die programmiersprache C wird verwendet, weil praktisch für jeden Mikroprozessor ein C-Compiler verfügbar ist. Anschließend wird der Programmcode für eine Rechnerhardware mit entsprechender Rechenleistung und einem echtzeitfähigen Betriebssystem compiliert und danach das Echtzeitmodell gestartet..

Das Schema in Abb. 10.33 zeigt ein Beispiel einer durchgängigen Entwicklungsumgebung auf der Basis von MATLAB®/SIMULINK®[3] mit ihren Hard- und Softwarekomponenten für die Echtzeitsimulation[4].

Eine beliebige Simulationsstruktur wird unter SIMULINK als Blockdiagramm entworfen. Im Zusammenwirken mit MATLAB und MATLAB Toolboxen ist die off-line-Simulation zur Reglerdimensionierung möglich. Anschließend kann, nach Einfügen entsprechender I/O-Baugruppen in den Signalflußplan, automatisch ein C-Code für die Hardware zur Echtzeitsimulation (z. B. auf der Basis des Signalprozessors TMS320C40) generiert werden. Nach der Compilierung wird der Programmcode geladen und in die interruptgesteuerte Echtzeitsoftware eingebettet. Die Anwendung läßt sich durch das Monitorprogramm „Cockpit" oder die MATLAB Toolbox „MLIB" steuern. Die Datenaufzeichnung geschieht mittels des Programms „TRACE" oder durch die MATLAB Toolbox „MTRACE". Erfahrungen bei der Anwendung dieses Systems zur Echtzeitsimulation elektromechanischer Systeme werden z. B. in [10.19] dargelegt.

---

[3] Eingetragene Warenzeichen der Fa. MathWorks Inc.
[4] Produkte der Fa. dSPACE GmbH, Paderborn

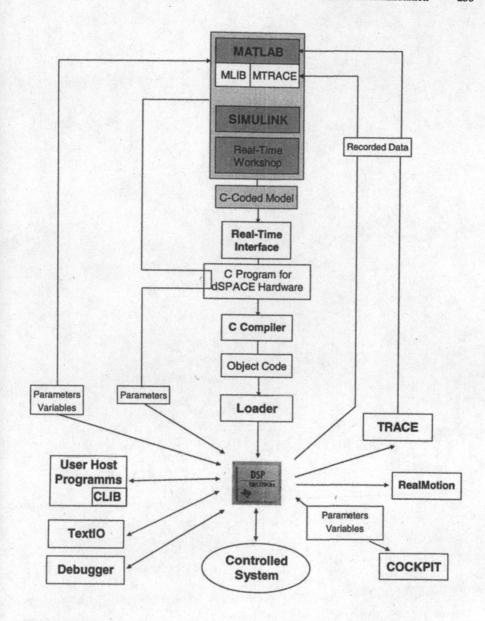

Abb. 10.33 Schema einer vollständigen Entwurfsumgebung zum rechnergestützten Entwurf (nach [10.18])

Literaturverzeichnis

Literatur zu Abschnitt 1

[1.1]   Günther, M.
Kontinuierliche und zeitdiskrete Regelungen
BG Teubner Stuttgart 1997

[1.2]   Schönfeld, R.
Digitale Regelung elektrischer Antriebe
Verlag Technik Berlin und Hüthig Verlag Heidelberg 2. Auflage 1990

Literatur zu Abschnitt 2

[2.1]   Geitner, G.-H.
Entwurf digitaler Regler für elektrische Antriebe
VDE-Verlag Berlin 1996

Literatur zu Abschnitt 3

[3.1]   Quang Ng. Ph.
Praxis der feldorientierten Drehstromantriebsregelungen
Expert Verlag 7044 Ehningen bei Böblingen 1993

[3.2]   Quang Ng. Ph.
Mehrgrößenregler löst PI-Regler ab: Ein Umrichterkonzept für
Drehstromantriebe. Elektronik, H7/1995

[3.3]   Quang Ng. Ph.
Mehrgrößenregler löst PI-Regler ab: Von den Parametern zu
programmierbaren Reglergleichungen. Elektronik, H8/1996

[3.4]   Quang Ng. Ph.
Điều khiển tự động truyền động điện xoay chiều ba pha
Education Publishing House: Hanoi 1996 (in vietnamesischer Sprache)

[3.5]   Siemens AG
         Microcomputer Components SAB 80C166/83C166. User's Manual 1990

[3.6]   Siemens AG
         Microcomputer Components C167: 16-Bit CMOS Single Chip
         Microcontroller. User's Manual 1994

[3.7]   Texas Instruments
         Digital Signal Processing Products TMS 320C2x: User's Guide, 1990

[3.8]   Beierke S.
         Ein-Chip-Lösung für DSP-Motorsteuerungen. Elektronik, H23/1996

[3.9]   Texas Instruments
         Product Review: DSP Controllers TMS 320C/F240. Houston, Texas 1996

[3.10]   Frank H.; Turski K.
         Komplette Antriebssteuerung im Single-Chip
         Design&Elektronik, H13/1993, S. 57 .. 62

[3.11]   Kiel E.; Schumacher W.
         Der Servocontroller in einem Chip: 40 Firmen entwickeln die VeCon-
         Chips für intelligente Antriebe.
         Elektronik, H8/1994

[3.12]   Flett F.; Geitner H.
         Intelligente Antriebsregelung nach Maß: Feldorientierte Regelung eröffnet
         neue Einsatzfelder für Drehstrommotoren
         Elektronik, H5/1993

Literatur zu Abschnitt 4

[4.1]   Schönfeld, R.
         Digitale Regelung elektrischer Antriebe
         Verlag Technik Berlin und Hüthig Verlag Heidelberg 2. Auflage 1990

[4.2]   Quang Ng. Ph.
         Praxis der feldorientierten Drehstromantriebsregelungen
         Expert Verlag 7044 Ehningen bei Böblingen 1993

[4.3]   Quang Ng. Ph.; Schönfeld, R.
         Stromvektorregelung für Drehstromantriebe mit Pulswechselrichter,
         ATP, Nov. 91 S. 401 .. 404

[4.4]   Quang Ng. Ph.; Schönfeld, R.
         Stromzustandsregelung: Neues Konzept zur Ständerstromeinprägung für
         Drehstromstellantriebe mit Pulswechselrichter,
         ATP, Dez. 1991 S. 432 .. 436

[4.5]   Quang Ng. Ph.; Schönfeld, R.
         Eine Stromvektorregelung mit endlicher Einstellzeit für dynamische
         Drehstromantriebe
         A.f.E 76 (1993) S. 377 .. 385

[4.6]   Quang Ng. Ph.; Wirfs, R.
         Mehrgrößenregler löst PI-Regler ab
         Ein Umrichterkonzept für Drehstromantriebe
         Elektronik 1995 H. 7, S. 106 .. 10

[4.7]   Quang Ng. Ph.
         Mehrgrößenregler löst PI-Regler ab
         von den Parametern zu programmierbaren Reglergleichungen
         Elektronik 1996 H. 8

[4.8]   Schönfeld, R.; Quang Ng. Ph.; Riese, M.
         Sensorless control of Induction Machines, Power Electronics and Motion
         Control Conference
         Budapest 1996, Tagungsband S. 2/70 .. 2/77

[4.9]   Dittrich, J-H.
         Anwendung folgeschrittener Steuer- und Regelverfahren bei
         Asynchronantrieben
         Habilitationsschrift, Technische Universität Dresden Fakultät
         Elektrotechnik 1997

[4.10]   Baumann, Th.
         A new Adaption Method for the Rotor Time constant of the field oriented
         Induction Machine Power Electronics and Motion Control Conference
         Budapest 1996 Tagungsband, S. 2/386 .. 2/390

[4.11]   R. Jönsson; W. Leonhard
         Control of an Induction Motor without a mechanical Sensor, based on the
         Principle of „Natural Field Orientation" (NFO)
         IPEC Yohohama 1995

[4.12]   Depenbrok, M.
         Direkte Selbstregelung (DSR) für hochdynamische Drehfeldantriebe mit
         Stromrichterspeisung
         ETZ Archive Bd. 7.4.7, S. 211 .. 218 1985

[4.13]   Tiitinen, Pekka et al
         The next Generation Motor Control Method: Direct Torque Control
         EDE Journal Vol. 5 no 1 pp. 14 .. 18 March 1995

[4.14]   Rieger, P.; Riese, M.
         Parallelbetrieb von mehreren Drehstrom-Asynchronmotoren an einem
         Frequenzumrichter

[4.15]   Hädrich, O.; Schulze, M.

Applicability Assessment of three Phase Stepper Motors for path-controlled Systems
PEMC Budapest 1996 Bd. 2 S. 621 .. 626

[4.16]   Grundmann, S.; Krause, M.; Müller, V. Iyengar, B.S.R.
Application of Fuzzy Control for PWM Voltage Source Inverter fed Permanent Magnet Synchronmotors
EPE Sevillia 1995, Proceedings Vol. pp. 1524 .. 1529

[4.17]   Takeshita, T.; Matsui, N.
Sensorless Control and initial Position Estimation of Salient-Pole brushless DC-Motor
4th International Workshop on Advanced Motion Control AMC '96 - MIE, Japan 1996, Proceedings Bd.1 S. 18 .. 23

[4.18]   Tomita, M. u.a.
Sensorless Estimation of Rotor Position of Cylinderical Brushless DC Motor using Eddy Current
4th International Workshop on Advanced Motion Control AMC ' 96-MIE, Japan 1996, Proceedings Bd. 1 S. 24 .. 28

[4.19]   Brandstätter, W.
Interactio Between Mechanical and Electronical Development of Stepping Motor-Systems - from Tin Can Motors to 3-Phase Stepping Motors
PCIM '95 - Intelligent Motion June 1995, Conference Proceedings

[4.20]   Siefert, W.
The 3-Phase Stepping Motor,
PCIM Journal, September/October 1994

[4.21]   Rummich, E.
Elektrische Schrittmotoren und -antriebe, Expert Verlag 1995

[4.22]   Radner, T.
Feldorientierte Regelung und permanenterregte Synchronmotoren
ETZ H. 7 1997 S. 50 .. 54

Literatur zu Abschnitt 5

[5.1]   Kunz, U.
Schleppfehlerfreie Bahnsteuerungen für Werkzeugmaschinen
ETZ-Archiv Bd. 12 1990 H. 3

[5.2]   Iwasaki, T.; Sato, T.
Two-Degree of Freedom Motor Control for High Accuracy Trajectory Motion and its Auto-Tuning of Control Parameters
AMC 96 - MIE, Japan, Proceedings S. 951 .. 959

[5.3]   Müller, F.
Motion Control in Manufacturing Machines by Decentral Electrical
Drives
PCIM '91 Nünberg 1991, Proceedings pp. 366 .. 373

[5.4]   Müller, F.
Bewegungssteuerungen in Verarbeitungsmaschinen mittels dezentraler
Servoantriebssysteme
Dissertation TU Dresden, Fakutät Elektrotechnik 1993

[5.5]   Schäfer, U.
Entwicklung von nichtlinearen Drehzahl- und Lageregelungen zur
Kompensation von Coulomb-Reibung und Lose bei einem elektrisch
angetriebenen, elastischen Zweimassensystem
Dissertation TU München, Fakutät Elektrotechnik 1993

[5.6]   Papiernik, W.
Design and Optimisation of discrete high Resolusion Position and Speed
Control Loops with numerically controlled Machine Tools
1. Europäische Leistungselektronik-Konferenz Brüssel 1985 Proceedings
Bd. 1 S. 2173 .. 2177

[5.7]   Schierling, H.
Selbstanpassendes Antriebssystem für die Asynchronmaschine mit
Pulswechselrichter
Dissertation TH Darmstadt 1987

[5.8]   Heinemann, G.
Selbsteinstellende, feldorientierte Regelung für einen asynchronen
Drehstromantrieb
Dissertation TU Braunschweig 1992

[5.9]   Baumann, Th.
Selbsteinstellung von Asychronantrieben
Dissertation TU Dresden, 1997

[5.10]   Isermann, R.
Identifikation dynamischer Systeme
Band I und II, Springer Verlag Berlin 1988

[5.11]   Ruff, M.; Grotstollen, H.
Identifikation of the Saturated Mutual Inductance of an Asynchronous
Motor at Standstill by Recursive Least Square Algorithm
EPE 1993 Brighton V. 5 S. 103

[5.12]   Fischer, M.; Tomizuka, M.
Application and Comparison of Alternative Position Sensors in High-
Accuracy Control of an x-y-Table
AMC '96-MIE, Japan, Proceedings pp. 494 .. 499

[5.13]   Wu, Y.; Fujikawa, K.; Kobayashi, H.
         A Control Method of Speed Control Drive System with Backlash
         AMC '96-MIE, Japan, Proceedings pp. 631 .. 636

[5.14]   Kobayashi, H.; Endo, S.; Kobayashi, S.; Kempf C.-J.
         Robust Digital Tracking Controler Design for High-Speed Positioning
         Systems - A New Design Approach and Implementation Technique
         AMC '96-MIE, Japan, Proceedings pp. 65 .. 70

[5.15]   Yamada, K; Komada, S.; Ishida, M.; Hori, T.
         Analysis of Servo System Realized by Disturbance Observer
         AMC '96-MIE, Japan, Proceedings pp. 338 .. 343

[5.16]   Tomizuka, M.
         Model Based Prediction, Preview and Robust Controls in Motion Control
         Systems
         AMC '96-MIE, Japan, Proceedings pp. 1 .. 6

[5.17]   Brandenburg, G.; Papiernik, W.
         Feedforward and Feedback Strategies Applying the Principle of Input
         Balancing for Minimal Tracking Errors in CNC Machine Tools
         AMC '96-MIE, Japan, Proceedings pp. 612 .. 618

[5.18]   Quang Ng. Ph.; Schönfeld, R.
         Sensorlose und rotorflußorientierte Drehzahlregelung eines
         Asynchronantriebs in Feldkoordinaten
         SPS/IPC/Drives Sindelfingen 1996 S. 273 .. 282

[5.19]   Ruff, M.
         Realisierung von Verfahren zur automatisierten Inbetriebnahme
         pulswechselrichtergespeister Drehstromantriebe
         SPS/IPC/Drives Sindelfingen 1996 S. 329 .. 338

[5.20]   Papiernik, W.
         Struktur, Entwurf und Verhalten moderner CNC-Servoantriebe
         SPS/IPC/Drives Sindelfingen 1996 S. 397 .. 418

Literatur zu Abschnitt 6

[6.1]   Brandenburg, G.
         Einfluß und Kompensation von Lose und Coulombscher Reibung bei
         einem drehzahl- und lagegeregelten, elastischen Zweimassensystem
         Automatisierungstechnik at 37 (1989) H. 1 und H. 3, S. 23 .. 31 und
         S. 111 .. 119

[6.2]   Desoer, C.-A.; Wing, J.
         Minimal Time Regulator Problem for linear sampled Data Systems
         (General Theory)

J. Franklin Institut, Vol. 271, S. 208 .. 228, Sept. 1961

[6.3]   Föllinger, O.
        Regelungstechnik, 7. Auflage
        Hüthig Buch Verlag Heidelberg 1992

[6.4]   Grundmann, S.
        Robuste Regelung eines schwingungsfähigen Zweimassensystems mittels
        linearer Zustandsrückführungen und nichtlinearer, zeitoptimaler
        Regelstrecke
        Dissertation TU Dresden 1996

[6.5]   Grundmann, S
        Robust Vibration Control by Multi Model Pole Assessment
        IFAC-Workshop „Motion Control"
        Munich 1995, Proceedings pp. 876 .. 881

[6.6]   Grundmann, S.
        Robust Control of Position Control Drives
        Proceedings PCIM 93, Nürnberg 1993

[6.7]   Isermann, R.
        Digitale Regelungssysteme
        Springer Verlag Berlin 1988

[6.8]   Isermann, R.
        Identifikation dynamischer Systeme
        Bd.1/2, 2. Auflage, Springer Verlag Berlin 1992

[6.9]   Kunze, H.-B.
        Einsatzmöglichkeiten von Fuzzy-Logik bei der Prozeßautomatisierung
        FhG. TB Mitteilungen 1992

[6.10] Konigorski, U.
        Entwurf strukturbeschränkter Zustandsregelungen unter besonderer
        Berücksichtigung des Störverhaltens
        Automatisierungstechnik 35 (1987) S. 457 .. 463

[6.11] Litz, L.
        Ordnungsreduktion linearer Zustandsraummodelle durch Beibehaltung der
        dominanten Eigenbewegungen
        Regelungstechnik 1979 H. 3, S. 80 .. 86

[6.12] Ludyk, G.
        Zeitoptimale Abtastsysteme mit Beschränkung der Stellgröße
        Regelungstechnik 16 (1968) H. 8, S. 344 .. 352

[6.13] Ludyk, G.
        Theoretische Regelungstechnik
        Bd. 1/2, Springer Verlag 1995

[6.14] Papageorgiou, M.
Optimierung
R. Oldenbourg Verlag München/ Wien 1991

[6.15] Schäfer, U.; Brandenburg, G.
State Position Control for Elastic Pointing and Tracking Systems with
Gear Play and Coulomb Friction - A Summary of Results
Proceedings EPE Florenz 1991 Bd. 2, S. 596 .. 602

[6.16] Stritzel, R.
Fuzzy-Regelung
Oldenbourg Verlag München/ Wien 1996

Literatur zu Abschnitt 7

[7.1] Schönfeld, R.; Franke, M.
Beschreibung mehrdemensionaler Bewegungsabläufe mit hybriden
Funktionsplänen
ATP 38 (1996) H. 10 S. 59 .. 62

[7.2] Schönfeld, R.
Bewegungssteuerungen in Be- und Verarbeitungsmaschinen,
Aufgabenstellung und Lösungsansätze
SPS/IPC/DRIVES 93, Sindelfingen 1993

[7.3] IEC 1131-3 Programmable Controllers-Part 3
Programming Languages 1993

[7.4] Stange, H.
Bewegungsanforderungen bei Verarbeitungsmaschinen
SPS/IPC/DRIVES 94, Sindelfingen 1994

[7.5] Schönfeld, R.
Elektrische Antriebe
Springer-Verlag Berlin, 1995

[7.6] VDI/VDE 3684-Richtlinie
Beschreibung ereignisgesteuerter Bewegungsabläufe mit
Funktionsplänen, 1997

[7.7] Schönfeld, R.
Control of nonlinear Motion Processes in Processing-Machines by
Individual Electric Drives
4th Workshop on Advanced Motion Control, Tsu, Japan, 1996

[7.8] Ehrlich, H.; Denisenko, V.
Dynamische Systeme mit steuerbarer Struktur in der
Automatisierungstechnik

Jahrestagung der Deutschen Forschungsvereinigung für Meß-,
Regelungs- und Systemtechnik e. V. (DFMRS), Bremen Sept. 1995,
Tagungsmaterial

[7.9]   Schumacher, W.
Mechatronics, elektrische Aktoren als Bindeglied zwischen Mechanik und
Elektronik
SPS/IPC/DRIVES Sindelfingen 1993, Tagungsband S. 435 .. 440

[7.10]   Schumacher, W.; Kiel, E
Elektrische Antriebe mit moderner Mikroelektronik, der Schlüssel zur
Mechatronik
SPS/IPC/DRIVES Sindelfingen 1994, Tagungsband S. 607 .. 614

[7.11]   Bohrer, W.
Antriebstechnik am Profibus - Kommunikation über SINECL2-DP
Engineering & Automation 16 (1994) H. 2, s. 16 .. 17

[7.12]   Bohrer, W.
Antriebstechnik am Profibus - Steuern, Bedienen, Visualisieren
Engineering & Automation 16 (1994) H. 3/4, s. 10 .. 11

[7.13]   Voits, M.
Drehzahlgeregelte elektrische Antriebe - die flexiblen
Automatisierungskomponenten für den Anlagen- und Maschinenbau
ETG-Fachbericht 42 Elektronik in der Energietechnik S. 113 .. 121

[7.14]   Nolte, R.
Auslegung mechanischer und elektronischer Bewegungssteuerungen für
hohe Drehzahlen
SPS/IPC/DRIVES Sindelfingen 1994, Tagungsband S. 379 .. 388

[7.15]   Rauber, K.
Elektronik ersetzt mechanische Kurvenscheibe und Nockenwelle
SPS/IPC/DRIVES Sindelfingen 1994, Tagungsband S. 389 .. 397

[7.16]   Kessler, G
Das zeitliche Verhalten einer kontinuierlichen elastischen Bahn zwischen
aufeinanderfolgenden Walzenpaaren, Teil I; II
Regelungstechnik 8 (1960) H. 12, S. 436 .. 439
Regelungstechnik 8 (1960) H. 4, S. 154 .. 159

[7.17]   Brandenburg, G.
Ein mathematisches Modell für eine durchlaufende elastische Stoffbahn
in einem System angetriebener, umschlungener Walzen Teil I; II
Regelungstechnik und Prozeß-Datenverarbeitung 21 (1973), H. 3,
S. 69 .. 76; 125 .. 129; 157 .. 162

[7.18]   Wolfermann, W.; Schröder, D.
Application of Decoupling and State Space Control in Processing

Machines with Continuous Moving Webs
10th IFAC-World Congress München 1987, Preprints Bd. 3, S. 100 .. 105

[7.19] Radner, T.
Digitale Servosysteme mit integrierter CNC, die Architektur der
dezentralen Intelligenz für elektrische Welle, Getriebe und Kurvenscheibe
SPS/JPC/Drives Sindelfingen 1996 S. 419

[7.20] Stange, H.
Einsatzgrenzen dezentraler elektromechanischer Antriebe in
Verarbeitungsmaschinen
SPS/JPC/Drives Sindelfingen 1996 S. 449

[7.21] Lutz, R.
Von der Funktionsbeschreibung zum SPS-Programm -
abteilungsübergreifende Unterstützung durch das CASE-Tools
„ASPECT"
SPS/JPC/Drives Sindelfingen 1994 S. 223

[7.22] Stange, H.
Bewegungsanforderungen bei Verarbeitungsmaschinen
SPS/JPC/Drives Sindelfingen 1994 S. 359

[7.23] Türke, C
Interbus - S als Totzeitglied in Antriebsregelungen
SPS/JPC/Drives Sindelfingen 1994 S. 313

[7.24] Bielski, S.; Hagel, R.
Übertragung absoluter Positionswerte von Längen- und
Winkelmeßsystemen zu Folge-Elektroniken
SPS/JPC/Drives Sindelfingen 1994 S. 323

Literatur zu Abschnitt 8

[8.1]   Kunz, H.-B.
Regelungsalgorithmus für rechnergesteuerte Industrieroboter
Regelungstechnik 1984 H. 7

[8.2]   Bögelsack, G.; Kallenbach, E.; Linnemann, G.
Roboter in der Gerätetechnik
VEB Verlag Technik Berlin 1988

[8.3]   Desoyer, K.; Kopacek, P; Troch, I.
Industrieroboter und Handhabungsgeräte
R. Oldenburg Verlag München, Wien 1985

[8.4]   Reithmeier, E.; Leitmann, G.
Robuste Positions- und Kraftregelung für Industrieroboter mit

Parameterunsicherheiten
Automatisierungstechnik 39 (1991)

[8.5]   Freund, E.; Hoyer, H.
Das Prinzip nichtlinearer Systementkopplung mit der Anwendung auf
Industrieroboter
Regelungstechnik 28, pp. 80 .. 87 und 116 .. 126, 1980

[8.6]   Patzelt, W.
Zur Lageregelung von Industrierobotern bei Entkopplung durch das
inverse System
Regelungstechnik 29 (1981) H. 12 S. 411 .. 422

[8.7]   Rojak, P.; Olomski, J.; Leonhard, W.
Schnelle Koordinatentransformation und Führungsgrößenerzeugung für
bahngeführte Industrieroboter
Robotersysteme 2 pp. 73 .. 81, 1986

[8.8]   Ahmed Abou-El-Ela; Isermann, R.
Fine Motion Control of Robot Manipulators in Deburring Applications
Utilizing Cutting Tool Signals
AMC '96-MIE, Japan, Proceedings pp. 86 .. 91

[8.9]   Komada, S.; Kimura, T.; Ishida, M.; Hori, T.
Robust Position Control of Manipulators Based on Disturbance Observer
and Inertia Identifier in Task Space
AMC '96-MIE, Japan, Proceedings pp. 225 .. 230

[8.10]   Schütte, F.; Beinecke, St.; Henke, M.; Grotstollen, H.
Drehzahlregelung eines elastischen Zweimassensystems und On-line-
Identifikation lastseitige Reibung und aktiver Schwingungsdämpfung bei
Stellgrößenbegrenzungen
SPS/IPC/Drives Sindelfingen 1996 S. 303

[8.11]   Papiernik, W.
Struktur, Entwurf und Verhalten moderner CNC-Servoantriebe
SPS/IPC/Drives Sindelfingen 1996 S. 397

[8.12]   Brandenburg, G.; Papiernik, W.
Feedforward and Feedback Strategies Applying the Principle of Input
Balancing for Minimal Tracking Errors in CNC Machine Tools
AMC '96-MIE, Japan, Proceedings Vol. 2, pp. 612 .. 618

Literatur zu Abschnitt 9

[9.1]   Hopper, E.
Der Linear - Servomotor kommt - Warum?
ETZ 1997 H. 11, S. 8 .. 9

[9.2]   Brunotte, C.; Schumacher, W.
Detection of the Starting Rotor Angle of a PMSM at Standstill
EPE 97 Trondheim, Proceedings Vol. 1, pp. 1250 .. 1253

[9.3]   Izhar, T.; Evans, P. D.
Permanent Magnet Multipole 6-Phase Brushless DC Motor for
Automotive Applications
EPE 97 Trondheim, Proceedings Vol. 1, pp. 1319 .. 1323

[9.4]   Ackva, A.; Binder, A.; Greubel, K.; Piepenbreier, B.
Electric Vehicle Drive with Surface-mounted Magnets for wide field-
weakening Range
EPE 97 Trondheim, Proceedings Vol. 1, pp. 1548 .. 1553

[9.5]   Hill, R.J.; de la Vassieve
A Fuzzy Wheel-Reil Adhesion Model for Rail Traction
EPE 97 Trondheim, Proceedings Vol. 3, pp. 3416 .. 3421

[9.6]   Costa, L.; u.a.
Automatic Control of a Vehicle with linear Induction Motor
EPE 97 Trondheim, Proceedings Vol. 3, pp. 3514 .. 3519

[9.7]   Arnet, B.; Jüter, M.
Torque Control on electric Vehicles with separate Wheel Drives
EPE 97 Trondheim, Proceedings Vol. 4, pp. 4659 .. 4664

[9.8]   Bauer, H.-P.; Pfeiffer, R.; Hahn, K.
Optimale Kraftschlußausnutzung durch selbstadaptierende
Radschlupfregelung am Beispiel eines Drehstrom-Lokomotiv-Antriebs
Elektrische Bahnen 84 (1986) H. 2, S. 43 ..57

[9.9]   Deumer, H.
Beitrag zur Untersuchung eines Traktionsantriebs unter Einsatz eines
Transputernetzes
Dissertation TU Dresden, Fakultät Elektrotechnik 1995

[9.10]   Vogel, U.
Entwurf und Beurteilung von Verfahren zur Hochausnutzung des Rad-
Schiene-Kraftschlusses durch Triebfahrzeuge
Dissertation RWTH Aachen 1992

[9.11]   Schwartz, H.-J.
Regelung der Radsatzdrehzahl zur maximalen Kraftschlußausnutzung bei
elektrischen Triebfahrzeugen
Dissertation TH Darmstadt 1992

[9.12]   Langhof, M.
Vergleichsverfahren zur Kraftschlußausnutzung von
Drehstromlokomotiven
Eisenbahn Revue International (1994) H. 11-12, S. 349 .. 358

[9.13]   Lang, W.; Roth, G.
Optimale Kraftschlußausnutzung bei Hochleistungsschienenfahrzeugen
ETR 42 (1993) H. 1-2, S. 61 .. 66

[9.14]   Hahn, K.; Hase, K.-R.; Sommer, H.
Fortschritte bei der Kraftschlußausnutzung für die Hochgeschwindigkeits-
und Schwerlasttraktion
ETR 42 (1993) H. 1-2, S. 67 .. 74

[9.15]   Friedrich, F.
Möglichkeiten zur Hochausnutzung des Rad-Schienen-Kraftschlusses
Zusammenhänge, Einflüsse, Maßnahmen
Archiv für Eisenbahntechnik (38) 1983

[9.16]   Behmann, U.
Kraftschlußausnutzung bei Nahschnellverkehrstriebzügen
Elektrische Bahnen 92 (1994) H. 12, S. 328 .. 336

[9.17]   Filopovic´, Z.
Elektrische Bahnen
Springer Verlag, Berlin, 3. Auflage 1995

[9.18]   Sachs, K.
Elektrische Triebfahrzeuge Bd. 1, 2, 3,
Springer Verlag Wien, 2. Auflage 1973

[9.19]   Kortüm, W.; Lugner, P.
Systemdynamik und Regelung von Fahrzeugen
Springer Verlag Berlin, Heidelberg, New York 1994

[9.20]   Jezernik, K.
Robust Induction Motor Control for Electric Vehicles
AMC '96-MIE, Japan, Proceedings pp. 436 .. 440

[9.21]   Furuya, T.; Toyoda, Y.; Hori, Y.
Implementation of Advanced Adhesion Control for Electric Vehicles
AMC '96-MIE, Japan, Proceedings pp. 430 .. 435

[9.22]   Alfter, R.; Rothermel, V.
VÖV - Neiderflur - Stadtbahn, Ein Projekt in der Bewährung für häufige
Serienbestellungen
ZEV+DET Glas -Ann. 116 (1992) H. 8-9, S. 375 .. 382

Literatur zu Abschnitt 10

[10.1]   Möller, D.
Modellbildung, Simulation und Identifikation dynamischer Systeme
Springer-Verlag 1991

[10.2]   Handbuch zum Simulationssystem *DS88*
         TU Dresden, Elektrotechnisches Institut, Dresden 1997
         Demoversion über: ftp://eeiwzb.et.tu-dresden.de/pub/aa/ds88

[10.3]   Schönfeld, R.; Brandenburg, G.
         Steuerung und Synchronisation ereignisdiskret-zeitkontiniuerlicher
         Bewegungsabläufe
         GMA-Bericht 31, 1997, S.169-183

[10.4]   Breitenecker, F., u. a.
         Simulation mit ACSL
         Vieweg-Verlag 1993

[10.5]   Schmidt, G.
         Simulationstechnik
         Oldenbourg-Verlag 1980

[10.6]   Laschet, A.
         Simulation von Antriebssystemen
         Springer-Verlag 1988

[10.7]   Cerv, H.; Monse, M.; Müller, V.
         Simulation in the design of electromechanical systems as shown by the
         example of rolling mill drives
         Proceedings EUROSIM '98, Helsinki 1998

[10.8]   Kortüm, W.; Lugner, P.
         Systemdynamik und Regelung von Fahrzeugen
         Springer-Verlag 1994

[10.9]   Cerv, H.; Monse, M.; Müller, V.
         Konstruktionsbegleitende Simulation für Schwerlastantriebe des
         Walzwerkbaus bei elektrisch-mechanischer Modellbildung
         VDI Berichte 1220, 1995, S. 619 .. 634

[10.10] Bühler, H.
         Einführung in die Theorie geregelter Drehstromantriebe
         Birkhäuser-Verlag Basel, Stuttgart, 1977

[10.11] Schroeder, D.
         Elektrische Antriebe 1
         Springer-Verlag 1994

[10.12] Dittrich, A.
         Anwendung fortgeschrittener Steuer- und Regelverfahren bei
         Asynchronantrieben
         Habilitation, Fakultät Elektrotechnik, TU Dresden, 1998

[10.13] Braun, M.
         Ein dreiphasiger Direktumrichter mit Pulsbreitenmodulation zur
         getrennten Steuerung der Ausgangsspannung und der

Eingangsblindleistung.
Dissertation TH Darmstadt, 1983

[10.14] Geitner, G.-H.
Entwurf digitaler Regler für elektrische Antriebe
VDE-Verlag Offenbach, 1996

[10.15] Nguyen Phung Quang
Praxis der feldorientierten Drehstromantriebsregelung
Expert-Verlag Böblingen, 1993
DS88-Programme über:
ftp://eeiwzb.et.tu-dresden.de/pub/aa/ds88/DS88-BSP

[10.16] Förster, M.; Kassa, M.; Kiel, E.; Müller, V.
A Design and Testing Environment for the Software of the VeCon Control
Processor
Proceedings PCIM '96, Nürnberg 1996, S. 357 .. 366

[10.17] Kiel, E.; Schumacher, W.
VeCon: High-Performance Digital Control of AC Drives by One-Chip
Servo Controller
Proceedings EPE 1995, Sevilla, S. 3.005 .. 3.010

[10.18] Vater, J.
Total Development Environment for DSP-Controlled Electrical Drive
Systems
Proceedings PCIM '96, Nürnberg 1996, S. 401 .. 415

[10.19] Meyer, J.
Real-time simulation of coupled electromechanical systems
Proceedings PEMC '98, Prag 1998

Sachwortverzeichnis

Druck: Mercedesdruck, Berlin
Verarbeitung: Buchbinderei Lüderitz & Bauer, Berlin